高等学校教材

环境质量评价与系统分析

蔡建安　王诗生　郭丽娜　编著

合肥工业大学出版社

内容提要

本书分为环境质量评价与系统分析、环境质量评价的数学模型、污染源评价与总量控制、大气环境质量评价及影响预测、水环境质量评价和影响预测、环境噪声影响预测及评价、环境系统最优化等章节，每章均附有学习指导和思考题与习题。本书最大特色在于将环境评价与系统分析有机结合起来，并将 Excel 软件引入环评，使许多环境评价问题不需编程就可以解决。全书涵盖了环评学科的基本内容，包含了当今环境学科中许多新理论、新方法。本书对基本概念的叙述由浅入深；在内容安排上注意系统性和层次性；对方法和技术的介绍注重理论联系实际，学以致用。

本书既是高等学校环境工程、市政工程、城市规划、给水排水、环境监测、环境科学与管理以及其他专业的本科和专科学生教材，也可作为相关科技人员的参考资料。

图书在版编目(CIP)数据

环境质量评价与系统分析/蔡建安,王诗生,郭丽娜编著.—合肥:合肥工业大学出版社,2014.1 (2019.1重印)

ISBN 978 - 7 - 5650 - 1627 - 1

Ⅰ.①环… Ⅱ.①蔡…②王…③郭… Ⅲ.①环境质量—评价—高等学校—教材②环境系统—系统分析—高等学校—教材 Ⅳ.①X82

中国版本图书馆 CIP 数据核字(2013)第 297513 号

环境质量评价与系统分析

编著	蔡建安　王诗生　郭丽娜	责任编辑	汤礼广　魏亮瑜
出　版	合肥工业大学出版社	版　次	2014 年 1 月第 1 版
地　址	合肥市屯溪路 193 号	印　次	2019 年 1 月第 11 次印刷
邮　编	230009	开　本	787 毫米×1092 毫米　1/16
电　话	理工编辑部:0551 - 62903087	印　张	14
	市场营销部:0551 - 62903163	字　数	349 千字
网　址	www.hfutpress.com.cn	印　刷	合肥星光印务有限责任公司
E-mail	hfutpress@163.com	发　行	全国新华书店

ISBN 978 - 7 - 5650 - 1627 - 1　　　　　定价：29.00 元

如果有影响阅读的印装质量问题,请与出版社市场营销部联系调换。

前　言

　　我国环境影响评价制度的立法经历了三个阶段。第一阶段为创立阶段。1973 年首先提出环境影响评价的概念。1979 年颁布的《环境保护法(试行)》使环境影响评价制度化、法律化。1981 年发布的《基本建设项目环境保护管理办法》专门对环境影响评价的基本内容和程序作了规定。后经修改,1986年颁布了《建设项目环境保护管理办法》,进一步明确了环境影响评价的范围、内容、管理权限和责任。第二阶段为发展阶段。1989 年颁布正式《环境保护法》,该法对环境影响评价制度的执行对象和任务、工作原则和审批程序、执行时段和基本建设程序之间的关系做出了原则的规定,是行政法规中具体规范环境影响评价制度的法律依据和基础。1998 年,国务院颁布了《建设项目环境保护管理条例》,进一步提高了环境影响评价制度的立法规格,同时对环境影响评价的适用范围、评价时机、审批程序、法律责任等方面均做出了很大修改。1999 年 3 月国家环保总局颁布《建设项目环境影响评价资格证书管理办法》,使我国环境影响评价走上了专业化的道路。第三阶段为完善阶段。针对《建设项目环境保护管理条例》的不足,适应新形势发展的需要,2003 年 9 月 1日起施行的《环境影响评价法》可以说是我国环境影响评价制度发展历史上的一个新的里程碑,是我国环境影响评价走向完善的标志。

　　环境评价和影响预测是一项技术性很强的工作,必须使用系统分析方法。20 世纪 80 年代初,我国在一些高等学校开设了环境系统分析课程,开始全面、系统地论述环境系统的模型化、最优化和环境保护的决策问题。然而"系统分析"的学习不仅需要有深厚的数学基础,在应用理论与实际结合上也有相当的难度。当前我们正面临着教育的大众化和压缩专业课学时数的新课题,为此,必须进行相应的教学改革。

　　环境质量评价和环境系统分析两门课程具有不同的特点,前者注重知识,后者注重方法。在单独设课的教学活动中,前者面对各种不同的繁琐场景,而后者又过于抽象。然而在教学内容上,两者又有不少交叉和重复。因此本书作者在总结多年教学、科研与工程实践的基础上,进行课程整合,形成本教材,并将系统分析的思想和方法贯穿在环境质量评价的过程中,做到知识性和方法论并重。在环境系统分析的处理上,本教材淡化了数学基础体系的推演,通过环境评价的具体问题,按照国家的最新环境质量评价的标准和法规要求,着重认识概念,介绍解题方法和操作步骤,以便读者理解和在实施环境评价中应用。

环境系统是一个庞大复杂的有机综合体,具有多级递阶结构、多输入、多变量、多目标以及在时间、空间、数量上具有随机性和不确定性等特点。因此,需要进行大批量的数据运算和统计分析,在规划、决策和评价时还要使用系统最优化技术。这些任务只有借助计算机才能解决。本书不讨论计算机编程,而是使用 Excel 电子表格来解决环境评价的统计分析和系统最优化问题,这在环境评价学习阶段对于认识概念和掌握算法有很大的帮助。配合教学,本书提供了例题的 Excel 模板,对计算机技术不很熟练的读者可以对照例题,按步骤学习操作;也可以在模板中直接代入数据,改变初始或边界条件用于实际运算。

本课程参考学时 48 学时,其中上机 8 学时。

在编写本书过程中,我们参阅了大量的国内外相关资料,吸收了同行们的辛勤劳动成果。由于编者水平有限,书中缺点和错误在所难免,恳请读者批评指正。

　　　　　　　　　　　　　　　　　　　　　　　　　　　　　　编者

目　录

第一章　　环境质量评价与系统分析

"环境质量"是环境科学的一个最重要的基本概念，而"环境质量评价"是环境科学的一个主要分支学科，同时也是环境保护工作的一个重要组成部分。几千年的文明史使人们认识到，人体的健康、人群的生活、人类社会的经济发展以及自然生态系统的维持都与该地的环境质量密切相关。另外，人们还逐渐认识到人类的行为，特别是人类社会的经济发展行为，必然会引起环境系统的状态与结构发生不同程度的变化，也就是说会引起环境质量的改变。而环境质量的变化，有的将有利于人类的生存与进一步发展，有的则不利于人类的生存和持续发展。在人类社会持续发展需要的推动下，人们越来越关注人类社会行为所引起的环境质量变化的问题，以及如何评价环境质量变化的问题。

环境系统是一个复杂、庞大的整体，它不仅包含对环境要素的认识和理解，也包含着对资源和社会经济活动的管理，以及为保护环境而制定的方针和政策。研究环境系统内部各组成部分之间的对立统一关系，寻求最佳的污染防治体系；研究环境质量和社会经济发展的对立统一关系，建立最佳的经济结构和经济布局，是环境工作者面临的两大任务，在实现这两大任务的过程中，系统分析可以成为有力的工具。

1.1　　环境质量评价的概念

1.1.1　环境质量与环境质量评价

环境是一个相对的概念，它是相对于主体（中心事物）而言的，因主体（中心事物）的不同而异。环境科学中广义的环境是以人为主体的人类环境，是指人类赖以生存和发展的整个外部世界的总和，是人类已经认识到的和尚未认识到的、直接或间接地影响人类生活和发展的各种自然因素（自然环境）和社会因素（社会环境）的总体。通常情况下，环境科学所指的环境是自然环境。

《中华人民共和国环境保护法》第二条规定："本法所称的环境，是指影响人类生存和发展的各种天然的和经过人工改造的自然因素的总体，包括大气、水、海洋、土地、矿藏、森林、草原、野生动物、自然遗迹、人文遗迹、自然保护区、风景区名胜区、城市和乡村。"这里的环境作为环境保护的对象，有三个特点：一是其主体是人类；二是既包括天然的自然环境，也包括人工改造的自然环境；三是不含社会因素。所以，治安环境、文化环境、法律环境等并非《中华人民共和国环境保护法》所指的环境。

环境质量一般指在一个具体的环境中，环境的总体或环境的某些要素对人类的生存繁衍及社会经济发展的适宜程度。人类通过生产和消费活动对环境质量产生影响；反过来，环境质量的变化又将影响到人类生活和经济发展。

环境质量评价是对环境的优劣进行的一种定量描述，即按照一定的评价标准和评价方法对一定区域范围内的环境质量进行说明、评定和预测，因此要确定某地的环境质量必须进行环境质量评价。环境质量的定量判断是环境质量评价的结果。环境质量评价要明确回答该特定区域内环境是否受到污染和破坏以及受到污染和破坏的程度如何；区域内何处环境质量最差，污染最严重；何处环境质量最好，污染较轻；造成污染严重的原因何在，并定量说明环境质量的现状和发展趋势。

根据国内外对环境质量评价的研究，可以按时间、环境要素等不同方法对环境质量评价进行分类，其类型如表 1-1 所示。

表 1-1　　环境质量评价的分类

划分依据	评价类型
按发展阶段分（时间）	环境质量回顾评价，环境质量现状评价，环境质量影响评价
按环境要素分	大气环境质量评价，水体环境质量评价，土壤环境质量评价，生物环境质量评价，环境噪声评价，多要素的环境质量综合评价
按区域类型分（空间）	城市环境质量评价，流域环境质量评价，风景旅游区环境质量评价，海域环境质量评价

1.1.2　环境影响评价

环境保护，重在预防。最大限度地避免和减少开发建设活动对环境造成的不良影响，是进行环境影响评价的宗旨。许多情况下，经济发展和环境保护存在着一定矛盾，环境质量评价的根本目的是为决策服务，是处理好经济发展和环境保护这一对矛盾。现在人们已经逐渐认识到不能走先污染后治理的路子，要变消极的简单治理为积极预防。因此只有全面规划，统筹兼顾，才能在工农业总产值及人口不断增长、国民经济持续发展的新形势下完成环境保护的任务。

我国的环境影响评价始于 20 世纪 70 年代末，是世界上最早实施建设项目环境影响评价制度的国家之一。1979年颁布的《中华人民共和国环境保护法（试行）》确定了环境影响评价制度的法律地位。《中华人民共和国环境保护法（试行）》中规定："一切企事业单位的选址设计、改建扩建工程必须提出环境影响报告书，经环保部门和其他有关部门审查批准后，才能进行设计。"经过20多年来的实践，这一制度对于推进产业合理布局和企业的优化选址，预防开发建设活动可能产生的环境污染和生态破坏，发挥了积极的不可替代的作用。

为了更好地实施环境影响评价制度，力求从源头上防止环境问题的产生，体现"预防为主"的环境政策，全国人大于2002年出台了《环境影响评价法》。该法共有5章38条，规定了对各种发展规划和建设项目的环境影响评价的内容、程序以及相应的法律责任。除了对建设项目的环境影响评价外，本法还特别提出了对发展规划需要实施环境影响评价。发展规划的环境影响评价包含了广泛的经济活动领域：土地利用，区域、流域、海域的开发利用，工业、农业、畜牧业、林业、能源、水利、交通、城市建设、旅游、自然资源开发等。可以说，把国民经济的主要规划都包括进去了。从此，无论大范围的发展规划还是具体项目的建设，都必须执行先评价后建设的规定，这对推进我国可持续发展战略将产生重大的影响。接受委托为建设项目环境影响评价提供技术服务的机构，需经国务院环境保护行政主管部门考核审查合格后颁发资质证书，再按照资质证书规定的等级和评价范围从事环境影响评价服务，并对评价结论负责。

国家根据建设项目对环境的影响程度，对建设项目的环境影响评价实行分类管理。建设单位应当按照下列规定组织编制环境影响报告书、环境影响报告表或者填报环境影响登记表（以下统称环境影响评价文件）：（1）可能造成重大环境影响的，应当编制环境影响报告书，对产生的环境影响进行全面评价；（2）可能造成轻度环境影响的，应当编制环境影响报告表，对产生的环境影响进行分析或者专项评价；（3）对环境影响很小、不需要进行环境影响评价的，应当填报环境影响登记表。建设项目的环境影响评价分类管理名录，由国务院环境保护行政主管部门制定并公布。

1. 环境影响报告书的内容

应根据国务院环境保护行政主管部门制定并公布的建设项目的环境影响评价分类管理名录，进行建设项目的环境影响评价。环境影响报告书应当包括下列内容：

（1）建设项目概况；

（2）建设项目周围环境现状；

（3）建设项目对环境可能造成影响的分析、预测和评估；

（4）建设项目环境保护措施及其技术、经济论证；

（5）建设项目对环境影响的经济损益分析；

（6）对建设项目实施环境监测的建议；

（7）环境影响评价的结论。

涉及水土保持的建设项目还必须有经水行政主管部门审查同意的水土保持方案。环境影响报告表和影响登记表的内容和格式，由国务院环境保护行政主管部门制定。

2. 环境影响评价的工作程序

环境影响评价的工作程序如图1-1所示，环境影响评价工作大体分为三个阶段。第一阶段为准备阶段，主要工作为研究有关文件，进行初步的工程分析和环境现状调查，筛选重点评价项目，确定各单项环境影响评价的工作等级，编制评价大纲；第二阶段为正式工作阶段，其主要工作为进一步做工程分析和环境现状调查,并进行环境影响预测和评价环境影响;第三阶段为环境影响评价文件编制阶段,其主要工作为汇总、分析第二阶段工作所得的各种资料、数据,给出结论,完成环境影响评价文件的编制。

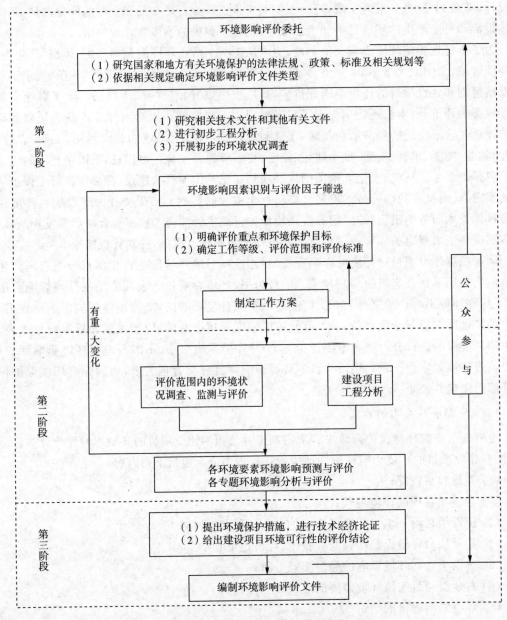

图 1-1　环境影响评价工作程序图

3. 环境影响评价工作的等级

建设项目的环境影响评价通常可进一步分解成对不同环境要素(或称评价项目)的评价,即:大气、地面水、地下水、噪声、土壤与生态、人群健康状况、文物与"珍贵"景观以及日照、热、放射性、电磁波、振动等,统称为单项环境影响评价。

单项环境影响评价可划分为三个工作等级。例如,大气环境影响评价划分为一级、二级、三级；地面水环境影响评价划分为一级、二级、三级等。其中，一级评价最详细，二级次之，三级较简略。

工作等级的划分依据有：

（1）工程特性（工程性质、规模、能源与资源利用，主要污染物种类、源强、排放方式等）。

（2）所在区域的环境特征（自然环境、生态和社会环境状况，环境功能，环境敏感程度等）。

（3）国家和地方的有关法规和要求（环境质量标准和污染物排放标准等）。

对于某一具体项目，工作等级可根据实际情况作适当放入调整，但是调整的幅度不超过一级，并应说明调整的具体原因。

4. 建设项目环境影响识别

建设项目环境影响是指建设项目在施工兴建、竣工后正常生产中和服务期满后对环境产生或诱发的环境质量变化或一系列新环境条件的出现。

任何建设项目的开发都会对环境产生或诱发一定的影响。环境影响分为直接影响和间接影响，有利影响和不利影响等。环境影响识别的目的在于找出环境影响的各个方面，特别是不利的环境影响，为环境影响预测指出目标，为污染综合防治指出方向。通过污染综合防治，控制不利影响，使其减少到符合环境质量标准的要求，达到人们可以接受的程度，从而使经济建设、社会建设与环境建设同步协调发展。

建设项目环境影响识别是指通过一定的方法找出建设项目环境影响的各个方面，定性地说明环境影响的性质、程度、可能的范围。建设项目的环境影响识别为环境影响预测指出目标，减少盲目性，使其做到有的放矢；并为污染综合防治指明方向，使防治措施更加具体、实际和有针对性。

建设项目对环境产生的影响主要取决于两个方面：一方面是建设项目的工程特征，另一方面是建设项目所在地的环境特征。建设项目的行业不同，原辅材料消耗不同，生产的工艺不同，排放的污染物种类、数量差别悬殊，对环境的影响也各不相同。建设项目排放的污染物（能量或影响因子）是产生环境影响的根源。因此，只有充分了解、认识、掌握建设项目的工程特征，才能做好环境影响识别。建设项目所在地的环境特征不同，对同样数量的同一污染物的敏感程度不同，产生的环境影响也就不同。因此，充分了解建设项目所在地的环境特征，是环境影响识别所必需的。

了解建设项目的工程特征，主要是了解如下内容：① 项目性质、规模；② 产品、产量和原辅材料消耗；③ 燃料种类、产地、成分、单耗、总耗、利用率、供水量、循环利用率、逐级重复利用率；④ 生产工艺、管理水平；⑤ 向环境排放的污染物种类、性质、数量、浓度、排放方式、排放制度、排放去向、排放口位置等。

了解建设项目的环境质量现状水平，主要是了解大气环境质量现状（各种污染物在大气中的一次浓度、日平均浓度），水环境（江、河、湖、水库、海洋、地下水）中各种污染物浓度，水体自然净化，土壤环境质量现状水平（土壤中各种污染物含量），声学环境现状，生态环境状况；同时还要了解环境对污染物的扩散、稀释和纳污能力，污染物在环境中的迁移转化规律。

了解建设项目的社会环境特征，主要是了解人口分布、工业布局、土地利用、农业布局及发展情况、绿化、文物古迹、革命遗址、风景旅游地、环境功能分区等。了解建设项目所在地的环境功能分区、建设项目的性质应和本地的环境功能相协调。

环境影响识别方法主要有两种：一种是利用环境影响识别表进行；另一种是根据建设项目

排放的污染物（能量或影响因子）对环境要素的影响进行逐一分析。环境影响识别表是专为环境影响识别而设计的表格。不同的建设项目应有不同的环境影响识别表。表1-2和表1-3分别是工程建设项目的环境影响识别表和污染因子筛选表。

表1-2　某工程建设项目的环境影响识别表

工程活动 \ 环境要素		自然环境				社会经济和生活质量			
		大气	地表水	声环境	土壤生态	社会发展	生活质量	收入	市场
施工期	挖填土方	−1	−1	−1	0	0	0	0	0
	材料运输	−1	0	−1	0	+1	+1	+1	+1
	材料堆存	−1	−1	0	−1	0	0	0	0
	建筑施工	−1	−1	−2	0	+1	+1	+1	+1
营运期	原料破碎	−2	−1	−2	0	0	0	0	0
	高炉系统	−2	−2	−2	0	0	0	0	0
	烧结系统	−2	0	−2	0	0	0	0	0
	余热发电	−1	0	−1	0	0	0	0	0
	公辅系统	−1	0	−1	0	0	0	0	0
	提供成品	−1	0	−1	0	+2	+2	+2	+2
服务期满		0	0	0	0	0	0	0	0

表1-3　某工程建设项目的污染因子筛选表

工程活动 \ 环境要素	大气污染因子				水污染因子					噪声	固废
	TSP	SO₂	NO₂	CO	温度	pH	SS	COD	NH₃−N		
施工期	−1	0	0	0	0	0	−1	0	0	−2	−1
营运期	−2	−1	0	−2	−1	−1	−1	−1	0	−2	−1
服务期满	0	0	0	0	0	0	0	0	0	0	0

5. 评价因子筛选

根据环境影响识别结果,结合区域环境功能要求或环境保护目标,筛选评价因子。评价因子应能够反映环境影响的主要特征与区域环境的基本情况,包括现状评价和预测评价因子。

1.2　环境保护的法规和标准

1.2.1　环境保护的法规

环境保护的法规和标准是环境评价最根本的依据。我国的环保法制建设可大致从环境保

护法律、行政法规和法规性文件,相关法律和法规,强制淘汰制度和名录等几方面(见附录 1)来认识。最常用的法规有:

(1)《中华人民共和国宪法》第二十六条规定:"国家保护和改善生活环境和生态环境,防治污染和其他公害。"第九条规定:"国家保障自然资源的合理利用,保护珍贵的动物和植物。禁止任何组织或者个人用任何手段侵占或者破坏自然资源。"第十条、第二十二条也有关于环境保护的规定。宪法这些规定是环境保护立法的依据和指导原则。

(2)《中华人民共和国环境保护法》(1989 年 12 月 26 日);

(3)《中华人民共和国环境影响评价法》(2002 年 10 月 28 日);

(4)《中华人民共和国水污染防治法》(2008 年 2 月 28 日修订);

(5)《中华人民共和国大气污染防治法》(2000 年 4 月 29 日修订);

(6)《中华人民共和国环境噪声污染防治法》(1996 年 10 月 29 日修订);

(7)《中华人民共和国固体废物污染环境防治法》(2004 年 12 月 29 日修订);

(8)《建设项目环境保护管理条例》(1998 年 11 月 18 日);

(9)《建设项目环境影响评价分类管理名录》(2008 年 8 月 15 日修订)。

1.2.2　环境保护的标准

环境保护标准是由政府(环保管理部门)所制定的强制性的环境保护技术法规。它是环境保护立法的一部分,是环境保护政策的决策结果。我国环境保护标准体系需要从三个层面上进行认识。

按发布权限来看,分为环境保护的国家标准、地方标准和行业标准三种。按照环境保护目标来看,分为一级标准、二级标准、三级标准;其中一级标准最为严格,二级标准次之,三级标准较宽松。按照类型来看,环境保护标准包括环境基础标准、环境质量标准、污染物排放标准、环境监测方法标准、环境标准物质标准和环保仪器设备标准六类。

环境基础标准是在环境保护工作范围内,对有指导意义的导则、指南、名词术语、符号和代号、标记方法、标准编排方法等所做的规定。它为各种标准提供了统一的语言,是制定其他环保标准的基础。例如,《中华人民共和国环境保护标准的编制、出版、印刷标准》等。

环境质量标准,是为保护人群健康、社会物质财富和维持生态平衡,对一定空间和时间范围内环境中的有害物质或因素的容许浓度所做的规定。它是环境政策的目标,是制定污染物排放标准的依据,是评价我国各地环境质量的标尺和准绳。它也为环境污染综合防治和环境管理提供了依据。环境质量标准包括:大气环境质量标准、地面水环境质量标准、海水水质标准,城市区域环境噪声标准、土壤环境质量标准等。例如:地面水环境质量标准(GB3838—2002),环境空气质量标准(GB3095—2012)。

污染物排放标准是国家(地方、部门)为实现环境质量标准,结合技术经济条件和环境特点对污染源排入环境的污染物浓度或数量所做的限量的规定。污染物排放标准是实现环境质量标准的手段,其作用在于直接控制污染源,限制其排放的污染物,从而达到防止环境污染的目的。制定污染物排放标准是一项相当复杂的工作,它涉及生产工艺、污染控制技术和经济条件,以及污染物在环境中的迁移变化规律和环境质量标准等。我国目前已颁布的污染物排放标准主要有:

污水综合排放标准(GB8978—1996)

钢铁工业水污染物排放标准(GB13456—2012)

大气污染物综合排放标准(GB16297—1996)

锅炉大气污染物排放标准(GB13271—2001)

恶臭污染物排放标准(GB14554—1993)

工业企业厂界噪声排放标准(GB12348—2008)

环境质量标准和污染物排放标准都有国家级标准和地方标准之分,国家级标准是指导标准,地方标准是直接执法标准。标准的执法作用是通过地方标准来实现的。国家标准适用于全国范围。地方污染物排放标准一般严于国家排放标准。凡颁布了地方污染物排放标准的地区多执行地方污染物排放标准,地方标准未作出规定的,应执行国家标准。

环境监测方法标准是在环境保护工作范围内,以抽样、分析、试验操作规程、误差分析模拟公式等方法为对象而制定的标准。环境标准样品标准是为保证环境监测数据的准确、可靠,对用于量值传递或质量控制的材料、事物样品而制定的标准,如土壤 ESS - 1 标准样品、水质 COD 标准样品。标准样品在环境管理中起着甄别的作用,可用来评价分析仪器、鉴别其灵敏度,评价分析者的技术,使操作技术规范化。

环境仪器设备标准是为了保证污染治理设备的效率和环境监测数据的可靠性和可比性,对环保仪器设备的技术要求所做的规定。

从以下相应标准的标号上,我们可进一步解读我国有关环境标准的含义。

国家质量技术监督局标准:GB—— 国家强制标准,GB/T—— 国家推荐标准,GB/Z—— 国家指导性技术文件;

国家环境保护标准:GHZB—— 国家环境质量标准,GWPB—— 国家污染物排放标准,GWKB—— 国家污染物控制标准;

国家环保总局标准:HJ—— 国家环保总局标准,HJ/T—— 国家环保总局推荐标准;

国标与国际标准对应关系:IDT 等同采用(identical),MOD 修改采用(modified),NEQ 非等效标准(non-equation)。

1.3　环境系统分析的概念

1.3.1　系统的定义和分类

系统这一概念来源于人类的长期社会实践,但由于受到科学技术发展水平的限制,早期没有得到应有的重视。在美国,直到 20 世纪 40 年代才开始在工程设计中应用系统这一概念;到了 20 世纪 50 年代以后才把系统的概念逐步明确化、具体化,并在工程技术系统的研究和管理中得到广泛的应用;20 世纪 70 年代以后,又进一步被推广到人类社会经济活动的几乎所有领域。系统的概念最初产生于实际的工程问题和具体事物,例如人们很早就研究了灌溉系统、电力系统、人体呼吸系统、消化系统等。随着社会的发展与科学技术的进步,人们发现在这些千差万别的系统之间存在着共性。研究它们之间的共性,对于研制、运行和管理具体的系统具有重要意义。于是,有关系统和系统分析的研究应运而生了。

系统是由两个或两个以上相互独立又相互制约执行特定功能的元素组成的有机整体。系统的元素又称为子系统,而每个子系统又包含若干个更小的子系统。同样,每一个系统又是比它更大的系统的子系统,从而构成系统的层次性。

一个形成系统的诸要素的集合永远具有一定的特性,或表现为一定的行为。这些特性和行为不是它的任何一个子系统(元素)所能具有的。一个系统不是组成它的子系统的简单叠加,而是按照一定规律的有机综合。

系统可以按不同的方法分类。按照系统的成因,可以分为自然系统、人工系统和复合系统。存在于自然界不受人类活动干预的系统称为自然系统;由人工建造、执行某一特定功能的系统属于人工系统;介于自然系统与人工系统之间的系统是复合系统。环境保护系统及其各种子系统大多属于复合系统。

按照状态的时间过程特征,可以分为动态系统和稳态系统。状态随着时间变化的系统称为动态系统,否则称为稳态系统。按照系统和周围环境的关系,可以分为开放系统和封闭系统。按照系统内变量之间的关系,可以分为线性系统和非线性系统。按照参数的分布特征,可以分为集中参数系统和分布参数系统等。

同一个系统可以按不同的分类方法归属于不同的类型,例如污染控制系统既是复合系统又是动态系统,还是开放系统。对于不同类型的系统,可以采取不同的解决方法。系统的分类情况如表1-4所示。

表 1-4　系统的分类

划分依据	系统的类型
按成因分	自然系统、人工系统、复合系统
按时间分(初始条件)	动态系统、稳态系统
按与周围关系分(边界条件)	开放系统、封闭系统
按变量之间的关系分	线性系统、非线性系统
按参数的分布特征分	集中参数系统、分布参数系统

1.3.2　系统分析的基本概念

1. 系统分析

系统分析的研究对象是复杂的大系统。这种大系统的特征是在系统中存在着许多矛盾因素和不确定因素。对这样的大系统,如果没有一套行之有效的辅助决策分析方法,就不可能找到设计、实现和运行管理大系统的方案。人们从长期的工程实践中认识到,要进行系统的最优化设计,要对系统的有关重大问题进行正确决策,就必须进行系统分析。

系统分析是对研究对象进行有目的、有步骤的探索和研究过程,它运用科学的方法和工具确定一个系统所应具备的功能和相应的环境条件,以确定实现系统目标的最佳方案。

系统分析过程和传统的工程学科方法不同,它除了要研究系统中各要素的具体性质,解决系统要素的具体问题之外,还着重研究和揭示各个要素之间的有机联系,使得系统中各个要素的关系协调融洽,达到系统总目标最优的目的。

系统分析的过程是对系统的分解和综合。所谓分解,就是研究和描述组成系统的各个要素的特征,掌握各要素的变化规律;所谓综合,就是研究各个要素之间的联系和有机组合,达到系统的总目标最优。系统分解和综合的过程都要建立和运用数学模型。各种数学方法是系统分析必备的手段。

2. 系统评价指标

在系统分析中,评价系统优劣的主要因素有以下指标:

(1)系统功能。功能是指系统所起的作用与所应完成的任务。功能目标评价是系统评价的重要内容。人们总是期望建立一个高功能系统,没有功能或低功能的系统都不是所期望的。一个系统功能可能是多方面的。

(2)系统的费用。费用包括建立一个系统所需的物化劳动、活劳动、流动费用,以及各种内部和外部的损失费用等。在满足一定功能的条件下,人们总是期望建立一个低费用系统。

(3)系统可靠性。可靠性是指系统的各个层次和组成成分,在预定期限和正常条件下运行成功的概率。可靠性的要求往往与费用密切相关。

(4)系统实现的时间。建立一个系统所需的时间也是主要的评价指标。在较短的时间里发挥投资效益,是每一个决策者的共同愿望。

(5)系统的可维护性。一个好的系统在长期运行过程中,应便于维护管理。

(6)系统的外部影响。例如,工程项目造成的环境影响。

3. 系统的模型化

由于环境问题的复杂性,通常我们很难直接获得对其进行的描述和解答,而往往要借助模型研究方法,通过对模型的研究和实验观测,应用类比方法从模型研究的结果来推测原问题的答案(如图1-2所示)。

系统分析中对模型的要求为:

(1)现实性。现实性是指在一定程度上能够反映和符合系统的实际状况。

(2)简洁性。在现实性的基础上,尽量使模型简单明了,以节省时间和费用,便于应用。

(3)控制性。在一定程度上,模型能表现外部条件施加的影响,并反映出对外部条件变化的应变能力。

上述要求在很多情况下是相互矛盾的。例如,为了提高模型的现实性要求,模型可能趋于复杂,它的求解就困难,适应性就差。要根据具体情况确定适当的复杂程度,以满足各方面需求。

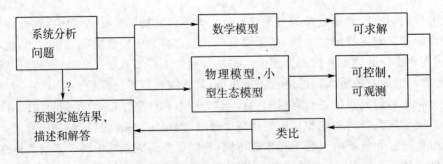

图1-2　模型研究方法

数学模型在系统分析中起着重要作用。数学模型也是进行环境系统分析的前提和基础。系统的数学模型就是用数学符号来表达系统的各个部分及其联系,表达系统的整体功能、系统的价值及各种价值之间的关系。

4. 系统最优化

系统最优化是系统综合的重要方法和手段。系统最优化通常是通过最优化数学模型实现的。最优化的方法有很多，要根据问题的性质选用适当的方法。目前通用的一些最优化方法，如线性规划、动态规划、网络与图论等在系统分析中都得到了广泛应用。

5. 系统分析举例

20 世纪 20 年代，意大利生物学家 U. D. Ancona 在研究相互制约的各鱼类种群结构时发现，食肉鱼类的百分比在第一次世界大战期间急剧增加。当时他认为是由于战争期间捕捞量大大降低的结果，但捕捞量的减少也同样有利于被捕食的小鱼。尽管 U. D. Ancona 从生物学的角度多方考虑，但始终未能取得满意的结果。然而，这一问题被意大利数学家 Volterra 建立的著名的"捕食模型"解决了。

从所讨论的事物出发来建立模型时，首先使重要特征以分量形式出现在模型中。在本问题中，用 x 表示被捕食的小鱼的种群数，用 y 表示食肉鱼类（大鱼）的种群数，要求获得其相互制约关系及人类活动对该关系的影响。Volterra 的捕食模型为：

$$\begin{cases} \dfrac{\mathrm{d}x}{\mathrm{d}t} = Ax - Bxy \\[2mm] \dfrac{\mathrm{d}y}{\mathrm{d}t} = Cxy - Dy \end{cases} \qquad (A,B,C,D,x,y > 0) \qquad (1-1)$$

这一微分方程组可解释如下。

小鱼的变化率 $\mathrm{d}x/\mathrm{d}t$ 是由两方面原因造成：一是由于自身的繁殖而增加，方程中用 Ax 表示；二是因充当大鱼的食物而减少，方程中用 Bxy 表示；食与被食的条件是两者相遇，遭遇次数应与 x、y 的乘积成正比。同理，Dy 表示大鱼的死亡率，Cxy 表示与食物丰富程度有关的大鱼的增长率。A,B,C,D 作为比例常数均大于零。

以上微分方程组的求解仍非常困难。我们以小鱼的种群数 x 和食肉鱼类（大鱼）的种群数 y 构成坐标系，考察种群数量维持稳定的点。

由 $\mathrm{d}x/\mathrm{d}t = 0$，解出 $y_0 = A/B$；

由 $\mathrm{d}y/\mathrm{d}t = 0$，解出 $x_0 = D/C$；

在它们所对应的两条直线上的点，小鱼或大鱼的种群数维持稳定。假设某一时刻小鱼或大鱼的种群数分别为 x_{10} 和 y_{10}，将因时间变化随后获得的状态点 (x_{11}, y_{11})、(x_{12}, y_{12})、$\cdots$、(x_{1k}, y_{1k}) 连成曲线，称为轨线。坐标平面上的轨线反映出小鱼、大鱼的种群数的变化规律和发展趋势，如图 1-3 所示。所有轨线将均围绕着两条直线上的交点 $(A/B, D/C)$ 运动。不同的轨线是由起始状态的差异造成的。所有轨线经过与直线 $y_0 = A/B$ 的交点后，小鱼的种群数将由增加变为减少，或由减少变为增加。同理，所有轨线经过与直线 $x_0 = D/C$ 的交点后，大鱼的种群数将由增加变为减少，或由减少变为增加。

再讨论捕捞的影响，设对大鱼和小鱼都具有相同的捕捞比率，原模型转变为：

$$\begin{cases} \dfrac{\mathrm{d}x}{\mathrm{d}t} = Ax - Bxy - kx \\[2mm] \dfrac{\mathrm{d}y}{\mathrm{d}t} = Cxy - Dy - ky \end{cases} \qquad (1-2)$$

新平衡点：

$$\begin{cases} y_P = (A - k)/B \\ x_P = (D + k)/C \end{cases} \qquad (1-3)$$

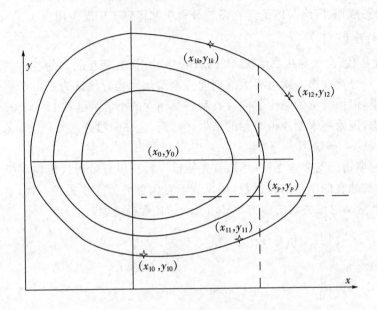

图 1 - 3　Volterra 捕食模型的轨线结构

k 值愈大，平衡中心向右下方的偏移愈烈，小鱼种群数所占百分比增大。若 k 值愈小，平衡中心向右下方的偏移较小，大鱼种群数所占百分比增大。"捕食模型"被用来说明不适当使用农药控制农作物的虫害时，由于对虫害(x)和虫害的天敌(y)同样造成了的伤害，因此系统的中心向有利于虫害的方向偏移。

1.3.3　环境系统分析

所谓环境系统分析，就是应用系统分析方法来解决环境保护领域的问题。1972 年，美国瑞奇(Rich)教授首次以《环境系统工程》为名发表专著，阐述了环境工程的过程控制及其与环境之间的关系；1977 年，日本高松武一郎教授等发表了同名专著，应用化工过程系统工程的研究成果阐述了环境系统的治理、规划等问题；1985 年，清华大学出版社出版了《水污染控制系统规划》，用系统分析的观点和方法，阐述了水污染控制系统的模型化和最优化问题；同年，南京大学出版社出版了《环境系统工程概论》，广泛讨论了系统论在环境保护领域的应用问题。1990 年，高等教育出版社出版了《环境系统分析》，全面系统地论述了环境系统的模型化和最优化以及环境决策的方法和过程。在过去四十多年内，国内外专家发表了大量的相关文章和专著，使系统分析方法在环境系统中的应用出现了空前繁荣的局面。

在研究人和环境关系问题时，把两个或两个以上的与环境污染及控制有关的要素组成的有机整体称为环境系统。按不同的分类方法，可以得到不同类型的环境系统。表 1 - 5 为几类常用的环境系统的分类。

根据不同的目的，可有不同的分类方法。对于环境管理，人们大多按照环境管理功能进行分类；对于从事环境规划的专家，大多按照环境保护对象对环境系统进行分类；而对于环境工程技术人员,则主要是按污染物的发生及迁移过程分类。当然,各种分类方法之间是互相交叉的。例如,按环境保护对象划分的各种系统又是按环境管理功能划分的污染控制系统的系统。

表 1-5　环境系统的分类

分类方法	系统名称
环境系统尺度	全球环境系统、区域环境系统、局域环境系统
环境系统边界	流域环境系统、城市环境系统与乡村环境系统
环境系统组成结构	人口-资源-环境系统、环境-经济系统等
环境保护对象	自然保护区系统、生态保护区系统、空气污染控制系统、水污染控制系统、都市生态(环境)系统等
环境管理功能	环境监测系统、环境执法系统、环境规划管理系统、排污管理申报系统、环境统计管理系统与排污收费管理系统
污染源	工业污染源系统、农业污染源系统、交通污染源系统
污染物的发生与迁移过程	污染物发生系统、污染物输送系统、污染物处理系统、接受污染物的环境系统
产业系统	矿山环境系统、冶金环境系统、环保产业系统

1.3.4　环境质量评价与环境系统分析

1. 环境质量评价与环境系统分析概念的区别与联系

环境质量评价是对环境状态优劣进行定量描述的一项工作或任务。这种定量描述是对过去、现在或未来的说明、评定和预测。环境系统分析则是一种方法和手段。环境系统分析的思想和方法贯穿在环境质量评价的全部过程中。没有环境系统分析的思想和方法,环境质量评价是无法进行的。

在建立最佳经济结构和最佳经济布局时,必须考虑到环境状态及其发展,即必须进行环境质量评价,其结果又会影响到综合目标和规划的优化。

2. 在环境质量评价中如何应用系统分析

(1) 利用系统的层次性分解问题,建立模块结构体系,有效地组织环境质量评价的实施。

(2) 采用模型方法,掌握污染物变化迁移规律,预测生态系统的发展趋势。

(3) 根据环境保护目标,论证工程项目的可行性。

(4) 根据经济发展要求(工程项目实施),优化环保治理和控制体系。

思考题与习题

1. 什么叫环境质量?什么叫环境质量评价?
2. 我国环境影响评价法的主要内容是什么?
3. 什么是环境影响评价,其基本工作程序如何?
4. 进行系统分析时,为什么要使用模型方法?
5. 环境质量评价与环境系统分析在概念上有何区别与联系?
6. 系统分析方法在开展环境质量评价时有哪些应用?

第二章　　数学模型概述

≫≫ 学习指导 ≫≫≫≫≫≫≫≫

　　本章讲述数学模型的概念与数学建模方法。在数学建模过程中,以 Excel 软件应用方法结合典型实例加以演示,注重学以致用。学习要点为:

　　(1) 满足模型条件的数学模型表达式和算法叫作数学模型,它具有高度的抽象性和经济性。环境系统工程中的数学模型是应用数学语言和方法来描述环境污染过程中的物理、化学、生物化学、生物生态以及社会等方面的内在规律和相互关系的数学方程。

　　(2) 数学模型的建立过程包括数据的搜集和初步分析、模型的结构选择、模型参数的估计以及模型的检验和修正等。

　　(3)Microsoft Excel 提供了一组数据分析工具,要使用分析工具库进行数学模型的验证和误差分析,必须对所提供的分析函数定义在统计、误差分析中的作用有相应的了解。

　　(4) 练习掌握用 Excel 解决环境问题的线性回归分析、曲线拟合及参数估计等数学建模问题。

　　数学模型应用于科学技术的每一个领域,是一切科学技术部门的重要工具和手段,也是环境系统分析的基础。应用环境系统工程方法解决环境污染控制问题时,一个重要的技术过程就是将所研究的环境系统行为抽象为数学模型,这是进行定量研究工作的基础。

2.1　　数学模型的定义和分类

　　系统的模型化是系统分析的基础,为了做好模型化工作,需要给模型一个确切的定义。如果一个事物 M 与另一个事物 S 之间满足两个条件:

　　(1)M 中包含一些元素(分量),每个元素(分量) 分别对应和代表 S 中的一个元素(分量);

　　(2)M 中的上述分量之间应存在一定的关系,这种关系可以用于与 S 的分量间关系进行类比。

　　则将事物 M 称为事物 S 的模型。从形式上看,模型可分成抽象模型和具体模型。图 2-1 列出了抽象模型和具体模型的一些例子。

　　满足模型条件的数学表达式和算法叫作数学模型。环境系统工程中的数学模型是应用数学语言和方法来描述环境污染过程中的物理、化学、生物化学、生物生态以及社会等方面的内在规律和相互关系的数学方程。它是建立在对环境系统进行反复的观察研究,通过实验或现场监测取得了大量的有关信息和数据,进而在对所研究的系统行为动态、过程本质和变化规律有了较深刻认识的基础上,经过简化和数学演绎而得出的一些数学表达式,这些表达式描述了环境系统中各变量及其参数间的关系。依照变量与时间关系、变量间关系、变量性质、参量性质等不同的划分方法,可以获得不同的数学模型分类(如表2-1所示)。

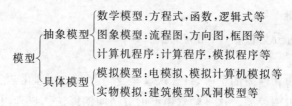

图 2-1 模型的形式

表 2-1 数学模型的分类

划分依据	模型类型
变量与时间关系	稳态模型、动态模型
变量间关系	线性模型、非线性模型
变量性质	确定性模型、随机性模型
参量性质	集中参数模型、分布参数模型
模型用途	模拟模型(评价)、管理模型(优化)

数学模型具有下列特征:

数学模型的一个重要特征是高度的抽象性。通过数学模型能够将形象思维转化为抽象思维,从而可以突破实际系统的约束,运用已有的数学研究成果对研究对象进行深入的研究。这种研究,较之在原型或实物模型上的研究具有很多优点。

数学模型的另一个特征是经济性。用数学模型研究不需要过多的专用设备和工具,可以节省大量的设备运行和维护费用,用数学模型可以大大加快研究工作的进度,缩短研究周期,特别是在电子计算机得到广泛应用的今天,这个优越性就更为突出。

但是,数学模型具有局限性,在简化和抽象过程中必然会造成某些失真。所谓"模型就是模型"(而不是原型),即指该性质。

2.2 数学模型的建立

2.2.1 建立数学模型的过程

一个模型要真实反映客观实际,必须经过实践 —— 抽象 —— 实践的多次反复。建立一个能够付诸实用的数学模型要经历的步骤如图2-2所示。

对照图2-2所示的建立数学模型步骤,对各阶段的实施内容可以大致说明如下:

1. 数据的搜集和初步分析

数据是建立模型的基础,在数据搜集时要求尽可能充分、准确。在获得一定量的数据后,应尽早进行数据的初步分析,努力发现规律性或不确定性,以便及时调整数据搜集的策略,为数学模型的建立打下良好的基础。数据分析的主要方法有:时间序列图绘制,反映空间关系的曲线图形绘制或列表,反映变量关系的曲线图形绘制或列表。从中考察和分析系统中各元素的时空变化规律和元素间关系变化规律。

2. 模型的结构选择

模型的结构大致可分为白箱、灰箱和黑箱三种。

(1) 白箱模型

根据对系统的结构和性质的了解,以客观事物变化遵循的物理化学定律为基础,经逻辑演绎而建立起的模型是机理模型。这种建立模型的方法叫演绎法。机理模型具有唯一性。建立机理模型最主要的方法是质量平衡法,在预知污染物质反应的方式和速度时,用来预测物质流的方向和通量。虽然使用演绎法建立白箱模型并不需要经过图 2-2 所列的建立数学模型步骤,但事实上完全的白箱模型是很少遇到、很难获得的。

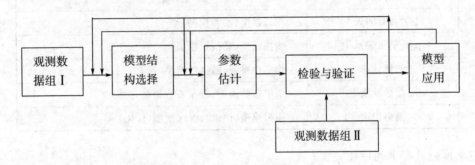

图 2-2　建立数学模型的步骤

(2) 灰箱模型

灰箱模型即半机理模型。在应用质量平衡法建立环境数学模型的过程中,几乎每个模型都包含一个或多个待定参数,这些待定参数一般无法由过程机理来确定,通常采用经验系数来定量说明。经验系数的确定则要借助于以往的观测数据或实验结果。

(3) 黑箱模型

黑箱模型即输入-输出模型,是需要大量的输入、输出数据以获得经验模型。它们可在日常例行观察中积累,也可由专门实验获得。根据对系统输入、输出数据的观测,在数理统计基础上建立起经验模型的方法又叫归纳法。经验模型不具有唯一性,可被多种不同类型的函数描述。因此由归纳法建立起的经验模型在使用时必须注意其导出过程中的取值范围,不可任意进行扩展。

【例 2-1】　当 $x < 4$ 时,由归纳法建立的两个函数为:

$$y = 4.4(1 - e^{-0.86x}) \quad 和 \quad y = 2.733x - 0.433x^2$$

试绘制其函数图形,并分析其扩展性。

【解】　绘制的函数图形如图 2-3 所示。当 $x < 4$ 时,y 的数值相当接近,因此在这个区间,它们都可能被用作某事物的经验模型。但一旦外推到 $x > 5$ 的情况下,两个函数的取值相差很远,说明它们不具有扩展性。

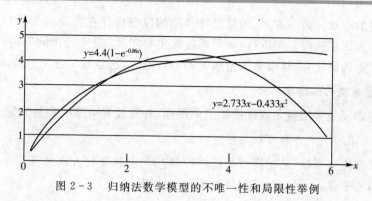

图 2-3　归纳法数学模型的不唯一性和局限性举例

3. 估计模型的参数

在灰箱、黑箱模型的建立过程中，都需要进行模型参数的估计工作。待定参数可能是一个或多个，其数量取决于模型的结构。待定参数的确定方法一般有最小二乘法、经验公式法、优化法等。但需要认识到，灰箱模型结构的合理性是其进行参数估计的先决条件。而无论采用何种方法进行参数估计，都是建立在观测数据或实验结果的基础上。

4. 模型的检验和修正

结构形式和参数数值确定之后，数学模型就已具雏形，但还不能付诸应用。只有经过检验和验证的模型才能在一定范围内应用。输入新的（独立）观察数据，并根据输出数据和模型计算系统估计值之间的误差来检验和修正模型。若计算误差满足预定的要求，则建立模型的工作告一段落。若计算误差超过了预定的界限，则可通过修正参数的数值来调整计算结果；如果调整参数并不能使模型的精度有所改进，则要考虑模型结构的调整，并重新进行参数的估计和模型验证。经验证合格的模型，可以在一定范围内应用。在应用过程中，要根据实际系统返回的信息对模型进行不断地修正和完善。

2.2.2　对模型的基本要求

建立数学模型所需的信息通常来自两个方面，一是对系统的结构和性质的认识和理解；二是系统的输入和输出观测数据。利用前一类信息建立模型的方法称为演绎法；利用后一类建立模型的方法称为归纳法。用演绎法建立的模型是机理模型，这类模型只有唯一解。用归纳法建立的模型称为经验模型，可有多组解。不论用什么方法，建立什么模型，都必须满足下述基本要求：

1. 模型要有足够的精确度

精确度是指模型的计算结果和实际测量数值的吻合程度。精确度不仅与研究对象有关，而且与它所处的时间、状态及其他条件有关。对于模型精确度的具体规定，要视模型应用的主客观条件而定。通常在人工控制条件下的各种模拟试验及由此建立的模型可以达到较高的精确度，而对于自然系统和复合系统的模拟及由此建立的模型，不能期望具有较高的精确度。精确度通常用误差来表示。

2. 模型要简单实用

一个模型既要具备一定的精确度，又要力求简单实用。精确度和模型复杂程度往往成正比，但随着模型的复杂程度的增加，模型的求解趋于困难，要求的代价亦增加。这说明两个基本要求存在着一定的矛盾，需根据问题性质协调解决。有时为了简化模型、便于求解，只能降低对模型精确度的要求。另一方面,无论怎样精确的模型也存在着如何对原型进行简化的问题。简化模型的方法可从两方面进行:一是通过抓主要矛盾,提出简化问题的一些假设,这是物理和化学意义上的简化;二是根据数量级关系进行取舍,这是数学意义上的简化。

3. 建立数学模型的依据要充分

依据充分的含义是指模型在理论推导上要严谨,并且要有可靠的实测数据来检验。

4. 管理模型(优化)中要有可控变量

可控变量又称操纵变量,是指模型中能够控制其大小和变化方向的变量。一个模型中应有一个或多个可控变量,否则这个模型将不能付诸使用。

2.2.3　数学模型的验证和误差分析

在经过确定结构形式和参数估值等一系列工作,建立的数学模型在投入应用之前,还要进行模型验证。验证所用的数据对于参数估值来说,应该是独立的。一个模型是否满足使用要求,以模型计算结果和实际观测数据之间的吻合程度来判断。数学模型的验证和误差分析的方法简单介绍如下。

1. 图形表示法

模型验证的最简单的方法是将观测数据和模型的计算值共同点绘在直角坐标图上。根据给定的误差要求,在模型计算值的上下画出一个区域,如果模型计算值和观测值很接近,则所有的观测点都应该落在计算值的误差区域内。用图形表示模型的验证结果非常直观,但由于不能用数值来表示,其结果不便于相互比较。

2. Excel 的分析工具库

计算机的发展和普及为数学模型的验证和误差分析提供了有力的工具。Microsoft Excel 提供了一组数据分析工具,称为"分析工具库"。该工具库包括了一系列统计和误差分析函数,相应的结果将显示在输出表格中,或同时产生图表。要使用分析工具库进行数学模型的验证和误差分析,必须对所提供的分析函数的定义和其在统计、误差分析中的作用有相应的了解。一些 Excel 分析工具函数的定义如表 2-2 所示,只需要适当地使用这些函数就能够取得误差分析的信息,使模型得以验证。

表 2-2　一些 Excel 统计分析函数的定义

定　义　式		函　数	说　明
$\frac{1}{n}\sum |X-\overline{X}|$	(2-1)	AVEDEV	一组数据点到其平均值的绝对偏差的平均值
$R_{xy}=\dfrac{\mathrm{COV}(X,Y)}{\sigma_x\cdot\sigma_y}$	(2-2)	CORREL	两组数据集合的相关系数
$\mathrm{COV}(X,Y)=\dfrac{1}{n}\sum(X_j-\mu_x)(Y_j-\mu_y)$	(2-3)	COVAR	每对偏差乘积的平均值
$\mathrm{DEVSQ}=\sum(X-\overline{X})^2$	(2-4)	DEVSQ	返回偏差平方和
$\mathrm{STDEV}=\sqrt{\dfrac{n\sum X^2-(\sum X)^2}{n(n-1)}}$	(2-5)	STDEV	估计样本的标准偏差
$\mathrm{VAR}=\dfrac{n\sum X^2-(\sum X)^2}{n(n-1)}$	(2-6)	VAR	估计样本的方差

3. 相关系数和相对误差

(1) 相关系数 R 反映了两个数据集合之间的线性相关程度。在模型的验证和误差分析中，模型计算值和观测值就可以看成是这样的两个数据集合。如果 $X(X_1, X_2, X_3, \cdots)$ 和 $Y(Y_1, Y_2, Y_3, \cdots)$ 分别表示一组观测值和计算值，相关系数计算：

$$R = \frac{\text{COV}(X, Y)}{\sigma_x \cdot \sigma_y} = \frac{\sum (X_j - \mu_x)(Y_j - \mu_y)}{\sqrt{\sum (X_j - \mu_x)^2 \sum (Y_j - \mu_y)^2}} \tag{2-7}$$

式中：μ_x 和 μ_y 分别为观测值和计算值的平均值；R 是处在 -1 和 1 之间的数，其绝对值的数值越大，表示两者的相关关系越好。

(2) 相对误差的定义是：

$$e_i = \frac{|X_i - Y_i|}{X_i} \tag{2-8}$$

如果有 n 组观测值与相应的计算值，可以计算得到 n 个相对误差值。将这 n 个误差值从小至大排列，可以求得小于某一误差值的误差的出现频率，以及累积频率为 10%、50% 和 90% 的误差。通过分析这三个误差的数值，可以确定模型的精确度。这种表达方法的缺点是在上、下区界（10%、90%）附近的统计分布很差，因此通常采用中值误差（累积频率为 50%）作为衡量模型精确度的度量。可以确定，中值误差与统计学上的概率误差是一致的，中值误差的数值既可以从误差分布的累积曲线（如图 2-4 所示）上求出，也可以按下式计算。

$$e_{0.5} = 0.6745 \sqrt{\frac{\sum \left(\frac{X_i - Y_i}{X_i}\right)^2}{(n-1)}} \tag{2-9}$$

中值误差也可以用绝对误差表示，这时：

$$e'_{0.5} = 0.6745 \sqrt{\frac{\sum (X_i - Y_i)^2}{(n-1)}} \tag{2-10}$$

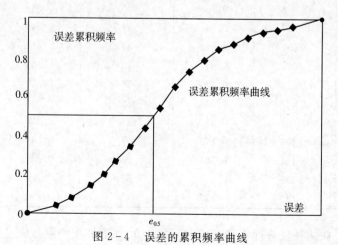

图 2-4 误差的累积频率曲线

4. 相关性检验

从建立数学模型的过程中我们可以看到,无论我们如何确定模型的结构,都可以使用最小二乘法进行参数估值来获得数学模型。例如,对于任何两个变量 x 和 y 的一组试验数据,不论 y 与 x 之间是否确实存在线性相关关系,我们都可以求出一个线性回归方程。显然,只有当 y 与 x 大致呈线性关系时,这样得到的回归方程才有意义。如果 y 与 x 之间根本不存在线性相关关系,那么这样得到的线性回归方程就毫无意义。因此,在建立了两个变量 y 与 x 之间的线性回归方程后,还必须判别 y 与 x 之间是否真有线性相关关系。这种判别 y 与 x 是否具有线性相关关系的方法,通常称为相关性检验。这里介绍一种较为简便的相关性检验法,即相关系数检验法。使用相关系数检验法还可以用来比较不同结构模型对实际事物描述的符合程度。按照以上相关系数计算式求得的相关系数 R 是处在 -1 和 1 之间的数。其绝对值的数值越大,表示 y 与 x 两者的相关关系越好。特别地,如果 $|R|=1$,y 与 x 两者称为完全相关关系;当相关系数 $R=0$ 时,称 y 与 x 两者不相关。由于 y 与 x 可以是任何数据集合,如果它们分别代表的是数学模型的计算值和用来检验的一组观测值,相关系数 R 愈大,数学模型愈准确;反之,相关系数愈小,数学模型就愈不准确。然而相关系数 R 究竟大到什么程度才可以认为相关关系显著,数学模型才能得到认可呢? 这个标准由相关系数检验表(表 2-3)给出。

表 2-3　相关系数检验表

$n-2$ ＼ α	0.050	0.010	$n-2$ ＼ α	0.050	0.010
1	0.997	1.000	21	0.413	0.526
2	0.950	0.990	22	0.404	0.515
3	0.878	0.959	23	0.396	0.505
4	0.811	0.917	24	0.388	0.496
5	0.754	0.874	25	0.381	0.487
6	0.707	0.834	26	0.374	0.478
7	0.666	0.798	27	0.367	0.470
8	0.632	0.765	28	0.361	0.463
9	0.602	0.735	29	0.355	0.456
10	0.576	0.708	30	0.349	0.449
11	0.553	0.684	31	0.344	0.442
12	0.532	0.661	32	0.399	0.436
13	0.514	0.641	33	0.334	0.430
14	0.497	0.623	34	0.329	0.424
15	0.482	0.606	35	0.325	0.418
16	0.468	0.590	36	0.320	0.413
17	0.456	0.575	37	0.316	0.408
18	0.444	0.561	38	0.312	0.403
19	0.433	0.549	39	0.308	0.398
20	0.423	0.537	40	0.304	0.393

表 2-3 给出了在两种显著性水平 $\alpha=0.05$ 及 $\alpha=0.01$ 下的相关系数的显著性检验表,表中

的数值是相关系数的临界值。如果用来检验的观测数据有 n 个,先由观测值计算出相关系数 R,于是就有如下结论:

(1) 如果 $|R| \leqslant R_{0.05}(n-2)$,则认为 y 与 x 两者的相关关系不显著,或者说 y 与 x 之间不存在相关关系;

(2) 如果 $R_{0.05}(n-2) < |R| \leqslant R_{0.01}(n-2)$,则认为 y 与 x 两者的相关关系显著;

(3) 如果 $|R| > R_{0.01}(n-2)$,则认为 y 与 x 两者的相关关系高度显著。

2.3 Excel 在建立数学模型中的应用

在数学模型的建立过程中,从数据分析、参数估计直至模型的检验,数据计算的工作量十分巨大,若没有计算机的帮助要完成这些工作是很难想象的。Microsoft Excel 就是完成该项工作的一种简便有效的工具。在此通过具体事例来说明其应用方法。

2.3.1 污水处理的线性回归分析

【例 2-2】 某污水处理厂提供的 3 月份和 4 月份的日常监测台账如表 2-4 所示,试根据 3 月份的数据建立其出水 COD 对应入水 COD 的线性回归模型,然后用 4 月份的数据进行验证。

表 2-4 某污水处理厂 3、4 月份的日常监测台账

序号	3 月份记录(mg/L)		4 月份记录(mg/L)		
	入水 COD	出水 COD	入水 COD	出水计算值	出水 COD
1	678	123	695	138.48	152
2	631	118	654	132.86	156
3	942	216	777	149.71	190
4	1022	173	856	160.53	202
5	940	184	824	156.15	202
6	948	150	1054	187.66	226
7	802	197	885	164.51	196
8	992	156	932	170.94	208
9	1010	197	833	157.38	158
10	728	128	885	164.51	165
11	800	136	933	171.08	138
12	826	154	788	151.22	119
13	691	156	973	176.56	152
14	543	98	715	141.22	134
15	771	186	1028	184.1	162

（续表）

序号	3月份记录（mg/L）		4月份记录（mg/L）		
	入水 COD	出水 COD	入水 COD	出水计算值	出水 COD
16	690	175	871	162.59	138
17	743	108	807	153.82	120
18	712	102	900	166.56	158
19	584	134	771	148.89	123
20	841	118	755	146.7	139
21	870	182	855	160.4	127
22	1120	186	682	136.69	121
23	654	144	757	146.97	175
24	695	152	743	145.05	138

【解】　首先建立 Excel 的工作表，输入污水处理厂监测的原始数据。在2.2中已介绍了 Microsoft Excel 的"分析工具库"，线性回归也是属于该工具库的内容。在"工具"菜单中，单击"数据分析"命令。如果"数据分析"命令没有出现在"工具"菜单中，则需要通过加载宏安装"分析工具库"，同时也将"规划求解"安装备用，如图2-5所示。

完成了加载宏安装过程，在"工具"菜单中，单击"数据分析"命令，选择线性回归操作。按照对话框要求在 y 值输入区域输入对因变量数据区域的引用，该区域必须由单列数据组成。这里选择输入3月份出水 COD 的数据区域；在 x 值输入区域输入对应入水 COD 数据。回归统计的一些主要结果如表2-5所示。

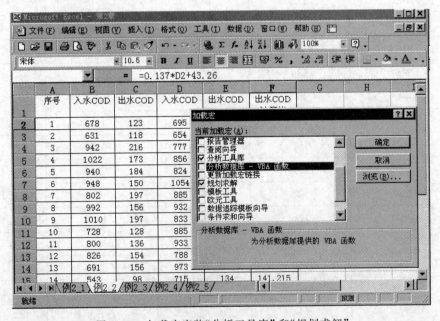

图2-5　加载宏安装"分析工具库"和"规划求解"

表 2－5 出水 COD 对应入水 COD 回归统计结果

Multiple R	0.630237
Intercept	43.25682
x Variable 1	0.136996
标准误差 2	26.22009
观测值	24

因此,出水 COD 对应入水 COD 的线性回归模型形式是:

$$y = 0.137x + 43.257$$

相关系数 $R = 0.63$,观测值 24 个。查阅相关关系检验表,$R_{0.01}(22) = 0.515$;由于这里 $|R| > R_{0.01}(n-2)$,说明 3 月份数据的出水 COD 与入水 COD 两者之间存在高度显著的线性相关关系。使用模型 $y = 0.137x + 43.257$,根据 4 月份入水 COD 数据求出出水 COD 的计算值;选择 y 值输入区域为 4 月份的出水 COD 数据,在 x 值输入区域输入对应出水 COD 的计算值,再次进行线性回归操作。观测值仍为 24 个,相关系数 $R = 0.45$,查阅相关关系检验表,$R_{0.05}(22) = 0.404$;由于这里 $R_{0.05}(n-2) < |R| \leqslant R_{0.01}(n-2)$,说明根据 3 月份数据归纳出的数学模型与新的数据观测组(4 月份数据)之间的相关关系显著。这里需要注意的是,前后两个相关系数所具有的不同含义,前者表示模型中两个变量间的线性关系,后者表示的是数学模型估算值与观测值之间的相关关系。4 月份出水 COD 对应入水 COD 数据与模型估算值的比较如图 2－6 所示。

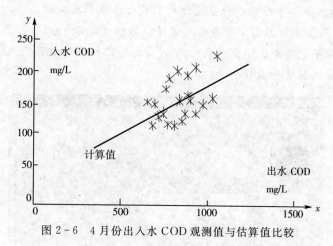

图 2－6 4 月份出水 COD 观测值与估算值比较

2.3.2 结构分析和曲线拟合

在建立数学模型的过程中,对于两个变量 x 和 y 的试验或观测数据,我们需要确定模型的结构,然后使用最小二乘法进行参数估值来获得数学模型。半机理模型结构的建立,在于对事物运动或反应机理的认识。对于用初等函数表示的模型结构,使用 Excel 能够帮助我们迅速获得模型的完整形式,并能分析结构的合理性。这就是曲线拟合,即寻求能够代表 x 和 y 函数关系的数学模型。

使用 Excel 工作表进行曲线拟合的操作是在图表菜单下选定数据系列,使用趋势线命令,获得对话框,如图 2-7 所示。Excel 趋势线所提供的模型结构形式如表 2-6 所示。

表 2-6　Excel 趋势线所提供的模型结构

名　称	趋势线计算方程		备　注
线性	$y = mx + b$	(2-11)	m 代表斜率,b 代表截距
对数	$y = c\ln x + b$	(2-12)	c 和 b 代表常数,函数 $\ln$ 代表自然对数
多项式	$y = b + c_1 x + c_2 x^2 + \cdots + c_5 x^5$	(2-13)	可选择多项式阶数,b 和 c_i 代表常数
乘幂	$y = cx^b$	(2-14)	c 和 b 为常数
指数	$y = ce^{bx}$	(2-15)	c 和 b 为常数,e 代表自然对数的底数
移动平均	$F_t = \dfrac{A_t + A_{t-1} + \cdots + A_{t-n+1}}{n}$	(2-16)	n 是"周期"选项,设置移动平均使用数据点数目,用来消除数据的波动

【例 2-3】　十二胺降解实验数据如表 2-7 所示,使用 Excel 工作表进行曲线拟合。

表 2-7　十二胺降解实验数据

时间(h)	0	1	3	5	7	9	23	27	31
浓度(mg/L)	2.3	2.22	1.92	1.6	1.52	1.07	0.73	0.5	0.45

【解】　在趋势线命令中分别选择模型结构形式为线性和指数模型,拟合结果如图 2-8 所示。指数模型又分别指定和不指定是否必须通过初始浓度 2.3mg/L。注意在图 2-7 中有个选项页,如果需要在图中显示出模型的表达式、R^2,或者需要限制趋势线必须通过初始浓度标记的函数点,均在选项页进行操作。

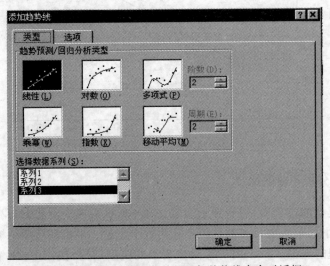

图 2-7　在 Excel 图表菜单下添加趋势线命令对话框

从获得的三个数学模型来看,指数模型:

$$y = 2.16\mathrm{e}^{-0.0519t} \qquad\qquad (2-17)$$

与实验数据拟合的相关系数 R 高达 98.6%（$R^2 = 0.9726$），应是较好的选择。

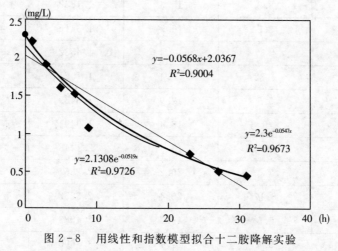

图 2-8　用线性和指数模型拟合十二胺降解实验

2.3.3　用 Excel 进行参数估计

在前一节中我们使用 Excel 进行曲线拟合，获得以初等函数结构表示的数学模型。现在讨论对于复杂的模型结构如何使用 Excel 进行基于最小二乘法的参数估值方法。事实上，虽然数学模型千差万别，但只要对 Excel 的一些基本功能进行灵活应用，大多能获得相应的解。

1. 用复制计算式结合多元线性回归进行复杂模型参数估值

【例 2-4】　根据对某一种反应的分析，获得灰箱模型为：$y = c + a\sqrt{x_1} + b\ln x_2$，试根据表 2-8 所示的一组实验观测值，进行灰箱模型的参数估值，并讨论其是否可信。

【解】　首先建立 Excel 的工作表，输入已知的实验数据，在新的两列中分别通过输入计算式，用复制命令或拖动鼠标求得对应的 $x_1^{0.5}$ 和 $\ln x_2$，该反应测定的原始实验数据和两列中间计算结果均列入表 2-8。在"工具"菜单中，单击"数据分析"命令，选择回归操作。按照对话框要求在 Y 值输入区域输入因变量 y 数据区域的引用（第 3 列）；在 X 值输入区域输入第 4 和第 5 两列。回归分析的一些主要结果如表 2-9 所示。因此经确定参数后模型的形式是：

$$y = 13.51 + 6.72\sqrt{x_1} - 4.30\ln x_2 \qquad\qquad (2-18)$$

其相关系数 $R = 0.94$；查阅表 2-3，$n-2 = 11$ 时的 5% 和 1% 置信度的 R 分别为 0.553 和 0.684，说明该模型与观测值之间相关关系高度显著。

表 2-8　原始实验数据和两列中间计算结果

第 1 列	第 2 列	第 3 列	第 4 列	第 5 列
x_1	x_2	y	$x_1^{0.5}$	$\ln x_2$
0.2	1.5	14.8	0.4472	0.4055
1	2.5	16.6	1	0.9163

（续表）

第 1 列	第 2 列	第 3 列	第 4 列	第 5 列
1.4	3.3	15.6	1.1832	1.1939
1.8	3.5	16.9	1.3416	1.2528
2.2	4.57	17.4	1.4832	1.5195
3	4.82	18.4	1.7321	1.5728
3.4	5.5	19.9	1.8439	1.7047
3.8	6	18.4	1.9494	1.7918
4.6	7	18.4	2.1448	1.9459
5	7.5	20.2	2.2361	2.0149
5.4	8.17	20.4	2.3238	2.1005
5.8	8.5	19.7	2.4083	2.1401
6.6	9.5	21.7	3.5690	2.2513

表 2-9　回归分析的一些主要结果

参数名称	参数估值	回归统计	
Intercept	13.5077	Multiple R	0.9431
X Variable 1	6.7203	R Square	0.8893
X Variable2	−4.3019	观测值	13

2. 用最优化方法进行复杂模型的参数估值

使用 Excel 电子表格，对于因变量 y 相应于自变量 x（可以是包含多个元素的向量）的试验或观测数据，由经验给定参数的初值开始，计算计算值与观测值之间的误差，用最优化方法进行参数估值，使该参数取值条件下误差的平方和最小。

【例 2-5】 已知河流平均流速为 4.0km/h，饱和溶解氧（DO）为 10.0mg/L，河流起点的 BOD(L_0) 浓度为 20mg/L，沿程的溶解氧（DO）的测定数据如下表：

x(km)	0	8	28	36	56
DO(mg/L)	10.0	8.5	7.0	6.1	7.2

试根据河流溶解氧的变化规律，确定耗氧速度常数 K_d 和复氧速度常数 K_a。已知数学模型为：

$$C = C_s - (C_s - C_0) e^{\frac{K_a X}{u_x}} + \frac{K_d L_0}{K_a - K_d} (e^{\frac{K_d X}{u_x}} - e^{\frac{-K_a X}{u_x}}) \qquad (2-19)$$

【解】 首先建立如图 2-9 所示 Excel 的工作表。根据式(2-19)，在 B7 单元格内输入符合 Excel 定义的溶解氧计算公式：

"$= \$B\$1 - (\$B\$1 - \$B\$6)\exp(-\$F\$2 * A7/\$B\$2) + \$B\$3 * \$F\$3/\$F\$4 *$
$(EXP(\$F\$3 * A7/\$B\$2 * (-1) - EXP((-1) * \$F\$2 * A7/\$B\$2))$"

注意公式中未直接输入具体数而是使用区域名称,以便于修改成不同的条件。D11 单元格是用函数形式表示的计算值与观测值间的误差的平方和。在 F2、F3 单元格内设置由经验给定的参数 K_d 和 K_a 的初值,分别相当于 2(1/d) 和 1(1/d)。在"工具"菜单中,单击"规划求解"命令,按照对话框要求输入变化的参数区域 F2、F3 和目标函数的区域 D11 单元格,要求的目标是使计算值与观测值间误差的平方和达到最小。图 2-9 也显示了规划求解的运行结果。因此,根据最小二乘法获得的耗氧速度常数 $K_d = 1.28(1/d)$,复氧速度常数 $K_a = 4.69(1/d)$。

规划求解的详细操作说明参见第 8 章。

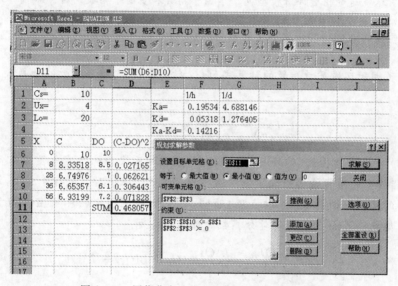

图 2-9　用优化方法进行河流复氧的参数估值

思考题与习题

1. 什么是模型? 什么是数学模型? 数学模型有哪些特性?

2. 用建立数学模型的方法,讨论用一盆水清洗衣服和将该盆水分成两个半盆水来清洗衣服,哪个效果好?

3. 已知一组实验数据,就下列模型进行参数估计并说明哪种模型结构更适合实验数据。

(1) $y = ab^x$;　(2) $y = ax^b$。

x	1	2	4	7	10	15	20	25	30	40
y	1.36	3.69	27	5.5E2	1.1E4	1.6E6	2.4E8	3.6E10	5.3E12	1.2E14

4. 已知一组实验数据,指定模型 $y = d + ax_1 + bx_1^2 + cx_2$,试用线性回归法估计参数和说明模型的适合程度,并估计其相对中值误差。

y	115	82	68	79	100	177	210	262	334
x_1	1	2	4	7	10	15	20	25	30
x_2	3	6	4.5	3	8.3	24	15	8	23

第三章 环境质量评价的数学模型

学习指导

本章讲述了环境质量评价的几种主要数学模型。学习要点为:

(1) 环境质量指数评价模型包括单因子指数和多因子指数两种。单因子指数的计算式为:$I_i = \dfrac{C_i}{S_i}$;均值型多因子环境质量指数的计算式为:$I = \dfrac{1}{n}\sum\limits_{i=1}^{n} I_i = \dfrac{1}{n}\sum\limits_{i=1}^{n}\dfrac{C_i}{S_i}$;

计权型多因子环境质量指数的计算式为:$I = \sum\limits_{i=1}^{n} W_i I_i$;内梅罗指数的计算式为

$$I = \sqrt{\frac{(\mathrm{Max}I_i)^2 + (\mathrm{Ave}I_i)^2}{2}}$$

(2) 空气质量指数(AQI)是一种定量、客观地反映和评价空气质量状况的指标,是指将空气中污染物的浓度依据适当的分级浓度限值对其进行等标化,计算得到简单的无量纲的指数,可以直观、简明、定量地描述和比较环境空气质量的优劣。污染物项目 P 的空气质量分指数的计算公式为:

$$IAQI_P = \frac{IAQI_{Hi} - IAQI_{Lo}}{BP_{Hi} - BP_{Lo}}(C_P - BP_{Lo}) + IAQI_{LO}$$

(3) 环境质量评价中不确定问题常用模糊综合评价法进行评价。它包括:环境质量的因素集合、环境质量的评语集合、因素与评语之间的关系矩阵 $\boldsymbol{R}$、因素论域上的模糊子集等计算过程。

(4) 污染物进入环境之后,做复杂的运动,包括介质的迁移运动、污染物的分散运动以及污染物质的衰减转化运动。污染物运动变化的基本模型包括零维、一维、二维和三维模型。

环境质量评价的数学模型可概括为两大类:一类是评价环境质量模型,它包括环境质量指数模型、环境功能评价模型等;另一类是根据反应动力学来描述的,包括污染物输移模型、反应模型、输移及反应模型和生态模型等。

3.1 指数评价模型

环境质量是各个环境要素优劣的综合概念。衡量环境质量优劣的因素很多,通常用环境中污染物质的含量来表达。人们希望从众多表述环境质量的数值中找到一个有代表性的数值,简明确切地表达一定时空范围内的环境质量状况。

环境质量指数就是这样一个有代表性的数,是质量好坏的表征,既可以表示单因子的,也可以表示多因子的环境质量状况。

3.1.1 单因子指数

最简单的环境质量指数是单因子环境质量指数,单因子环境质量指数的定义为:

$$I_i = \frac{C_i}{S_i} \tag{3-1}$$

式中:I_i 为第 i 种污染物的环境质量指数;C_i 为第 i 种污染物在环境中的浓度;S_i 为第 i 种污染物在环境中的评价标准。环境质量指数是无量纲数,表示污染物在环境中实际浓度超过评价标准的程度,即超标倍数。I_i 的数值越大,表示该单项的环境质量越差。

但是对溶解氧和 pH 值而言,其单因子指数具有不同的定义式,分别如式(3-2)、式(3-3)所示:

$$I_{DO} = \frac{|O_s - C_{DO}|}{O_s - S_{DO}}, \quad \text{对于} \ C_{DO} \geqslant S_{DO}$$

$$I_{DO} = 10 - 9\frac{C_{DO}}{S_{DO}}, \quad \text{对于} \ C_{DO} < S_{DO} \tag{3-2}$$

式中:O_s 为对应温度下的饱和溶解氧,I_{DO} 为溶解氧指数,C_{DO} 和 S_{DO} 为相应的溶解氧浓度检测值和评价标准值。

$$I_{pH} = \frac{7.0 - pH}{7.0 - pH_d}, \ \text{对于} \ pH < 7.0$$

$$I_{pH} = \frac{pH - 7.0}{pH_u - 7.0}, \ \text{对于} \ pH > 7.0 \tag{3-3}$$

式中:pH 为检测值,I_{pH} 为 pH 指数,pH_d 为评价标准值的下限,pH_u 为评价标准值的上限。

环境质量指数 I_i 的数值是相对于某一个环境质量标准而言的,当选取的环境质量标准变化时,尽管某种污染物的浓度并未变化,环境质量指数 I_i 的取值也会不同,因此在进行横向比较时需注意各自采用的标准。环境质量标准是根据一个地区或城市的功能来确定的,同时受到社会、经济等因素的制约。单因子环境质量指数只能代表某一种污染物的环境质量状况,不能反映环境质量的全貌,但它是其他环境质量指数、环境质量分级和综合评价的基础。

3.1.2 多因子指数

任何一个具体的环境质量问题都不是单因子问题。当参与评价的因子数大于 1 时,就要用综合质量指数来表述环境质量状况。

1. 均值型多因子指数

均值型多因子环境质量指数的计算式为:

$$I = \frac{1}{n}\sum_{i=1}^{n} I_i = \frac{1}{n}\sum_{i=1}^{n} \frac{C_i}{S_i} \tag{3-4}$$

式中:n 为参与评价的因子数,其余符号含义同单因子环境质量指数。均值型多因子环境质量指数的基本出发点是认为各种环境因子对环境的影响是等权的。

2. 计权型多因子环境质量指数

计权型多因子环境质量指数的基本出发点是认为各种环境因子对环境的影响是不等权的,其影响应该计入各环境因子的权系数。

计权型多因子环境质量指数的计算式为:

$$I = \sum_{i=1}^{n} W_i I_i \tag{3-5}$$

式中:W_i 为第 i 个环境因子的权系数。根据权的概念,应有:

$$\sum_{i=1}^{n} W_i = 1 \tag{3-6}$$

合理地确定环境因子的权系数是计算计权型多因子环境质量指数的关键。目前多采用专家调查法。

3. N. L. Nemerow(内梅罗)指数

内梅罗指数是一种兼顾极值或突出最大值的计权型多因子环境质量指数。内梅罗指数的基本计算式为:

$$I = \sqrt{\frac{(\mathrm{Max} I_i)^2 + (\mathrm{Ave} I_i)^2}{2}} \tag{3-7}$$

式中:$\mathrm{Max} I_i$ 为各单因子环境质量指数中最大者,$\mathrm{Ave} I_i$ 为各单因子环境质量指数的平均值。内梅罗环境质量指数特别考虑了污染最严重的因子,在加权过程中避免了权系数中主观因素的影响,是目前应用较多的一种多因子环境质量指数。

多因子环境质量指数的综合评价方法很多,除了上述方法外还可以采用向量模法或幂指数法进行综合评价。用环境质量指数评价法可以判断环境质量与评价标准之间的关系。一般说来:$I > 1$,说明环境质量已不能满足评价标准的要求;$I = 1$,说明环境质量处于临界状态;$I < 1$,说明环境质量较评价标准的要求为好。

【例 3-1】 根据在某湖泊的 6 个采样点上进行采样分析的结果,用地面水 3 级标准计算:(1)各采样点上的均权水质指数;(2)采样点上内梅罗水质指数;(3)整个湖泊的平均水质指数和平均内梅罗水质指数。

【解】 在环境评价中经常需要涉及大批的数据运算,使用 Excel 的电子数据表格能够有效地进行数据处理。在表 3-1 中,我们在表上部用字母表示列坐标,右侧用数字表示行坐标,以此说明在 Excel 中建立工作表的方法;在表 3-2 中列出对应坐标中输入的算式。运算结果列于表 3-1 的 B23:H25 单元,可以看到整个湖泊的平均水质指数为 1.788,平均内梅罗水质指数为 5.452。

表 3－1　计算湖泊水质指数的 Excel 工作表

A	B	C	D	E	F	G	H	
污染	地面水	测点编号						1
因子	3 级标准	P1	P2	P3	P4	P5	P6	2·3
BOD	4	6.5	10.3	4.55	5.41	1.19	2.52	4
COD	20	32.2	17.5	9.2	24.59	6.6	6.5	5
总氰化物	0.2	0.017	0.002	0.001	0.007	0.002	0.002	6
挥发酚	0.005	0.015	0.013	0.006	0.006	0.002	0	7
总镉	0.005	0.003	0.002	0.005	0.007	0.002	0.004	8
水温	—	25	24.9	25.5	24.3	26.4	25.2	9
溶解氧	5	3.4	5.16	6.46	4.69	4.9	7.21	10
总汞	0.0001	0.001	0.0002	0	0.0012	0.0011	0.001	11
总砷	0.05	0	0.01	9E－04	0.01	0.032	0.03	12
总氮	1	0.9	1.45	4.15	6.52	0.71	0.54	13
因子	全湖平均	单项指数						14
BOD	1.269583	1.625	2.575	1.1375	1.3525	0.2975	0.63	15
COD	1.073222	2.14667	1.16667	0.6133	1.639333	0.44	0.43333	16
总氰化物	0.025833	0.085	0.01	0.005	0.035	0.01	0.01	17
挥发酚	1.4	3	2.6	1.2	1.2	0.4	0	18
总镉	0.766667	0.6	0.4	1	1.4	0.4	0.8	19
溶解氧	1.403773	3.88	0.95152	0.5438	1.558	1.18	0.30938	20
总汞	7.5	10	2	0	12	11	10	21
总砷	0.276333	0	0.018	0.2	0.64	0.6		22
总氮	2.378333	0.9	1.45	4.15	6.52	0.71	0.54	23
平均值	1.788194	2.4707	1.2615	0.963	2.87831	1.6753	1.4803	24
最大值	7.5	10	2.6	4.15	12	11	10	25
内梅罗指数	5.451956	7.2837	2.0434	3.012	8.72596	7.8679	7.1481	26

表 3－2　水质指数计算时对应坐标的算式

单元坐标	算　式
C15	＝C4/＄B4
C15：H24	从 C15 复制到区域 C15：H24，或用鼠标拖动
C20,F20,G20	＝10－9＊(C10/＄B＄10)；DO 的指数定义特殊
D20,E20,H20	＝ABS(8.2－E10)/(8.2－＄B＄10)；DO 的指数定义特殊
B15	＝AVERAGE(C15：H15)
B15：B24	从 B15 复制到区域 B15：B24；或用鼠标拖动
B24	＝AVERAGE(B15：B23)
B25	＝MAX(B15：B24)
B26	＝((B24^2＋B25^2)＊0.5)^0.5
C24：H26	从 B24：B26 复制到区域 C24：H26

3.1.3　空气质量指数

空气质量指数（Air Quality Index，AQI）是一种定量、客观地反映和评价空气质量状况的指标，是指将空气中污染物的浓度依据适当的分级浓度限值对其进行等标化，计算得到简单的无量纲的指数，可以直观、简明、定量地描述和比较环境空气质量的优劣。我国原先采用空气污染指数（Air pollution Index，API）评估空气质量状况。AQI 较 API 增加了 CO、O_3、PM2.5等指标，AQI 在概念上和定义上体现了为公众健康提供服务的思想理论，较原定义更合理、科学。

目前国外较多地采用空气质量指数（AQI）来描述空气质量状态，例如美国 1999 年 7 月使用空气质量指数（AQI）表示空气质量状况，取代了原本使用的污染标准指数（Pollution Standard Index，PSI），AQI 较 PSI 增加了 PM2.5和O_3-8h并对每种污染物所影响的易感人群作了分类说明。加拿大以空气质量健康指数（Air Quality Health Index，AQHI）形式公告空气污染对健康的影响，主要描述臭氧（O_3）、颗粒物（PM2.5、PM10）、二氧化氮（NO_2）对人体健康的综合影响。总的说来，API、PSI、AQI 及 AQHI 等指数的设计原理相同，无本质区别，都是为评估空气质量状况而设计的一种易于理解的空气质量表达方式。从强调表征空气质量状况的目的出发，该指数采用空气质量指数（AQI）的名称更为合适。

各种污染物的浓度不同，对环境的影响程度也是不同的。世界各国根据环境和经济状况制定了本国的环境质量标准。表 3-3 和表 3-4 为我国环境空气质量标准（GB 3095-2012）中各种污染物的浓度限值。

表 3-3　环境空气污染物基本项目浓度限值

序号	污染物项目	平均时间	浓度限值		单位
			一级	二级	
1	二氧化硫（SO_2）	年平均	20	60	$\mu g/m^3$
		24 小时平均	50	150	
		1 小时平均	150	500	
2	二氧化氮（NO_2）	年平均	40	40	
		24 小时平均	80	80	
		1 小时平均	200	200	
3	一氧化碳（CO）	24 小时平均	4	4	mg/m^3
		1 小时平均	10	10	
4	臭氧（O_3）	日最大 8 小时平均	100	160	$\mu g/m^3$
		1 小时平均	160	200	
5	颗粒物（粒径小于等于 $10\mu m$）	年平均	40	70	
		24 小时平均	50	150	
6	颗粒物（粒径小于等于 $2.5\mu m$）	年平均	15	35	
		24 小时平均	35	75	

表 3-4　环境空气污染物其他项目浓度限值

序号	污染物项目	平均时间	浓度限值		单位
			一级	二级	
1	总悬浮颗粒物（TSP）	年平均	40	70	
		24 小时平均	50	150	
2	氮氧化物（NO_x）	年平均	50	50	
		24 小时平均	100	100	
		1 小时平均	250	250	$\mu g/m^3$
3	铅（Pb）	年平均	0.5	0.5	
		季平均	1	1	
4	苯并［a］芘（BaP）	年平均	0.001	0.001	
		24 小时平均	0.0025	0.0025	

空气质量分指数级别及对应的污染物项目浓度限值如表 3-5 所示。

表 3-5　空气质量分指数及对应的污染物浓度限值

空气质量分指数（IAQI）	污染物项目浓度限值									
	二氧化硫（SO_2）24 小时平均 /（$\mu g/m^3$）	二氧化硫（SO_2）1 小时平均 /（$\mu g/m^3$）[1]	二氧化氮（NO_2）24 小时平均 /（$\mu g/m^3$）	二氧化氮（NO_2）1 小时平均 /（$\mu g/m^3$）[1]	颗粒物（粒径小于等于 $10\mu m$）24 小时平均 /（$\mu g/m^3$）	一氧化碳（CO）24 小时平均 /（$\mu g/m^3$）	一氧化碳（CO）1 小时平均 /（$\mu g/m^3$）[1]	臭氧（O_3）1 小时平均 /（$\mu g/m^3$）	臭氧（O_3）8 小时滑动平均 /（$\mu g/m^3$）	颗粒物（粒径小于等于 $2.5\mu m$）24 小时平均 /（$\mu g/m^3$）
0	0	0	0	0	0	0	0	0	0	0
50	50	150	40	100	50	2	5	160	100	35
100	150	500	80	200	150	4	10	200	160	75
150	475	650	180	700	250	14	35	300	215	115
200	800	800	280	1200	350	24	60	400	265	150
300	1600	[2]	565	2340	420	36	90	800	800	250
400	2100	[2]	750	3090	500	48	120	1000	[3]	350
500	2620	[2]	940	3840	600	60	150	1200	[3]	500

说明：

[1] 二氧化硫（SO_2）、二氧化氮（NO_2）和一氧化碳（CO）的 1 小时平均浓度限值仅用于实时报，在日报中需使用相应污染物的 24 小时平均浓度限值。

[2] 二氧化硫（SO_2）1 小时平均浓度值高于 $800\mu g/m^3$ 的，不再进行其空气质量分指数计算，二氧化硫（SO_2）空气质量分指数按 24 小时平均浓度计算的分指数报告。

[3] 臭氧（O_3）8 小时平均浓度值高于 $800\mu g/m^3$ 的，不再进行其空气质量分指数计算，臭氧（O_3）空气质量分指数按 1 小时平均浓度计算的分指数报告。

(1) 空气质量分指数计算方法

污染物项目 P 的空气质量分指数按式(3-8)计算：

$$IAQI_P = \frac{IAQI_{Hi} - IAQI_{Lo}}{BP_{Hi} - BP_{Lo}}(C_P - BP_{Lo}) + IAQI_{LO} \qquad (3-8)$$

式中：$IAQI_P$——污染物项目 P 的空气质量分指数；C_P——污染物项目 P 的质量浓度值；BP_{Hi}——表3-5中与 C_P 相近的污染物浓度限值的高位值；BP_{Lo}——表3-5中与 C_P 相近的污染物浓度限值的低位值；$IAQI_{Hi}$——表3-5中与 BP_{Hi} 对应的空气质量分指数；$IAQI_{Lo}$——表3-5中与 BP_{Lo} 对应的空气质量分指数。

(2) 空气质量指数及首要污染物的确定方法

当各污染物分指数 $IAQI_i$ 计算完毕后，取 $AQI = \max\{IAQI_1, IAQI_2, IAQI_3, \cdots, IAQI_n\}$ 为该监测点所在区域的空气质量指数（$IAQI$）。

当 AQI 大于 50 时，$IAQI$ 最大的污染物为首要污染物。若 $IAQI$ 最大的污染物为两项或两项以上时，并列为首要污染物。$IAQI$ 大于 100 的污染物为超标污染物。

环境空气质量指数及空气质量分指数的计算结果应全部进位取整数，不保留小数。

(3) 空气质量指数级别

空气质量指数级别根据表3-6规定进行划分。

表3-6　空气质量指数及相关信息

空气质量指数	空气质量指数级别	空气质量指数类别及表示颜色		对健康影响情况	建议采取的措施
0～50	一级	优	绿色	空气质量令人满意,基本无空气污染	各类人群可正常活动
51～100	二级	良	黄色	空气质量可接受,但某些污染物可能对极少数异常敏感人群健康有较弱影响	极少数异常敏感人群应减少户外活动
101～150	三级	轻度污染	橙色	易感人群症状有轻度加剧,健康人群出现刺激症状	儿童、老年人及心脏病、呼吸系统疾病患者应减少长时间、高强度的户外锻炼
151～200	四级	中度污染	红色	进一步加剧易感人群症状,可能对健康人群心脏、呼吸系统有影响	儿童、老年人及心脏病、呼吸系统疾病患者避免长时间、高强度的户外锻炼,一般人群适量减少户外运动
201～300	五级	重度污染	紫色	心脏病和肺病患者症状显著加剧,运动耐受力降低,健康人群普遍出现症状	儿童、老年人和心脏病、肺病患者应停留在室内,停止户外运动,一般人群减少户外运动
＞300	六级	严重污染	褐红色	健康人群运动耐受力降低,有明显强烈症状,提前出现某些疾病	儿童、老年人和病人应当留在室内,避免体力消耗,一般人群应避免户外活动

【例 3-2】　用分析仪器测得某监测站点某日的二氧化硫日均浓度值为 $80\mu g/Nm^3$，当日测得的 PM10、PM2.5 浓度值分别是 200 和 $100\mu g/Nm^3$，计算 AQI 并指明首要污染物。

【解】　根据二氧化硫日均浓度值 $80\mu g/m^3$，查表 3-5 中 $IAQI$ 在 $50\sim100$ 之间，计算得：

$$IAQI_{SO_2} = \frac{IAQI_{Hi} - IAQI_{Lo}}{BP_{Hi} - BP_{Lo}}(C_P - BP_{Lo}) + IAQI_{LO} = \frac{(100-50)}{(150-50)} \times (80-50) + 50 = 65$$

同理，PM10、PM2.5 分指数计算得：

$$IAQI_{PM10} = \frac{IAQI_{Hi} - IAQI_{Lo}}{BP_{Hi} - BP_{Lo}}(C_P - BP_{Lo}) + IAQI_{LO} = \frac{(200-100)}{(350-150)} \times (200-100) + 100 = 125$$

$$IAQI_{PM2.5} = \frac{IAQI_{Hi} - IAQI_{Lo}}{BP_{Hi} - BP_{Lo}}(C_P - BP_{Lo}) + IAQI_{LO} = \frac{(150-100)}{(115-75)} \times (100-75) + 100 = 132$$

$$AQI = \max\{IAQI_1, IAQI_2, IAQI_3, \cdots, IAQI_n\} = \{65, 125, 132\} = 132$$

因此，该监测点空气质量指数是 132，首要污染物为 PM2.5。

3.2　环境质量的分级聚类模型

为了把定量的评价结果转变为定性的结论，也就是赋予环境质量指数以污染程度的相对概念，需要进行环境质量分级。

环境质量指数只是说明污染物在环境中实际浓度与评价标准的关系，而分级别确定整个环境状态的优劣，则是分级聚类模型要解决的问题。环境质量分级聚类模型也称为功能评价模型，它按照一定的聚类方法，将计算出的综合指数与环境质量实际状况相对比，实行环境质量的表征数值的综合归类，以确定其等级。

3.2.1　积分值分级法

积分值法的基本思想是将每一个污染因子的实际浓度，按照评价标准的要求给予一个评分值。若参与评分的环境因子为 n 个，全部满足环境一级标准评分为 100 分，则每个环境因子的评分是 $100/n$。如果全部介于一级、二级环境标准之间评分为 80 分，n 个参与评分的环境因子全部介于一级、二级环境标准之间，每个环境因子的评分是 $80/n$，其余类推。

积分值法是一种直接评分法，这种评分方法可以直接与环境质量之间建立关系，积分值越高环境质量就越好。采用积分值法时，一般选用 $5\sim10$ 个评价因子，环境质量的评分标准可对应于环境质量标准，共分 5 级。相对于 $1\sim5$ 级标准的积分值是 100、80、60、40、20。若每个因子的得分为 a_i，则总积分值为：

$$M = \sum_{i=1}^{n} a_i \tag{3-9}$$

根据求得的总积分值 M，按照表 3-7 确定环境质量等级。表 3-8 表示水环境的单因子评分。

表 3-7　积分值法的环境质量分级

积分值	$M \geqslant 96$	$96 > M \geqslant 76$	$76 > M \geqslant 60$	$60 > M \geqslant 40$	$40 > M$
环境质量等级	一级	二级	三级	四级	五级

表 3-8　水环境中污染物浓度(mg/L)和单因子评分

	一级	二级	三级	四级	五级
污染因子	10(分)	8(分)	6(分)	4(分)	2(分)
BOD	$\leqslant 3$	$\leqslant 3$	$\leqslant 4$	$\leqslant 6$	$\leqslant 10$
溶解氧	$\geqslant 90\%$饱和度	$\geqslant 6$	$\geqslant 5$	$\geqslant 3$	$\geqslant 2$
总氰化物	$\leqslant 0.005$	$\leqslant 0.05$	$\leqslant 0.2$	$\leqslant 0.2$	$\leqslant 0.2$
挥发酚	$\leqslant 0.002$	$\leqslant 0.002$	$\leqslant 0.005$	$\leqslant 0.01$	$\leqslant 0.1$
石油类	$\leqslant 0.05$	$\leqslant 0.05$	$\leqslant 0.05$	$\leqslant 0.5$	$\leqslant 1.0$
总铅	$\leqslant 0.01$	$\leqslant 0.01$	$\leqslant 0.05$	$\leqslant 0.05$	$\leqslant 0.1$
总汞	$\leqslant 0.00005$	$\leqslant 0.00005$	$\leqslant 0.0001$	$\leqslant 0.001$	$\leqslant 0.001$
总砷	$\leqslant 0.05$	$\leqslant 0.05$	$\leqslant 0.05$	$\leqslant 0.1$	$\leqslant 0.1$
总镉	$\leqslant 0.001$	$\leqslant 0.005$	$\leqslant 0.005$	$\leqslant 0.005$	$\leqslant 0.01$
铬(六价)	$\leqslant 0.01$	$\leqslant 0.05$	$\leqslant 0.05$	$\leqslant 0.05$	$\leqslant 0.1$

【例 3-3】　某河流断面的水质监测数值见表 3-9(单位:mg/L)。

表 3-9　河流水质的监测值和评分值

污染因子	BOD	DO	总氰化物	挥发酚	石油类	总铅	总汞	总镉	铬(+6)	总砷
监测值	5.5	4.25	0.076	0.0023	0.72	0.13	0.12	0.004	0.06	0.02
评分值	4	4	6	6	2	0	0	8	2	10

【解】　查表 3-8,得各因子积分值:$M = 42$,根据环境质量分级表可知,该河流断面水质为四级(重度污染),突出的污染物为总铅和总汞。

3.2.2　模糊综合评价法

环境是一个多因素耦合的复杂动态系统,当这个系统的复杂性日益增长时,我们做出系统特性的精确而有意义的描述能力将相应降低。随着环境质量评价工作的不断深入,需要研究的变量关系也愈来愈多,愈加错综复杂,其中既有确定的、可循的变化规律,又有不确定的随机变化规律。另外,人们对环境质量的认识也是既有精确的一面,又有模糊的一面。环境质量同时具有的这种精确与模糊、确定与不确定的特性都具有量的特征。有的时候则需要用精确的语言来表述,有的时候则需要用模糊的语言来表述。

1. 环境质量评价的不确定性分析

在环境质量评价的整个过程中,被评价的对象、评价方法甚至评价主体及其掌握的评价标准都具有不确定性。环境质量评价中不确定性的原因大致可归纳为:认识上的局限性、数据的不充分性或不可靠性、环境质量本身具有的随机性和可变性等三个方面。随机性是环境要素具有的一种属性,如影响大气和水体稀释自净能力的湍流过程就是一个随机过程;环境质量有其自身的演变规律,人类活动对环境质量的改变是叠加在这个变化规律之上的。

根据对环境质量评价中不确定因素的分析,可以看出环境质量评价的结论也必然存在一定程度不确定性。如何处理评价中的不确定性因素,不仅关系到评价结论是否能全面地反映环境质量的价值,而且还关系到依据评价结论所做的决策是否正确。

目前,处理不确定性常用的方法是概率分析法。概率分析方法对随机性造成的不确定因素的分析较有效,而当监测数据缺乏或不可靠时大多研究数据的分布和统计特性。模糊数学的兴起为确定和不确定、精确与模糊之间的沟通建立了一套良好的数学方法,也为解决环境质量评价中的不确定性问题开辟了新的途径。

2. 模糊集合理论简介

科学问题需要数学描述,以实现其严谨性。环境质量评价所使用的数学模型有确定性模型、随机性模型和模糊性模型等不同形式。

所谓模糊性,是指元素对集合的隶属关系,而事件本身的含义是不确定的,但事件的发生与否是可以确定的,因而元素(事件)对集合的隶属关系是不确定的。模糊数学就是用数学的方法来研究、处理实际当中存在的大量不确定的、模糊的问题。

集合是现代数学中一个最基本的概念。所谓集合,是指"具有某种性质的、确定的、彼此可以区别的事物的汇总"。构成集合的事物叫作集合的元素或元,通常用大写字母 $A,B,C,\cdots$ 表示集合,而小写字母 $a,b,c,\cdots$ 表示元。当元 a 属于集合 A 时,记为 $a \in A$;当元 a 不属于集合 A 时,记为 $a \notin A$。集合也简称为集。

正像模糊数学所研究的问题一样,模糊集合无法用一种精确的语言或概念来加以描述,只有通过在与普通集合的比较过程中理解它。普通集合是用于描述"非此即彼"的清晰概念,因而它可用属于或不属于来确定集合的全体成员。对于模糊集合而言,不能用"属于或不属于"来表达,例如评价环境质量未污染、污染较重、污染严重等,都很难找出一个分明的界线,它们都是一些模糊概念。由于一切环境问题都是多个因子的综合作用结果,而根据每个因子又难于获得确定性的评价,因而借助模糊方法,根据模糊集合的理论和概念来确定环境质量的归类。

例如,在界定某水环境质量级别的过程中有两个监测点,溶解氧监测值分别是 5.9mg/L 和 6.1mg/L。根据《地表水环境质量标准》(GB 3838 − 2002),溶解氧的二级标准为 6mg/L,三级标准为 5mg/L。很显然,用精确数学来描述,6.1mg/L 符合二级标准,5.9mg/L 符合三级标准。实际上 6.1 和 5.9 相差很小,所以这样分类显然不太客观。如果采用模糊数学的概念,用隶属度来描述就比较客观。当溶解氧值为 5.9mg/L 时,对于二级标准的隶属度达到 90.0%,相应的对于三级标准的隶属度是 10.0%。显然,用隶属度函数来描述事物模糊程度较精确数学的直接界定合理很多。

在模糊评价法中,最基本和使用最多的是隶属度与隶属函数。隶属度表示元素 u 属于模糊集合 U 的程度,也就是对模糊集合的判断是用元素对此集合的从属程度大小来表达的。这使集合界线模糊不清无关紧要,它并不会影响我们对元素属于集合的判断。隶属度的概念是普通集合论和模糊集合论的关键区别。隶属度函数的取值可以是区间 $[0,1]$ 之中的任何数,若隶属度值接近于 1 时,表示隶属程度高;反之,若隶属度值接近于 0 时,表示隶属程度低。

模糊集用 U,V,W 作为一特定集合的标记,设 U 的元素为:

$$U = u_1, u_2, \cdots, u_n$$

当 F 为 U 的一个有限的模糊子集时,用记号

$$F = \frac{\mu_1}{u_1} + \frac{\mu_2}{u_2} + \cdots + \frac{\mu_n}{u_n} \qquad (3-10)$$

来说明隶属程度。式中:μ_i 表示对应元素 u_i 对 F 的隶属度值。

3. 环境质量模糊评价中的集合

(1) 环境质量的因素集合

选择 m 个污染物考核因子,按照一定的顺序进行排列便形成了因素集合。环境质量的因素是一个具有 m 个元素的向量。这里的污染物因子在进行测定时会有不同的数值,污染物因子可能取值的全体构成了环境质量的因素论域上的向量空间。

$$U = u_1, u_2, \cdots, u_m \qquad (3-11)$$

(2) 环境质量的评语集合

环境质量的评语集合是指在进行环境质量评价时使用的环境质量标准。环境质量标准应该用矩阵来表示,因为评价标准对 m 个污染物因子均分别规定了 n 个分级的标准值。写作

$$V = v_1, v_2, \cdots, v_n \qquad (3-12)$$

(3) 因素与评语之间的关系矩阵 $\boldsymbol{R}$

$$\boldsymbol{R} = \begin{bmatrix} r_{11} & r_{12} & \cdots & r_{1n} \\ r_{21} & r_{22} & \cdots & r_{2n} \\ \vdots & & \vdots & \\ r_{m1} & r_{m2} & \cdots & r_{mn} \end{bmatrix} \begin{matrix} 1 \\ 2 \\ \vdots \\ m \text{ 个污染物因子} \end{matrix} \qquad (3-13)$$

$$\begin{matrix} 1 & 2 & \cdots & n \end{matrix}$$

评价标准 n 级

矩阵中的元素 r_{ij} 为第 i 种污染物因子,定位于第 j 级标准的可能性,即第 i 种污染物因子对 j 级标准的隶属度。矩阵中的行元素 $(r_{i1}, \cdots, r_{in})$ 为第 i 种污染物因子对各级标准的隶属度。矩阵中的列元素 $(r_{1j}, \cdots, r_{mj})$ 为各种污染物因子对第 j 级标准的隶属度。

（4）因素论域上的模糊子集

以水质为因素论域上的模糊子集

$$A = \frac{a_1}{u_1} + \frac{a_2}{u_2} + \cdots + \frac{a_n}{u_n} \tag{3-14}$$

式中：u_i 为第 i 个污染因子（例如 COD）；a_i 为隶属度，表示该污染因子对环境污染的作用。隶属度 a_i 的确定按下列步骤进行：

① 确定标准值 S，通常选取某一环境标准作为 S 值；

② 计算单因子环境质量指数：

$$a'_i = \frac{C_i}{S_i} \tag{3-15}$$

式中：C_i 表示第 i 个污染因子（如 COD）的浓度值，mg/L；a'_i 的值反映了该污染因子对环境的危险水平；S_i 表示第 i 种污染因子的标准值。应该注意：溶解氧有与其余污染因子不同的计算方法。

③ a'_i 的归一化处理

以上求得的 a'_i 是相对标准的比数，取值可能大于1。根据隶属度的定义需要对 a'_i 作归一化处理，即：

$$a_i = a'_i \bigg/ \sum_{i=1}^{n} a'_i \tag{3-16}$$

④ 评语论域上的模糊子集

实际环境质量归属于哪一级环境标准是一个模糊子集：

$$B = \frac{b_1}{1\,级} + \frac{b_2}{2\,级} + \cdots + \frac{b_n}{n\,级} \tag{3-17}$$

式中，b_n 表示实际环境质量对各级环境标准的隶属度。

4. 关系矩阵中元素的求解

以大气为例，若已知测定的环境中 SO_2 日平均浓度值为 $0.08\,mg/Nm^3$，V 矩阵的元素如表3-3所示。该值位于一级、二级标准之间，接近于一级标准。用隶属度来表示接近程度的方法是在 0.05 与 0.15 之间按比例求解，则可获得关系矩阵中与 SO_2 有关元素的值，它们是相应于一级至二级标准的 $r_{SO_2,1} = 0.7$，$r_{SO_2,2} = 0.3$；以此类推，可求得全部关系矩阵元素的值。

5. 确定环境质量归类的模糊评价法

环境质量的模糊评价法归结为已知因素论域上的模糊子集 A（污染物因子的浓度水平）和评价矩阵 V（各类标准对因子的要求），求出向量 B（环境归属类别）。

在模糊向量 A 和模糊关系矩阵 R 已知时，综合评价模糊子集可以表达为：

$$B = AR$$

按照模糊集合的运算方法，有四种模型可以用来计算模糊向量 B 的值，在此介绍其中的两种运算。

（1）运算模型之一：$M_1(\cap, \cup)$

该运算模型是按小中取大的原则进行判别。首先在环境因素的隶属度与对应关系矩阵元素中取较小值,然后从中选取最大值作为本级环境标准的隶属度 b_j 的取值。

$$b_j = \bigcup (a_i \cap r_{ij})$$

$$= \text{Max}(\text{Min}(a_1, r_{1j}), \cdots, \text{Min}(a_m, r_{mj})) \quad (j = 1, 2, \cdots, n) \quad (3-18)$$

(2)运算模型之二:$M_2(*, \bigcup)$

从环境因素的隶属度与对应关系矩阵元素代数乘积中选取最大值作为本级环境标准的隶属度 b_j 的取值。

$$b_j = \bigcup (a_i * r_{ij})$$

$$= \text{Max}(a_1 * r_{1j}, \cdots, a_m * r_{mj}) \quad (j = 1, 2, \cdots, n) \quad (3-19)$$

式中:$*$ 表示代数乘,模型 M_1 和 M_2 都是突出主因素型,在所有因素对第 j 级环境质量标准的贡献中,取其最大者作为代表。

根据 M_1 和 M_2 求得的用于评价实际环境质量归属于哪一级环境标准的模糊子集中的元素:b_j 反映了实际环境质量对各级环境标准的隶属水平,即便不再进行归一化处理,找到它的最大值就可以判断出实际环境质量的归类。

如果在模糊矩阵复合运算结果中出现两个最大值,要考虑次大值贴近哪个。例如,某一复合运算结果为 $B = [0.18 \quad 0.3 \quad 0.3 \quad 0.1 \quad 0.05]$,结果表明 Ⅱ 类水体、Ⅲ 类水体的隶属度都是0.3,Ⅰ 类水体的隶属度为0.18,Ⅳ 类水体的隶属度为0.1,故结论应偏向 Ⅰ 类水体方向,最终结论定位 Ⅱ 类水体。

【例3-4】 已知河流水质分级标准如表3-8所示,水质实际监测值列于表3-10中,用模糊评价法对河流水质进行功能评价。

表3-10　河流水质监测值　　　　　　　　　　　　（单位:mg/L）

项目	BOD	DO	总氰	挥发酚	油类	总铅	总汞	总砷	总镉	铬(六价)
浓度	5.5	4.25	0.078	0.023	0.72	0.13	0.012	0.03	0.004	0.05

【解】 (1)分级代表值和基点值的确定

表3-11表示各分级代表值和基点值。第一级分级代表值 e_1 取为一级水质标准的值;第二级分级代表值 e_2 取为一级水质标准与二级水质标准的平均值,其余类推。以三级水质标准作为基点值。

表3-11　分级代表值和基点值的对应浓度　　　　　　（单位:mg/L）

污染因子	e_1	e_2	e_3	e_4	e_5	e_6	S
BOD	3	3	3.5	5	8	10	4
溶解氧	10	8	5.5	4	2.5	2	5
总氰化物	0.005	0.0275	0.125	0.2	0.2	0.2	0.2
挥发酚	0.002	0.002	0.0035	0.0075	0.01	0.01	0.005
石油类	0.05	0.05	0.05	0.275	0.75	1	0.05

（续表）

污染因子	e_1	e_2	e_3	e_4	e_5	e_6	S
总铅	0.01	0.03	0.05	0.05	0.075	0.1	0.05
总汞	0.00005	0.00005	0.000075	0.00055	0.001	0.001	0.0001
总砷	0.05	0.05	0.05	0.075	0.1	0.1	0.05
总镉	0.001	0.003	0.005	0.005	0.0075	0.01	0.005
铬（六价）	0.01	0.03	0.05	0.05	0.075	0.1	0.05

（2）计算关系矩阵 R

根据已知污染因子的浓度值 C_i，使用线性隶属函数的计算方法，可获得关系矩阵中元素隶属度的值。当 $C_i \leqslant e_1$ 时，取 $r_{i1} = 1$；当 $C_i \geqslant e_6$ 时，取 $r_{i6} = 1$。关系矩阵 R 为：

$$R = [r_{ij}] = \begin{bmatrix} 0 & 0 & 0 & 0.833 & 0.167 & 0 \\ 0 & 0 & 0.167 & 0.833 & 0 & 0 \\ 0 & 0.482 & 0.518 & 0 & 0 & 0 \\ 0 & 0 & 0 & 0 & 0 & 1 \\ 0 & 0 & 0 & 0.063 & 0.937 & 0 \\ 0 & 0 & 0 & 0 & 0 & 1 \\ 0 & 0 & 0 & 0 & 0 & 1 \\ 1 & 0 & 0 & 0 & 0 & 0 \\ 0 & 0.5 & 0.5 & 0 & 0 & 0 \\ 0 & 0 & 0.5 & 0.5 & 0 & 0 \end{bmatrix} \tag{3-20}$$

（3）计算 a_i 的值：

由 $a'_i = C_i / S_i$（a_{DO}' 按 20℃ 和定义计算）求得 A' 向量为：

$$A' = (1.375, 2.35, 0.39, 4.60, 14.4, 2.60, 120, 0.6, 0.8, 1)$$

经归一化处理，有：

$$A = (0.0093, 0.0159, 0.0026, 0.0311, 0.0972, 0.0176, 0.8102, 0.0041, 0.0054, 0.0068)$$

（4）按照模糊集合运算法，分别用模型 M_1 和 M_2 来计算模糊向量 B 的值

模型一的计算：$M_1(\bigcap, \bigcup)$

$$b_1 = \text{Max}(0, 0, 0, 0, 0, 0, 0, 0.0041, 0, 0) = 0.0041$$

$$b_2 = \text{Max}(0, 0, 0.0026, 0, 0, 0, 0, 0, 0.0054, 0) = 0.0054$$

$$b_3 = \text{Max}(0, 0.0159, 0.0026, 0, 0, 0, 0, 0, 0.0054, 0.0068) = 0.0159$$

$$\vdots$$

$$b_6 = \text{Max}(0, 0, 0, 0.0311, 0, 0.0176, 0.8102, 0, 0, 0) = 0.8102$$

$$B = (0.0041, 0.0054, 0.0159, 0.0159, 0.0972, 0.8102)$$

综合评价的结果:b_j 中的最大值 $b_6 = 0.8102$,所以水质功能低于五级标准。

模型二的计算:$M_2(*, \bigcup)$

$$b_j = \bigcup (a_i * r_{ij})$$

$$= \mathrm{Max}((a_1 * r_{1j}), \cdots, (a_m * r_{mj}))$$

由于模型二采用代数乘法运算,作为一种简便运算方法,使用未经归一化处理的 $\boldsymbol{A'}$ 运算时,相当于 $\boldsymbol{B}$ 的所有元素同时乘以 $\sum a'_i$,这对于模糊分类评价的最终结果并无影响,因此可简化运算过程。按此法求得:

$$\boldsymbol{B'} = (0.6, 0.4, 0.5, 1.96, 13.49, 120)$$

综合评价的结果:b_j 中的最大值为 $b_6 = 120$,所以水质功能低于五级标准,该结论与 M_1 的结论是一致的。

3.3　污染物的运动变化模型

环境中污染物的运动变化模型可以从不同角度认识。

从空间维数角度认识,有一维模型、二维模型和三维模型。当系统内质点的水力水质要素只在一个方向有梯度存在,另外两个方向上均匀分布的模型称为一维模型;在两个方向上有梯度存在,另一个方向上均匀分布时称为二维模型;若在三个方向上分布都不均匀、有梯度存在时的模型叫三维模型。若三个方向上都均匀分布,水体处于完全混合状态时,这种模型称为零维模型。

按物质的输移特性认识,可分为推流迁移模型、扩散模型和推流扩散模型。水环境中物质的输移包括两个主要过程——推流迁移和扩散。推流迁移占绝对优势,不计扩散项时为推流迁移模型;只有扩散作用的模型称扩散模型;两项都不能忽略的模型是推流扩散模型。

按反应动力学的性质可分为纯输移模型、纯反应模型、输移及反应模型。

3.3.1　污染物在环境介质中的运动变化

环境介质是指在环境中能够传递物质和能量的物质。典型的环境介质是大气和水,它们都是流体。污染物在大气和水中的运动具有相似的特征。污染物进入环境之后,随着介质的迁移作着复杂的运动。污染物运动可以分为污染物的分散运动和污染物的衰减转化运动。

1. 推流迁移

推流迁移是指在气流或水流作用下污染物产生的转移作用。推流作用只改变污染物的位置而不改变污染物的浓度。描写推流迁移运动状态的变量主要有污染物浓度 C,气流或水流速度 $U(u_x, u_y, u_z)$。

在推流作用下,污染物在 x、y、z 三个方向上的推流迁移通量 f_x、f_y、f_z 分别可以用迁移通量模型求出:

$$f_x = u_x C; \quad f_y = u_y C; \quad f_z = u_z C \tag{3-21}$$

2. 分散作用

在讨论污染物的分散作用时,假设污染物质点的动力学特性与介质质点完全一致。这一假设对于多数溶解污染物或中性的颗粒物是可以满足的。污染物在环境介质中的分散作用包含三个内容:分子扩散,湍流扩散和弥散。

分子扩散是分子随机运动引起的质点分散运动,可用 Fick 第一定律描述:

$$I_x^1 = -E_m \frac{\partial C}{\partial x}; \quad I_y^1 = -E_m \frac{\partial C}{\partial y}; \quad I_z^1 = -E_m \frac{\partial C}{\partial z} \qquad (3-22)$$

式中:I_x^1、I_y^1、I_z^1 分别为污染物沿 x、y、z 三个方向的分散迁移通量;E_m 是分子扩散系数,分子扩散是各向同性的,式中的负号表示质点的迁移指向负梯度方向。

湍流扩散是湍流流场中质点的各种状态(流速、压力、浓度等)的瞬时值相对于其时间平均值的随机脉动而导致的分散现象。当流体质点的湍流瞬时脉动速度为稳定随机变量时,湍流扩散规律可以用 Fick 第一定律描述:

$$I_x^2 = -E_x \frac{\partial \overline{C}}{\partial x}; \quad I_y^2 = -E_y \frac{\partial \overline{C}}{\partial y}; \quad I_z^2 = -E_z \frac{\partial \overline{C}}{\partial z} \qquad (3-23)$$

式中:I_x^2、I_y^2、I_z^2 分别为 x、y、z 方向上由湍流扩散所导致的污染物质量通量;E_x、E_y、E_z 分别为 x、y、z 方向的湍流扩散系数。由于湍流的特点,湍流扩散系数是各向异性的。

弥散作用是由于横断面上实际的流速分布不均匀引起的,在用断面平均流速描述实际运动时,就必须考虑一个附加的、由流速不均匀引起的作用 —— 弥散作用。弥散作用扩散规律也可以用 Fick 第一定律描述:

$$I_x^3 = -D_x \frac{\partial \overline{\overline{C}}}{\partial x}; \quad I_y^3 = -D_y \frac{\partial \overline{\overline{C}}}{\partial y}; \quad I_z^3 = -D_z \frac{\partial \overline{\overline{C}}}{\partial z} \qquad (3-24)$$

式中:I_x^3、I_y^3、I_z^3 分别为 x、y、z 方向上由弥散所导致的污染物质量通量;D_x、D_y、D_z 分别为 x、y、z 方向的弥散系数。弥散也是各向异性的。

分子扩散、湍流扩散和弥散这三种作用均具有相似的运动特征,可以看作是由污染物的浓度梯度引起的运动,并均可用 Fick 第一定律描述。由于这些模型中无法仅由机理分析来确定分散系数的数值,因此属于灰箱模型,分散系数只有根据实验结果来确定。由实验获得的结果表明:分子扩散系数的数值在大气中的量级为 $1.6 \times 10^{-5}\,\mathrm{m^2/s}$,在河流中为 $10^{-5} \sim 10^{-4}\,\mathrm{m^2/s}$;湍流扩散系数的数值则要大得多,在大气中的量级为 $2 \times 10^{-1} \sim 10^{-2}\,\mathrm{m^2/s}$(垂直方向) 和 $10^1 \sim 10^5\,\mathrm{m^2/s}$(水平方向),在海洋中的量级为 $2 \times 10^{-5} \sim 10^{-2}\,\mathrm{m^2/s}$(垂直方向) 和 $10^2 \sim 10^4\,\mathrm{m^2/s}$(水平方向),在河流中的量级为 $10^{-2} \sim 1\,\mathrm{m^2/s}$。

弥散作用只有在取湍流时平均值的空间才发生,因此它大多发生在河流中。在河流中,弥散系数的数值量级一般为 $10 \sim 10^4\,\mathrm{m^2/s}$。

3. 污染物衰减

进入环境的污染物可分成守恒物质和非守恒物质两大类。非守恒物质进入环境以后除了随环境介质流动改变位置并不断扩散而降低浓度外,还因自身的衰减加快浓度的下降。实际观测和试验数据都证明,许多污染物的衰减过程基本上符合一级反应动力学规律:

$$\frac{\mathrm{d}C}{\mathrm{d}t} = -KC \tag{3-25}$$

环境介质的推流迁移作用,污染物的分散作用和衰减过程可用图 3-1 来说明。

假定在 $x=0$ 处向环境中排放的污染物质总量为 A,其分布为直方状,全部物质通过 $x=0$ 处的时间为 Δt(见图 3-1(1)所示)。经过一段时间该污染物的重心迁移至 x_1,污染物质的总量为 a。如果只存在推流作用,则 $a=A$,且在 x_1 处的污染物分布形状与 $x=0$ 处相同;如果存在推流迁移和分散的双重作用(图 3-1(2)所示),则仍有 $a=A$,但分布形状与初始时不一样,延长了污染物的通过时间;如果同时存在推流迁移、分散和衰减的三重作用,则不仅污染物的分布形状发生了变化,且有 $a<A$(见图 3-1(3)所示)。

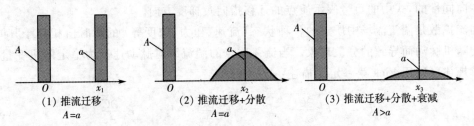

(1) 推流迁移　　　　　　(2) 推流迁移+分散　　　　　(3) 推流迁移+分散+衰减
$A=a$　　　　　　　　　$A=a$　　　　　　　　　　$A>a$

图 3-1　推流迁移,分散和衰减作用

3.3.2　污染物运动变化的基本模型

污染物质在进入环境以后作着复杂的运动,综合考虑推流迁移、分散和衰减三重作用,描述污染物在环境中迁移转化一般规律和基本特征的数学模型称为污染物运动变化的基本模型。基本模型虽然是一组相当复杂的模型,但它们的建立已经进行过许多简化和假定。例如,假定进入环境的污染物质能够与环境介质互相溶合,污染物质点在流体中能均匀地分散开而不产生凝聚,污染物质点与环境介质质点具有相同的流体力学特性等。

1. 零维模型

在湖泊和大气箱式模型中,将整个环境单元看作处于完全均匀的混合状态。因此该模型中不存在空间环境质量上的差异。例如一个连续流完全混合反应器,进入反应器的污染物能在瞬间分散到空间各部位。

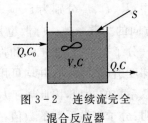

图 3-2　连续流完全混合反应器

根据质量守恒可写出完全混合反应器的平衡方程,即零维模型:

$$V\frac{\mathrm{d}C}{\mathrm{d}t} = Q(C_0 - C) + S - KCV \tag{3-26}$$

式中:V 为反应器体积;Q 为流入流出反应器的体积流量;C_0 为输入介质中污染物的浓度;C 为输出介质中污染物的浓度,即反应器中污染物的浓度;S 为通过其他途径进入和离开反应器的污染物量。这里认为污染物的衰减过程符合一级反应动力学规律,并以 K 为衰减速度常数。

2. 一维模型

一维模型是通过一个微小体积元的质量平衡来推导的。该体积元只有在 x 方向上存在着浓度梯度和质量交换。如图 3-3 所示，边长为 Δx、Δy 和 Δz 的体积元的质量平衡关系，由于体积元在侧面上不存在物质交换，只需考察流经 x 方向两端面上污染物量。单位时间内，流经端面的物质总量应为物质通量与面积的乘积，故单位时间内输入量为：

$$\left(J_x + I_x\right)\Delta y\Delta z = \left(u_x C - D_x \frac{\partial C}{\partial x}\right)\Delta y\Delta z \qquad (3-27)$$

单位时间内的输出量为：

$$\left[u_x C + \frac{\partial}{\partial x}(u_x C)\Delta x - D_x \frac{\partial C}{\partial x} + \frac{\partial}{\partial x}\left(-D_x \frac{\partial C}{\partial x}\right)\Delta x\right]\Delta y\Delta z \qquad (3-28)$$

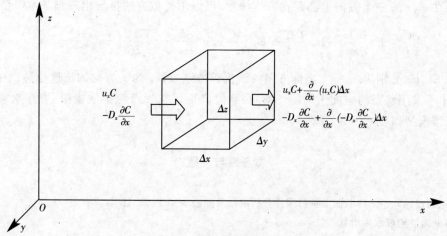

图 3-3 体积元的质量平衡分析

若体积元内污染物按一级反应式衰减，衰减量为：

$$KC\Delta x\Delta y\Delta z \qquad (3-29)$$

根据体积元的质量平衡关系，有：

$$\frac{\partial C}{\partial t}\Delta x\Delta y\Delta z = \left[u_x C - D_x \frac{\partial C}{\partial x}\right]\Delta y\Delta z - \left[u_x C + \frac{\partial}{\partial x}(u_x C)\Delta x - D_x \frac{\partial C}{\partial x}\right.$$

$$\left. + \frac{\partial}{\partial x}\left(-D_x \frac{\partial C}{\partial x}\right)\Delta x\right]\Delta y\Delta z - KC\Delta x\Delta y\Delta z \qquad (3-30)$$

化简上式，得：

$$\frac{\partial C}{\partial t} = -\frac{\partial}{\partial x}(u_x C) - \frac{\partial}{\partial x}\left(-D_x \frac{\partial C}{\partial x}\right) - KC \qquad (3-31)$$

均匀流场中 u_x、D_x 均作为常数，上式简化为：

$$\frac{\partial C}{\partial t} = D_x \frac{\partial^2 C}{\partial x^2} - u_x \frac{\partial C}{\partial x} - KC \qquad (3-32)$$

式中：C 为污染物的浓度，它是时间 t 和空间位置 x 的函数；D 为纵向弥散系数；u_x 为断面平均流速；K 为衰减速度常数。该模型常用于河流水质的模拟和预测。

3．二维和三维基本模型

与一维基本模型的推导相似，当在 x 方向和 y 方向存在浓度梯度时，可建立起二维基本模型：

$$\frac{\partial C}{\partial t} = D_x \frac{\partial^2 C}{\partial x^2} + D_y \frac{\partial^2 C}{\partial y^2} - u_x \frac{\partial C}{\partial x} - u_y \frac{\partial C}{\partial y} - KC \tag{3-33}$$

式中：D_y 为 y 坐标方向的弥散系数；u_y 为 y 方向的流速分量，其余符号同前。

如果研究的问题是 $x-z$ 平面或 $y-z$ 平面，只需转换相应的下标即可。

二维模型较多应用于大型河流、河口、海湾、浅湖中，也用于线源大气污染计算中。

如果在 x、y、z 三个方向上都存在浓度梯度，可以用类似方法推导出三维基本模型：

$$\frac{\partial C}{\partial t} = E_x \frac{\partial^2 C}{\partial x^2} + E_y \frac{\partial^2 C}{\partial y^2} + E_z \frac{\partial^2 C}{\partial z^2} - u_x \frac{\partial C}{\partial x} - u_y \frac{\partial C}{\partial y} - u_z \frac{\partial C}{\partial z} - KC \tag{3-34}$$

式中：E_x、E_y、E_z 分别为 x、y、z 坐标方向的湍流扩散系数；u_z 为 z 方向的流速分量。在三维模型中，由于不采用状态的空间平均值，不存在弥散修正。空气点源扩散模拟、海洋水质模拟大多采用三维模型。

思考题与习题

1．在某河流的六个采样断面上进行采样分析的结果如表 3-12 所示，试计算：

（1）各断面的均权水质指数；

（2）各断面的内梅罗水质指数。

表 3-12　河流中各采样断面上的污染物浓度监测值　　　（单位：mg/L）

污染因子	断面号					
	A_1	A_2	A_3	A_4	A_5	A_6
BOD	7.62	15.9	4.55	5.41	1.19	2.52
COD	23.61	17.5	24.59	4.59	6.60	1.64
总氰化物	0.017	0.025	0.007	0.01	0.002	0.002
挥发酚	0.015	0.038	0.006	0.004	0.002	未检出
总镉	0.006	0.004	0.005	0.006	0.007	0.004
溶解氧	2.46	5.16	6.46	7.13	4.69	7.21
总汞	0.001	0.0008	0.0009	0.0012	0.0011	0.001
总砷	未检出	0.01	未检出	0.01	0.032	0.03
总氮	2.62	1.45	4.15	6.52	0.71	0.54

2．分别用积分值法和模糊聚类法对第 1 题中各断面的水质分级。

3．某监测站点某日的二氧化硫日均浓度值为 $125\mu g/Nm^3$，二氧化氮日均浓度值为 $75\mu g/Nm^3$，当日测得的可吸入颗粒物（PM10）浓度值是 $328\mu g/Nm^3$，计算 AQI 并指明空气质量等级和首要污染物。

第四章 污染源评价与总量控制

学习指导

本章主要讲述污染源调查、污染物排放量的计算及污染源评价方法。学习要点为：

（1）污染源调查要了解、掌握污染源排放污染物质的种类、数量、方式、途径及污染源的类型和位置，它关系到危害的对象、范围和程度。分类包括：工业污染源调查、生活污染源调查、农业污染源调查。

（2）掌握排污许可证制度和总量控制的概念，以污染物排放量计算作为总量控制的技术支撑。排放量的确定方法有：物料衡算法、经验系数法和实测计算法。

（3）污染源评价的目的是要确定主要污染物和主要污染源，提供环境质量水平的成因，为环境影响评价提供基础数据，为污染源治理和区域治理规划提供依据。污染源评价要确定等标污染指数 $N_{ij}=\dfrac{C_{ij}}{C_{0i}}$、等标污染负荷 $P=\sum\limits_i P_i=\sum\limits_j P_j=\sum\limits_i\sum\limits_j P_{ij}$、污染负荷比 $K_i=\dfrac{P_i}{P}$ 等特征数。在此基础上，可进一步确定主要污染源和主要污染物。

（4）练习用 Excel 模板计算等标污染指数、等标污染负荷、污染负荷比。

自然污染源和人为污染源产生的环境污染物，以不适当的浓度、形态和途径进入环境系统，并对环境系统产生污染和破坏。环境对污染物的接受是有限的，为了更好地利用环境容量这一资源，必须根据污染物的来源、特性，对污染源结构、形态进行调查和评价，并对污染物进行总量控制。

4.1 污染源调查

4.1.1 污染源及污染物

污染源即环境污染物的发生源，污染物的来源。通常把向环境中排放（释放）物理的（声、光、热、辐射、振动等）、化学的（有机物、无机物）、生物的（霉菌、病菌）有害物质（能量）的设备、装置、场所等称为环境污染源。

凡以不适当的浓度、数量、速率、形态和途径进入环境系统，并对环境系统产生污染或破坏的物质（能量）称为环境污染物，或称污染物，也称污染物因子。根据污染物的来源、特性、污染源结构、形态和调查研究目的的不同，污染源分类系统也不一样。根据污染物产生的主要来源,将污染源分为自然污染源和人为污染源。自然污染源分为生物污染源(鼠、蚊、蝇等)和非生物污染源(火山、地震、泥石流等);人为污染源分为生产性污染源(工业、农业、交通、科研等)和生活污染源(住宅、学校、医院、商业等)。按其对环境要素的影响,环境污染源可分为:大气污染源(高架点源、线源、面源),水体污染源(地面水污染源、地下水污染源、海洋污染源),土壤污染源,噪声污染源等。

4.1.2　污染源调查

在环境科学的研究工作中,把污染源、环境和人群健康看成一个系统。污染源向环境中排放污染物是造成环境问题的根本原因。污染源排放污染物质的种类、数量、方式、途径及污染源的类型和位置,直接关系到它危害的对象、范围和程度。污染源调查就是要了解、掌握上述情况及其他有关问题。通过污染源调查,可以找出一个工厂或一个地区的主要污染源和主要污染物,资源、能源及水资源的利用现状,为企业技术改造、污染治理、综合利用、加强管理指明方向;为区域污染综合防治指出防治什么污染物,在哪防治;为区域环境管理、环境规划、环境科研提供依据。因此,污染源调查是污染综合防治的基础工作。

污染源调查的内容丰富而广泛,按污染源分类的不同和调查目的的不同,可分为工业污染源调查、农业污染源调查、生活污染源调查、交通污染源调查,也可分为大气污染源调查、水污染源调查、噪声污染源调查等。以下以工业污染源、农业污染源和生活污染源调查为例说明污染源调查的主要内容。

1. 工业污染源调查内容

(1) 企业环境状况

企业所在地的地理位置,地形地貌、四邻状况及所属环境功能区(如商业区、工业区、居民区、文化区、风景区、农业区、林业区及养殖区等)的环境现状。

(2) 企业基本情况

① 概况:企业名称、厂址、主管机关名称、企业性质、规模、厂区占地面积、职工构成、固定资产、投产年代、产品、产量、产值、利润、生产水平、企业环境保护机构名称。

② 工艺调查:工艺原理、工艺流程、工艺水平、设备水平,找出生产中的污染源和污染物。

③ 能源、水源、原辅材料情况:能源构成、产地、成分、单耗、总耗;水源类型、供水方式、供水量、循环水量、循环利用率、水平衡;原辅材料种类、产地、成分及含量、消耗定额、总消耗量。

④ 生产布局调查:原料、燃料堆放场、车间、办公室、堆渣场等污染源的位置;标明厂区、居民区、绿化带,绘出企业环境图。

⑤ 管理调查:管理体制、编制、生产调度、管理水平及经济指标,环境保护管理机构编制、环境管理水平等。

(3) 污染物排放及治理

① 污染物治理调查:工艺改革、综合利用、管理措施、治理方法,治理工艺、投资、效果、运行费用、副产品的成本及销路,存在问题、改进措施、今后治理规划或设想。

② 污染物排放情况调查:污染物种类、数量、成分、性质、排放方式、规律、途径、排放浓度、排放量(日每年)、排放口位置、类型、数量、控制方法、历史情况、事故排放情况。

(4) 污染危害调查

人体健康危害调查,动植物危害调查,器物危害造成的经济损失调查,危害生态系统情况调查。

（5）生产发展情况调查

生产发展方向、规模、指标、三同时措施、预期效果及存在问题。

2. 生活污染源调查

生活污染源主要指住宅、学校、医院、商业及其他公共设施。它排放的主要污染物有：污水、粪便、垃圾、污泥、废气等。调查内容包括：

（1）城市居民人口调查

总人数、总户数、流动人口、人口构成、人口分布、人口密度、居住环境。

（2）城市居民用水和排水调查

用水类型（城市集中供水、自备水源）、不同居住环境每人用水量、办公楼、旅馆、商店、医院及其他单位的用水量，下水道设置情况（有无下水道、下水去向），机关、学校、商店、医院有无化粪池及小型污水处理设施。

（3）民用燃料调查

燃料构成（煤、煤气、液化气），燃料来源、成分、供应方式，燃料消耗情况（年、月、日用量，每人消耗量、各区消耗量）。

（4）城市垃圾及处置方法调查

垃圾种类、成分、数量，垃圾场的分布，垃圾输送方式、处置方式、处理站自然环境，处理效果、投资、运行费用、管理人员、管理水平。

3. 农业污染源调查

农业是环境污染的主要受害者，由于需要施用农药、化肥，产生环境污染，农业自身也受害。调查内容有：

（1）农药使用情况的调查

农药品种，使用剂量、方式、时间，施用总量、年限，有效成分含量（有机氯、有机磷、汞制剂、砷制剂等），稳定性等。

（2）化肥使用情况的调查

使用化肥的品种、数量、方式、时间，每亩平均施用量。

（3）水土流失情况的调查

侵蚀类型（包括水力侵蚀、重力侵蚀和风力侵蚀）及其特征。

（4）农业废弃物调查

农作物秸秆、牲畜粪便、农用机油渣等废弃物调查。

（5）农业机械使用情况调查

汽车、拖拉机台数，耗油量，行驶范围和路线，其他机械的使用情况等。

除上述污染源调查外，还有交通污染源调查、噪声污染源调查、放射性污染源调查、电磁辐射污染源调查等。

在进行一个地区的污染源调查，或某一单项污染源调查时，都应进行自然环境背景调查、社会背景调查。根据调查的目的不同，项目不同，可以有所侧重。自然背景包括地质、地貌、气象、水文、土壤、生物等；社会背景调查包括居民区、水源区、风景区、名胜古迹、工业区、农业区、林业区等。

4.2　污染物排放量的确定

污染物排放量的确定方法有:物料衡算法、经验系数法和实测计算法。

4.2.1　物料衡算法

用质量平衡法建立污染物发生模型是质量守恒定律在污染源评价中的应用,该模型的推导来自于物质总体的质量平衡。在生产过程中,投入的物料量等于产品所含这种物料的量与这种物料流失量的总和。如果物料的流失量全部由烟囱排放或由排水排放,则污染物排放量(或称源强)就可以用质量平衡法求出。例如根据燃料成分及其燃烧后的生成物的化学组成,可以估计出污染物的浓度和总发生量。

【例4-1】　根据燃料成分分析数据和常规气体常数,用质量平衡法建立污染物发生模型,求污染物发生量及浓度。对燃料的成分分析结果和计算模式如表4-1所示。

表4-1　燃料成分和燃烧产物计算表

元素 (成分)	成分分析 (%)	每千克燃料 含量(g)	生成物分子		生成物数 (mol)	需氧数 (mol)
			分子式	元素量		
C	65.7	657	CO_2	12	54.75	54.75
灰份	18.1	181				
S	1.7	17	SO_2	32	0.53	0.53
H	3.2	32	H_2O	2	16	8
水分	9.0	90	H_2O	18	5	
含氧	2.3	23	O_2	32		-0.72
合计					76.28	62.56

【解】　在用质量平衡法建立污染物发生模型前,需要进行一些假设,从而使问题得到简化。

假设:(1)空气仅由氧气和氮气组成,其体积比为 $79/21 \approx 3.76$;(2)燃料中的固定态氧可用于燃烧;(3)燃料中的硫主要被氧化为 SO_2;(4)提供空气中的氧恰好全部完成反应。计算结果为:

(1)每千克燃料的 SO_2 发生量

$$M_{SO_2} = 0.53(\text{mol}) \times 64(\text{g/mol}) = 33.92(\text{g})$$

(2)烟气总体积＝生成物气体体积＋空气中剩余气体体积

$$V = 76.28(\text{mol}) \times 22.4(\text{L/mol}) + 3.76 \times 62.56(\text{mol}) \times 22.4(\text{L/mol})$$

$$= 6977.73(\text{L}) \approx 7(\text{m}^3)$$

只计干烟气时：

$$V_干 = [(76.28 - 21) \times 22.4 + 3.76 \times 62.56 \times 22.4]/1000 = 6.5(m^3)$$

（3）烟气中 SO_2 浓度

SO_2 浓度 ＝ 产生的 SO_2 量 / 烟气总体积（均以每千克燃料计），即

$$C_{SO_2} = 33.92(g)/7(m^3) = 4.85(g/m^3)$$

只计干烟气时：

$$C_{SO_2} = 33.92(g)/6.5(m^3) = 5.22(g/m^3)$$

按照全部氧恰好完成反应的假设，计算烟气量叫理论烟气量，实际计算中将定义一个过剩系数放大投入的空气量。

对于一个工厂的实际生产运作而言，物料的量不一定仅限于进入产品和由烟囱排放或由排水的流失量。建立投入产出的全平衡分析表对于正确估计污染物的发生量、消减量，进行清洁生产有重要的意义。一个基于质量平衡分析、用于计算工厂生产过程的投入产出结构表如表 4-2 所示。

表 4-2　投入产出全平衡表

编号	元素投料量	进入产品	可能流失	可能流失的形式、种类和数量					备　注
				产品	原料	中间产品	其他副产物	不明状态	
	A	B	C	D1	D2	D3	D4	D5	
1	A1	B1	C1	D11	D21	D31	D41	D51	
2	A2	B2	C2	D12	D22	D32	D42	D52	
⋮	⋮	⋮	⋮	⋮	⋮	⋮	⋮	⋮	
m	Am	Bm	Cm	D1m	D2m	D3m	D4m	D5m	
可能流失物的流失形态种类和数量	气态	E1	E11	E21	E31	E41	E51		
	液态	E2	E12	E22	E32	E42	E52		
	固态	E3	E13	E23	E33	E43	E53		
	不明	E4	E14	E24	E34	E44	E54		
可能流失物的回收和综合利用		F1	F11	F21	F31	F41	F51		
可能流失物的无害化处理量		F2	F12	F22	F32	F42	F52		
流失物排入环境的形态种类和数量	气态	G1	G11	G21	G31	G41	G51		
	液态	G2	G12	G22	G32	G42	G52		
	固态	G3	G13	G23	G33	G43	G53		
	不明	G4	G14	G24	G34	G44	G54		

在表 4-2 中,分析对应投入产出的物料平衡,组成单元之间存在下列关系:

(1)$A = B + C$,即投料量＝进入产品量＋可能流失量;

(2)$C = \sum D$,可能流失物的工艺结构;

(3)$C = \sum E$,可能流失物的形态结构;

(4)$C = F1 + F2 + \sum G$,可能流失物的回收、处理和排放。

4.2.2　经验系数法

1.排污系数法

根据生产过程中单位产品的经验排污系数进行计算,求得污染物排放量的计算方法称为排放系数或排污系数法。

计算公式为:

$$M(千克污染物 / 年) = K(千克污染物 / 吨产品) \times W(吨产品 / 年) \qquad (4-1)$$

国内外文献中对各种污染物的排放系数给出很多,它们都是在特定条件下产生的,各地区、各单位由于生产技术条件的不同,污染物排放系数和实际排放系数可能有很大差别。因此,在选择时应根据实际情况加以修正。有条件的地方,应调查统计出本地区的排放系数。

表 4-3 给出了焦炭工业生产中生产每吨焦炭产品向大气中的排污量。

表 4-3　每吨焦炭产品向大气排污量

污染物	排污量(g)
粉尘量	5000
CO	300
CO_2	21
硫化氢	544
氰化物	70
NO_x	370

用排污系数法估算污染物总量的关键在于单产排污系数的选取,应该选择规模、工艺、产品、产量均大体相近的生产厂的污染物排放量作为参考数据进行计算。

2.单产平均减污法

使用单产平均减污法预测污染物排放量与使用排污系数法计算排放量具有相似的模型结构:

$$M = mG \qquad (4-2)$$

式中:G 是预计的产量;m 是目标年的单产产生的排污量。与式(4-1)的单产排污系数 K 的主要不同考虑在于,式(4-2)的单产排污系数 m 是一个变量,并且随着技术进步和管理水平的提高,单产排污量逐步下降。

在使用单产平均减污法进行污染物排放量预测时,需要明确三个时间概念:一是预测基准年,二是预测目标年,三是预测参照年。根据问题的性质,需要求解的是目标年的单产排污系

数 m 和排污总量 M。假设单产排污量逐年下降的速率不变,考察已经发生的预测基准年和预测参照年的单产排污量,便可从中总结出单产排污量逐年下降的速率,因此求得目标年的单产排污系数和排污总量。

预测目标年单产产生的排污量 m,可以用以下模型计算:

$$m = m_0(1-k)^{t-t_0} \tag{4-3}$$

式中: t 为预测目标年或参照年; t_0 是预测基准年; m_0 是作为基准年的已知单产排污量; k 是单产排污量的年削减率,是本模型中预测排污量的关键因素,通常有 $0 < k < 1$。当式(4-3)用于表示预测参照年与预测基准年之间关系时, m 和 m_0 是作为已知量,排污量的年削减率 k 是需要求解的值。

【例 4-2】　已知某焦化厂 2000 年的焦炭产量是 20 万吨,平均生产每吨焦炭排放 SO_2 量是 400g,2005 年的焦炭产量是 25 万吨,平均生产每吨焦炭排放 SO_2 量是 340g。若该厂 2015 年的焦炭产量要达到 40 万吨,求到 2015 年时 SO_2 的总排放量。

【解】　(1)将 2000 年和 2005 年的每吨焦炭 SO_2 排放量代入式(4-3):

$$400 = 340 \times (1-k)^{2000-2005}$$

$$(1-k)^{-5} = \frac{400}{340}$$

求得 $k \approx 0.032$。

(2)计算 2015 年的每吨焦炭 SO_2 排放量:

$$m = 340 \times (1-k)^{2015-2005} \approx 245.65 (\text{g/t})$$

(3)计算 2015 年时 SO_2 的年排放总量:

$$M = 245.65(\text{g/t}) \times 40 \times 10^4 (\text{t}) = 98.26 \times 10^6 (\text{g}) = 98.26 (\text{t})$$

3. 弹性系数法

在进行城市和区域规划时,需要解决按经济发展计划来预测排污量的问题。与以上的分析相类似,仍然使用预测基准年、预测目标年、预测参照年这三个时间概念来建立相应的模型。本方法假设在预测基准年与预测参照年之间,污染物的逐年排放量和工农业生产的总产值各自以一个平均的增长速度在增长;在预测基准年与预测目标年之间,污染物的逐年排放量和工农业生产的总产值 G 各自也以一个平均的增长速度在增长,即:

$$M = M_0(1+\alpha)^{t-t_0} \tag{4-4}$$

$$G = G_0(1+\beta)^{t-t_0} \tag{4-5}$$

式(4-4)和式(4-5)中: t 为预测目标年或参照年; t_0 是预测基准年; M_0 是基准年的已知排污量; M 是目标年或参照年的排污量; α 是排污量的年增长速率(α 可以是负数),说明对应于排污量减少的情况; G_0 是基准年的工农业生产的总产值; G 是目标年或参照年的工农业生产的总产值; β 是产值的年增长速率。

令弹性系数

$$\xi=\frac{\alpha}{\beta}$$

虽然在预测基准年前后 α 和 β 的数值可以不同,弹性系数法认为预测基准年前后的弹性系数 ξ 保持不变。

【例 4-3】　已知某县 2000 年工农业生产的总产值是 300 万元,COD 排放总量是 250 吨。2005 年工农业生产的总产值是 400 万元,COD 排放总量是 275 吨。若到 2015 年工农业生产的总产值实现翻一番,用弹性系数法求那时 COD 的年排放总量是多少吨?

【解】　(1) 按题意,预测参照年、预测基准年、预测目标年分别确定为 2000 年、2005 年和 2015 年。

(2) 根据式(4-4)、式(4-5)求出预测参照年与预测基准年之间的 α 和 β 的数值:

$$250=275\times(1+\alpha)^{2000-2005}$$

$$300=400\times(1+\beta)^{2000-2005}$$

解出 $\alpha=0.019$, $\beta=0.059$。

(3) 计算弹性系数:

$$\xi=\alpha/\beta=0.325$$

(4) 根据式(4-5)求出预测基准年与预测目标年之间的 β 值:

$$800=400\times(1+\beta)^{2015-2005}$$

解出 $\beta=0.072$

(5) 由弹性系数 ξ 和 β 求出预测基准年与预测目标年之间的 α 值:

$$\alpha=\xi，\beta=0.023$$

(6) 求出预测目标年 COD 的年排放总量:

$$M=275\times(1+0.023)^{2015-2005}=345(t)$$

4.2.3　实测计算法

实测法是污染源调查中首先应该使用的方法,它通过在正常的生产情况下,对重点污染源在有代表性的采样点上取样,测得废水、废气、废渣中污染物的浓度及废水、废气的流量,废渣的排放量,经计算得出污染物排放量。

这种方法只适用于已投产的污染源。对已投产污染源污染物的实地测量,可掌握现实排放量,在建立数学模型时的参考值,也应通过实测进行总结和检验。

1. 废水污染物排放量的计算

首先对全厂各类废水、各车间废水及生活污水进行流量的测定。其点位和次数应和废水采样点位和次数一致。测流量的方法有流速仪法、堰板法、浮标法、容器法等。具体方法和适用范围可查有关著作。

因检测方法的不同,我们获得的可能是体积流量、质量流量或流速。在进行污染物总量计算之前需要把它们都转换为体积流量的形式。

转换关系是：

$$体积流量(m^3/h) = 质量流量(1000kg/h)/密度(1000kg/m^3);$$

$$体积流量(m^3/h) = 平均流速(m/h) \times 过流面积(m^2)。$$

废水中污染物的浓度可在各采样点取得样品,测定不同时间的浓度值;也可以按流量的大小加权混合,取某一时段浓度加权平均值。

废水中污染物的排放量按下式计算：

$$M = CQ \tag{4-6}$$

计算中要注意浓度及流量单位的换算,保证计算量纲的一致性。

【例4-4】　某造纸厂使用矩形排水渠排水,现测得水渠宽度0.6m,水深是0.7m,平均流速0.12m/s,COD浓度145mg/L(g/m^3),求该厂年排放COD总量。

【解】　计算体积流量：

$$Q = 0.12m/s \times 0.6m \times 0.7m = 0.0504m^3/s \times 3600s/h = 181.44(m^3/h)$$

年排放COD总量：

$$M = CQ = 145(g/m^3) \times 181.44(m^3/h)$$

$$= 26309(g/h) \times 24(h/d) \times 365(d/a) \times 10^{-6}(t/g)$$

$$= 230(t/a)$$

2. 废气污染物排放量的计算

与废水相比,废气污染物的排放测量要特别注意三个方面：

(1) 浓度的数量级比废水小,一般使用 mg/m^3 为单位,而废水通常是 mg/L。

(2) 废气样品的采集和烟气量的测量一般都在排气筒内进行。测定的多是流速,需要特别注意对不同断面形状的排气筒(圆形、矩形),按照不同断面采样点布设原则布点采样监测。

(3) 由于烟气在体积、压强和温度上的依赖关系,检测时需要同步进行温度、压力的测量,计算时需要将烟气流量和浓度折算到标准状态下,写作 Nm^3/s 和 mg/Nm^3。

3. 废渣或固体废弃物排放量的计算

废渣或固体废弃物的排放量可以根据实地调查确定,测定其排放量(t/a)和其中污染物或有害物质的含量(mg/kg)。

4.3　污染源评价

4.3.1　污染源评价的概念和目的

污染源评价是在污染源和污染物调查的基础上进行的。污染源评价的目的是要确定主要污染物和主要污染源,提供环境质量水平的成因;为环境影响评价提供基础数据,为污染源治理和区域治理规划提供依据。因此,污染源评价是环境影响评价和污染综合防治的重要一环,是一项重要的基础工作。

　　污染源评价是指对污染源潜在污染能力的鉴别和比较。潜在污染能力是指污染源可能对环境产生的最大污染效应。它和污染源对环境产生的实际污染效应是不同的。污染源对环境产生的实际污染效应,不仅取决于污染源本身的特性(排放污染物的种类、性质、排放量、排放方式等),还取决于环境的性质(背景值、自净能力、扩散条件),接受者的性质,以及各种污染物之间的作用和协生效应等。潜在污染能力取决于污染源本身的性质。因此,用潜在污染能力评价污染源是合适的。

　　污染源潜在污染能力主要取决于排放污染物的种类、性质、排放方式等。这些具有不同量纲的量是很难进行比较的。污染源评价的关键在于,把具有不同量纲的量进行标准化处理,使其具有可比性,然后进行分析比较。进行标准化处理的方法不同,产生的评价方法也不同。

　　根据污染源调查的结果进行污染源评价有两类方法。一类是类别评价,一类是综合评价。类别评价是根据各类污染源中某一种污染物的排放浓度、排放总量(体积或质量)、统计指标(检出率、超标倍数、标准差)等项指标,来评价污染物和污染源的污染程度;污染源综合评价方法不仅考虑污染物的种类、浓度、排放量、排放方式等污染源性质,还要考虑排放场所的环境功能。

　　各种污染物具有不同的特性和不同的环境效应,为了使不同的污染物和污染源能够在同一个尺度上加以比较,需要采用特征数来表示评价的结果;或者说,需要对污染物和污染源进行标准化比较。污染源评价要确定的三个特征数是:等标污染指数、等标污染负荷、污染负荷比。在此基础上,可进一步确定主要污染源和主要污染物。

4.3.2　等标污染指数

　　使用等标污染指数可确定一个污染源的主要污染物。等标污染指数是指所排放污染物的浓度超过排放标准的倍数,简称超标倍数,可用下式表示:

$$N_{ij} = \frac{C_{ij}}{C_{0i}} \tag{4-7}$$

式中:N_{ij} 是第 j 个污染源的第 i 种污染物的等标污染指数,为一个无因次量;C_{ij} 是该污染源中第 i 种污染物的排放浓度;C_{0i} 为第 i 种污染物的排放标准。

　　污染物的排放标准可以采用国家有关的污染物最高允许排放浓度。在选择污水的排放标准时,原则上要特别注意两个方面的问题:一是排放限制值和污水的去向有关(进入哪一级控制区,或是进入城市污水处理厂);二是与污水的性质有关。目前以 2002 年标准(GB3838 — 2002)为依据,将地面水环境质量划分为五类,排放标准值按受纳水域选取。依据地面水水域使用目的和保护目标将其划分为五类:Ⅰ 类,主要适用于源头水、国家自然保护区;Ⅱ 类,主要适用于集中式生活饮用水水源地一级保护区、珍贵鱼类保护区、鱼虾产卵场等;Ⅲ 类,主要适用于集中式生活饮用水水源地二级保护区、一般鱼类保护区及游泳区;Ⅳ 类,主要适用于一般工业用水区及人体非直接接触的娱乐用水区;Ⅴ 类,主要适用于农业用水区及一般景观要求水域。同一水域兼有多类功能的,依最高功能划分类别。当受纳水域的实际功能与该标准的水质分类不一致时,由当地环保部门对其水质提出具体要求。污水排入城镇公共下水道并进行集中二级处理时,执行相应的城市下水道水质规定。

大气污染物排放标准的选取要比污水排放复杂。根据大气污染物综合排放标准(GB16297－1996)的规定,该标准设置三项指标:(1)通过排气筒排放废气的最高允许排放浓度;(2)通过排气筒排放的废气,按排气筒高度规定的最高允许排放速率;(3)无组织方式排放的废气,规定无组织排放的监控点及相应的监控浓度限值。在该标准规定的最高允许排放速率中,现有污染源分为一、二、三级,新污染源分为二、三级。按污染源所在的环境空气质量功能区类别,执行相应级别的排放速率标准,即位于一类区的污染源执行一级标准;位于二类区的污染源执行二级标准;位于三类区的污染源执行三级标准。但是新修订的环境空气质量标准已取消三类区及执行的三级标准。

4.3.3　等标污染负荷

根据监测的污染物浓度和排放标准,可以计算等标污染指数。然而,等标污染指数只反映浓度关系,并不涉及排放总量。污染物对环境的影响是由浓度和总量两者决定的。为了描述总量的影响,引入等标污染负荷的概念。

1. 污染物的等标污染负荷

污染源的某种污染物的等标污染负荷 P_{ij} 定义为:

$$P_{ij} = \frac{C_{ij}}{C_{0i}} Q_{ij} \tag{4-8}$$

式中:Q_{ij} 是第 j 个污染源的介质排放流量,m^3/s;C_{ij} 是该污染源中第 i 种污染物的排放浓度;C_{0i} 为第 i 种污染物的排放标准[①]。由于 C_{ij} 与 C_{0i} 的比值是一个无因次量,等标污染负荷具有与流量相同的因次。

2. 污染源的等标污染负荷

一个污染源(序号为 j)的等标污染负荷,等于其所排各种污染物等标污染负荷之和:

$$P_j = \sum_i P_{ij} \tag{4-9}$$

3. 评价范围内的等标污染负荷

整个评价范围内的多个污染源都含有第 i 种污染物,则该污染物在整个评价范围内的等标污染负荷等于其境内所有污染源对该污染物等标污染负荷之和。即:

$$P_i = \sum_j P_{ij} \tag{4-10}$$

整个评价范围内的所有污染源的所有污染物的等标污染负荷之和,称为该评价范围内的总等标污染负荷。即:

$$P = \sum_i P_i = \sum_j P_j = \sum_i \sum_j P_{ij} \tag{4-11}$$

---

①环境评价导则中的定义方法。另一种常见的定义方法规定,C_{0i} 为无因次量,与第 i 种污染物的排放标准的同单位数值。这时的等标污染负荷具有质量排量的因次。

4.3.4　污染负荷比

为了确定污染物和污染源对环境污染贡献的大小,还要引入污染负荷比的概念。污染负荷比是一个无量纲数,可以用来确定污染源和各种污染物的排序。

在一个污染源内,其所排放的某种污染物的等标污染负荷占该污染源的等标污染负荷之百分比,称为这种污染物对于该污染源的污染负荷比,记作 K_{ij}。污染负荷比中的最大值对应于最主要的污染物。

$$K_{ij} = \frac{P_{ij}}{P_j} \tag{4-12}$$

在整个评价范围内,一个污染源所排放所有污染物的等标污染负荷之和占该评价范围总等标污染负荷之百分比,称为该污染源对于这个评价范围的污染负荷比,记作 K_j。污染负荷比中的最大值对应于最主要的污染源。

$$K_j = \frac{P_j}{P} \tag{4-13}$$

在整个评价范围内,所有污染源所排放的同一种污染物的等标污染负荷之和占该评价范围总等标污染负荷之百分比,称为该污染物对于这个评价范围的污染负荷比,记作 K_i。污染负荷比中的最大值对应于评价范围内最主要的污染物。

$$K_i = \frac{P_i}{P} \tag{4-14}$$

【例4-5】　已知某地区建有造纸厂、酿造厂和食品厂,其污水排放量和污染物监测结果如表 4-4 所示。试确定该地区的主要污染物和主要污染源。

表 4-4　各厂污水排放量和污染物浓度

(附污染物排放标准)　　　　　　　　　　　　　　　　　　　　　(单位:mg/L)

项　　目	排放标准	造纸厂	酿造厂	食品厂
污水量(m^3/s)		0.42	0.42	0.63
挥发酚	0.5	0.57	0.15	0.08
COD(Cr)	100	758	865	532
SS	70	636	188	120
S	1.0	4.62	0.01	0.01

【解】　使用 Excel 进行成批的数据运算,如图 4-1 所示。操作步骤如下:

(1)首先计算各污染源的单项等标污染负荷。单元 C11 对应于造纸厂挥发酚的等标污染负荷,输入公式:

"=C4/$B4*C$3"相当于执行"=0.57/0.5*0.42"

C4 的内容是造纸厂挥发酚浓度,B4 的内容是挥发酚排放标准,C3 是造纸厂的污水流量。"$"是 Excel 的绝对地址限制符号,以写有公式的单元 C11 为源区域,复制到目标区域 C11:

E14，$B4 中的"＄"保证了在向酿造厂、食品厂进行横向复制时，不会脱离排放标准一栏。C＄3 中的"＄"符号保证了在向 COD、SS、S 等项目进行纵向复制时，不会脱离排放流量一行。

（2）等标污染负荷求和

将计算所得的各污染源的单项等标污染负荷分别按行和列的方向求和。单元 B11 有"＝SUM（C11：E11）"，并扩展到 B11：B14；单元 B15 有"＝SUM（B11：B14）"，并扩展到 B15：E15。

（3）计算各单项的污染负荷比

单元 F11 对应于造纸厂挥发酚占该污染源等标污染负荷的污染负荷比，输入公式："＝C11/C＄15"。

	A	B	C	D	E	F	G	H	I	J
1	各厂污水排放量和污染物浓度（mg/1）									
2	项目	排放标准	造纸厂	酿造厂	食品厂					
3	污水量（m3/s）		0.42	0.42	0.63					
4	挥发酚	0.5	0.57	0.15	0.08					
5	COD（Cr）	100	758	865	532					
6	SS	70	436	188	120					
7	S	1	4.62	0.01	0.01					
8	确定主要污染物和主要污染源计算表									
9	项目	项目汇总	造纸厂	酿造厂	食品厂	造纸厂	酿造厂	食品厂		次序
10		P	P1	P2	P3	Ki1	Ki2	Ki3	Ki	
11	挥发酚	0.7056	0.479	0.126	0.101	0.679	0.1786	0.14286	0.04	4
12	COD（Cr）	10.1682	3.184	3.633	3.352	0.313	0.3573	0.32962	0.576	1
13	SS	4.824	2.616	1.128	1.08	0.542	0.2338	0.22388	0.273	2
14	S	1.9509	1.94	0.004	0.006	0.995	0.0022	0.00323	0.111	3
15	合计	17.6487	8.219	4.891	4.539	0.466	0.2771	0.25717	1	
16	污染次序					1	2	3		

图 4-1　计算污染源等标污染负荷的 Excel 工作表

以写有公式的单元 F11 为源区域，复制到目标区域 F11：H14，C＄15 中"＄"符号保证了在向酿造厂、食品厂进行横向复制，向 COD、SS、S 等项目进行纵向复制时，不会脱离等标污染负荷合计一行。

（4）污染负荷比汇总计算

单元 I11 有：B11/＄B＄15，并扩展到 I11：I14。单元 F15 有：＝C15/＄B＄15；并扩展到 F15：H15。

（5）污染物和污染源排序

比较污染物和污染源的污染负荷比数值，由大到小进行排序。各单元中输入的算式如表4-5。

表 4-5　计算污染源等标污染负荷算式

单元坐标	算　式
C11	＝C4/＄B4*C＄3
C11：E14	从区域 C11 复制到区域 C11：E14
B11	＝SUM（C11：E11）
B11：B14	从区域 B11 复制到区域 B11：B14

（续表）

单元坐标	算　式
B15	= SUM(B11∶B14)
B15∶E15	从区域 B15 复制到区域 B15∶E15
F11	= C11/C＄15
F11∶H14	从区域 F11 复制到区域 F11∶H14
F15	= C15/＄B＄15
F15∶H15	从区域 F15 复制到区域 F15∶H15
I11	= B11/＄B＄15
I11∶I14	从区域 I11 复制到区域 I11∶I14

4.4　总量控制和排污许可证制度

现在人们已经越来越认识到环境的容量是一种资源。虽然必须将污染物的排放量限制在环境容量许可的范围内是早已认识的事实，但由于实施技术上的困难，我国在环境监测和环境管理上，多年来实际采用的是一种浓度控制的管理模式。直至 1996 年我国开始推行污染物排放总量控制以来，环境容量才在区域环境污染控制、管理及环境规划时发挥起它应有的作用。

4.4.1　环境容量是一种功能性资源

环境容量是一种功能性资源，它具有商品的一般属性，排污权分配的实质是对环境容量资源这种特殊商品的一种配置，因此排污指标应该有价使用。污染物排放指标，在国外被称为"污染权"、"排污权"、"排污许可"等。早在1968年，戴尔斯（Dales）在《污染、财富和价格》一书中就提出了污染权的概念。其基本思想是把排放废物的权力，像拍卖商品一样出卖给出价最高的投标者。这种污染权的发放，由政府或有关管理部门控制。政府作为社会的代表和环境资源的所有者，可出售排放一定污染物的权力，污染者可从政府购买这种权力，同时污染者之间也可以彼此交换。这种污染权政策，后来发展成为"买卖许可证制度"。从 20 世纪 70 年代中期开始，美国等发达国家把排污权的初次分配逐渐从无偿转向有偿（拍卖、奖励等），还出台了排污权交易政策，使排污指标像商品一样在市场上流转。对于环境容量资源的初始分配，中国受计划经济体制的影响主要是采用行政手段进行无偿配置。随着社会主义市场经济体制的建立，市场机制在国民经济和社会发展中逐渐起着支配性的作用，市场主体越来越倾向于用经济手段来配置资源。环境容量资源作为一种公共的、有限的资源，也越来越为人们所认识和重视。

4.4.2　总量控制

总量控制也是环境管理八项制度之一。随着我国经济的高速发展，环境污染程度也随着经济的发展成倍加重，环境保护工作形势也日趋严峻。为适应新时代的环境管理工作要求，全面控制环境污染，一项新的环境管理手段——总量控制也应运而生。总量控制制度的确立是我国环保工作的一项新举措，它的实施给环境保护工作和整个经济生活带来一场深刻的变革。

1996年8月3日，《国务院关于环境保护若干问题决定》（国发［1996］31号文）明确规定："要实施污染物排放总量控制，抓紧建立全国主要污染物排放总量指标体系和定期公布制度；1996年9月3日，国务院批复的《环境保护"九五"计划和2010年远景目标》（包括全国污染物总量控制计划）中指出："九五"期间全国主要污染物排放总量控制计划要根据不同时期不同地区的情况，制定相应的控制指标，要抓紧制定污染物排放总量控制指标体系和管理办法，建立定期公布制度。污染物排放的总量控制并非对所有污染物都控制，而是对二氧化硫、工业粉尘、化学需氧量、汞、镉等12种主要工业污染物进行控制。

此后，从国家到地方各级环境保护部门都依据着"到2000年全国主要污染物排放总量控制在'八五'末期水平，总体上不得突破"这个总目标，严格制定了污染物排放总量控制计划，仅一年时间，我国污染物总量控制就由思路框架变成一项国家级环境计划。

总量控制是指以控制一定时段内一定区域内排污单位排放污染物总量为核心的环境管理方法体系。它包含了三个方面的内容：一是排放污染物的总量；二是排放污染物总量的地域范围；三是排放污染物的时间跨度。通常有三种类型：目标总量控制、容量总量控制和行业总量控制。目前我国的总量控制基本上是目标总量控制。为了适应我国经济社会的快速发展，不同时期制定的总量控制指标是不同的。如"十五"期间，总量控制的污染物项目为烟尘、二氧化硫、粉尘、固废排放量、化学需氧量和氨氮，共6项。"十一五"为化学需氧量和二氧化硫，共2项。"十二五"为二氧化硫、化学需氧量、氨氮和氮氧化物，共4项。

污染物总量控制的基础工作，包括完善排污申报登记和环境统计制度；实行排污许可证制度；提高环境数据的时效性和准确性，完善污染物总量控制政策和技术支持体系；开展排污总量监控和环境容量关系的研究。

为了落实污染物排放总量控制计划，我国制定了不同时期的《全国主要污染物排放总量控制分解计划》，将总量控制指标逐级分解落实到基层，明确时间进度和具体措施，确保全国污染物排放总量按计划逐年削减。重点流域、区域、城市、海域按照各专项规划（计划）的要求，落实总量控制指标。因此，污染物实际排放总量的核定，新增排污总量的预计，允许排污总量的分配成为环境评价和系统分析的重要内容。

污染物排放总量控制计划也对建设项目环境影响评价提出要求。要求环境影响评价中包括总量控制指标，新增污染物要在总量控制区域内实现"等量削减"，做到增产减污。环境影响评价要算好三本账，包括环境背景情况、污染源对环境污染做出的贡献情况、采取环保措施后的环境污染消减情况。

4.4.3　排污许可证制度

环境容量既然作为一种功能性资源，排污指标应该有价值和使用价值。排污指标被企业无偿占有，其弊端有二：一是失去了用经济手段调整污染项目的市场准入功能，二是企业占用的现有排污指标无法流通，市场配置环境资源的功能难以发挥出来。

继1987年原国家环保局在上海、杭州等18个城市进行了排污许可证制度试点之后，1989年的第三次全国环保会议上，排污许可证制度作为环境管理的一项新制度提了出来。鉴于排污许可证制度是以污染物总量控制为基础的,国家从 1996 年开始,正式把污染物排放总量控制政策列入"九五"期间的环保考核目标,并将总量控制指标分解到各省市,各省市再层层分解,最终分到各排污单位。总量控制是我国环保工作的重点。在国家环保部公布的《排污许可证管理条例》(征求意见稿)中规定了排污许可证管理的基本程序。本条例设六章,第一章为"总则",主要是规定立法目的、立法原则和实施主体等方面的规定。第二章为"排污许可证的申请与受理",主要是规定排污许可证的申请条件、时间和受理方式等。第三章为"排污许可证的审批与颁发",主要是规定排污许可证的审批、变更、延续、补办等程序性的内容,以及排污许可证的期限、所载明的主要内容等基础性内容。第四章为"监督检查",主要规定了持证排污者的义务以及环境保护行政主管部门为了实现对排污者的监管所能采取的主要控制措施。第五章为"法律责任",全面规定了违反第二、三、四章规定所应承担的法律责任。第六章为"附则",主要规定了本条例的实施日期及分阶段实施计划。

污染物排放许可证制度的实施给环境监测和环境管理都提出了更高的要求。尽管除了个别情况下基于确保财政收入的需要而由国家通过法律设立特别许可外,规定不得随意将许可证制度与创收相联系,不得滥设许可证乱收费,但排污许可证制度却有其特殊性,即行政主体不仅是作为监督管理者,而且是作为公众环境权益的监护人,作为环境容量资源公共所有者的代理人。资源是有价的,环境容量资源也不能无偿获得,在管理、转让这种环境容量资源时,既要尽到管理者的职责,又要行使代理人的权利,向环境容量资源的使用者收取一定的费用,以支付相应的行政成本和保护、改善环境的费用。

实施污染物排放许可证制度后,容许排污权交易是国内环保制度的重大创新。排污单位经治理或产业(包括产品)调整,其实际排放物总量低于所核准的允许排放污染物总量部分,经环保部门批准,允许进行有偿转让。但是,由于在现行的管理安排中,采取的是由政府征收排污费的制度,是一种非市场化的配额办法,而不是使用市场交易的方式,所以从国内的情况来看,将排污权的交易具体化为一项可以操作的制度安排并加以实际实施,需要在运行机制上进行探索。

90 年代,我国引入排污权交易制度,最初为了控制酸雨。2001 年 4 月,国家环保总局与美国环保协会签订《推动中国二氧化硫排放总量控制及排放权交易政策实施的研究》合作项目,随后开展了"4+3+1项目"。2001 年 9 月,在多方努力下,江苏省南通市顺利实施中国首例排污权交易。交易双方为南通天生港发电有限公司与南京醋酸纤维有限公司,双方在 2001—2007 年期间交易 SO_2 排污权 1800 吨。2003 年,江苏太仓港环保发电有限公司与南京下关发电厂达成 SO_2 排污权异地交易,开创了中国跨区域交易的先例。2007 年 11 月 10 日,国内第一个排污权交易中心在浙江嘉兴挂牌成立,标志着我国排污权交易逐步走向制度化、规范化、国际化。

思考题与习题

1. 工业污染源、生活污染源、农业污染源调查内容各有哪些?

2. 污染源评价的目的是什么? 简述污染源评价的方法。

3. 已知某市 2000 年 GDP 是 60 亿元,SO_2 排放总量是 2250 吨;2005 年 GDP 达到 90 亿元,SO_2 排放总量是 2490 吨;若到 2015 年 GDP 实现 210 亿元,用弹性系数法求那时 SO_2 的年排放总量是多少吨?

4. 某地四个工厂的废气中含有 SO_2、NO_x、TSP、CO，监测其浓度（mg/Nm³）数据如下表，假设采用表中提供的数据作为标准值，试确定：

(1) 各工厂的主要污染物；

(2) 该地区的主要污染物和主要污染源。

污染源	SO_2	NO_x	TSP	CO	烟气量（m³/h）
1	35	5	230	100	4200
2	80	4	185	85	5600
3	180	2	980	120	480
4	50	8	170	100	7200
标准	2.5	2.0	10.0	50	

第五章 大气环境质量评价及影响预测

　　为了有效地控制和治理大气污染,就必须评价过去、现在和未来的大气环境质量。正确地推算和预测污染物在大气中浓度的时空分布,估计人类活动,特别是工程项目对环境造成的影响,这就是大气环境质量评价及影响预测。

　　大气污染主要是由燃料的燃烧、汽车尾气的排放以及某些工厂排出的有害气体造成的。目前比较引人注意的污染物是粉尘、可吸入颗粒物、二氧化硫、氮氧化物和一氧化碳等。按照污染物的排放方式,可以将大气污染源分为点源、线源和面源。随着所处大气环境和污染物排放方式的不同,计算大气环境影响的模型也不同。

5.1 大气层和大气污染

5.1.1 大气层概述

1.低层大气的组成

地球周围有一层很厚的气体,称这种气体为大气,称这一层气体为大气层(圈)。大气的上界应高于1200km。近代卫星探测资料表明，大气上界约为2000～3000km处。在这样厚的大气层里，和人类关系最为密切的是低层大气。

低层大气是由干洁空气、水汽和杂质三部分组成的。

不含有水蒸气和杂质的空气称为干洁空气。它是一种混合气体，主要成分是氮、氧、氩，次要组分是二氧化碳、氖、氦、氟、氙、臭氧等。由于大气中存在着各种形式的空气运动，不同高度、不同地区的空气进行着充分地交换和混合。因此，从地面到大约90km的高空，干洁空气的主要组分比例基本上是不变的。

低层大气中的气体组分可分为两部分。一部分是气体组分比例基本上不随时间、空间而变，称为不变气体组分，它以氮、氧、氩为主。另一部分是气体组分比例随时间、空间而变化，称为可变气体组分。除氮、氧、氩以外的干洁空气的其他组分均为可变气体组分，它以水蒸气、二氧化碳、臭氧为主，其中变化最大的是水蒸气。

大气中水蒸气含量是不稳定的，它随着时间、地点、气象条件（如温度、风、云等）的不同而有较大的变化，其变化范围在0～4%之间。观测表明，在1.5～2.0km高度上，空气中的水蒸气含量已减少为地面的一半，在5km高度上则减少为地面的十分之一，再向上就更少了。因此，水蒸气沿铅直方向上分布是不均匀的。水蒸气含量随着纬度的增加而减少，最大水蒸气含量出现在低纬度洋面上。同一地区的水蒸气含量，夏季大，冬季小。大气中的水蒸气含量虽然很小，但它却是水在自然界大循环中的重要链条。如果空气中没有水蒸气，就不会发生雨、雪等复杂的天气现象。

大气中的二氧化碳主要来源于燃料的燃烧、动植物的呼吸及有机物的腐败。一般说来，大气中的二氧化碳含量城市比农村多，陆地比海上多，低处比高处多。在20km以下的大气层中，空气中二氧化碳的平均含量为0.03%；在20km以上的大气层中，空气中二氧化碳的平均含量显著减少。

二氧化碳和水蒸气对太阳短波辐射吸收能力很弱，但对长波辐射吸收能力很强，同时还能发射长波辐射。这对地面和大气保持一定的温度，使气温日较差不致过大，起着重要作用。

臭氧是高空氧分子被高能量光量子撞击离解出氧原子，氧原子再与其他氧分子结合的产物。大气中的臭氧含量很少，大约为10^{-6}%，而且随高度分布不均匀。近地层臭氧含量极少，从5～10km开始逐渐增加，12～15km以上含量增加特别显著，20～25km处达到最大值，再向上又逐渐减少。因此，在12～35km处形成了臭氧层。大气中臭氧的含量虽少，却起着很大的作用。臭氧能吸收波长短于$0.29\mu m$的紫外线部分，这就保护了动植物有机体，使其免受过量紫外线照射的危害。

大气中的杂质可分为固态杂质和液态杂质。固态杂质主要有烟尘、扬尘、粉尘等，多集中在大气的低层，通常是陆地多于海上，城市多于农村，冬季多于夏季。液态杂质是指水汽凝结物，如云、雾滴。杂质是以气溶胶分散体存在于大气中的，所以大气杂质又称大气气溶胶粒子。

2. 描述大气的物理量

对大气的物理状态和在其中发生的一切物理现象，我们可以用一些物理量加以描述，以便于对它们进行比较和识别。对大气状态和大气物理现象给予描述的物理量叫气象要素。这些气象要素的变化揭示了大气中的物理过程。气象要素主要有：气温、气压、气湿、风向、风速、云况、云量、能见度、降水量、蒸发量、日照时数、太阳辐射、地面及大气辐射等。这些气象要素的数值,都是通过观测获得的。

下面重要介绍几个常见的气象要素。

气温:气象上讲的地面气温一般是指离地面 1.5m 高处在百叶箱中观测到的空气温度。气温一般用摄氏温度(℃)表示,理论计算常用热力学温度(K)表示。

气压:是指大气作用在某面积上的作用力与其面积的比值。度量大气压力的单位有毫米汞柱(mmHg)、标准大气压(atm)、巴(bar)、毫巴(mbar)、帕(Pa),其中标准化单位帕(N/m²)现在作为气象上的法定计量单位。它们之间的关系如下:

$$1atm = 76mmHg = 101325Pa = 1013.25mbar$$

大气压力的气压值等于该地单位面积上的大气柱重量。因此,对任一地点来说,气压总是随着高度的增加而降低的。据实测,在近地层中高度每升高 100m,气压平均降低约 1240Pa。气压随高度增加而降低的关系可用大气静力学方程来描述,即:

$$dp = -\rho g dz \tag{5-1}$$

气湿:空气湿度简称气湿。它是反映空气中水汽含量多少和空气潮湿程度的一个物理量。常用的表示方法有:绝对湿度、水蒸气分压力、比湿、混合比、相对湿度、饱和差等。其中以相对湿度应用普遍,它是空气中的水蒸气分压力与同温度下饱和水汽压的比值,以百分数表示。

风:气象上把空气质点的水平运动称为风。空气质点的铅直运动称为升、降气流。风是一个矢量,用风向和风速描述其特征。风向指风的来向。风向的表示方法有两种,一种是方位表示法,一种是角度表示法。风向的方位表示法可用 8 个方位或 16 个方位来表示。海洋和高空的风向较稳定,常用角度来表示。规定北风为 0°,正东风为 90°。风速是指空气在水平方向上移动的距离与所需时间的比值。风速的单位一般用 m/s、km/h。如果粗略估计风速,可依自然界的现象来判断它的大小,即以风力来表示。风力就是风作用到物体上的力,它的大小常以自然界的现象来表示。蒲福在 1805 年根据自然现象将风力分为 13 个等级(0～12 级)。根据蒲福制定的公式,也可粗略地由风级算出风速,计算公式为:

$$u = 3.02\sqrt{F^3} \quad (km/h)$$

式中:F 是风力等级。

在大气边界层中,由于摩擦力随着高度的增加而减小,风速将随高度的增加而增加。表示平均风速的值随高度变化的曲线称为风速廓线。风速廓线的数学表达式称为风速廓线模式。

在大气扩散计算中,需要知道烟囱和有效烟囱高度处的平均风速,这种低空风速是通过专门气象观测得到的。这种气象观测没有特殊需要一般是不进行的。然而,一般气象站都会观测地面风速(10m 高处风速),并积累了数十年的资料。如果能建立起风速廓线模式,用现有的地面风速资料计算出不易测量的不同高度的风速,将为实际工作带来极大的方便。

根据大气环境影响评价技术导则的建议,一般情况下,选用幂指数风速廓线模式来估算高空风速,即:

$$u_2 = u_1 \left(\frac{Z_2}{Z_1}\right)^p \tag{5-2}$$

式中：u_2、u_1 分别为距地面 Z_2(m)和 Z_1(m)高度处的 10min 平均风速，m/s；幂指数 p 是地面粗糙度和气温层结的函数。在同一地区、相同稳定度情况下，幂指数 p 值为一常数。在不同地区或不同稳定度情况下，p 值取不同的值。大气越稳定，地面粗糙度越大，p 值越大；反之，p 值则越小。

欧文(Irwin,1979)给出了 6 种稳定度(帕斯圭尔法)、两种粗糙度情况下的幂指数 p，我国的大气环境影响评价技术导则也给出相应的 p 值，如表 5-1 所示。

表 5-1　不同稳定度下风速廓线幂指数 p 的取值

稳定度		A	B	C	D	E	F
欧文 (Irwin)	城市	0.15	0.15	0.20	0.25	0.40	0.50
	乡村	0.07	0.07	0.10	0.15	0.35	0.55
环评导则		0.10	0.15	0.20	0.25	0.30	0.30

云：云是大气中水汽凝结现象，它是由飘浮在空中的大量小水滴、小冰晶或两者的混合物构成的。云的生成、外形特征、量的多少、分布及其演变不仅反映了当时大气的运动状态，而且预示着天气演变的趋势。云量是云的多少。我国将视野能见的天空分为 10 等分，其中云遮蔽了几分，云量就是几。例如，碧空无云，云量为零，阴天云量为 10。总云量是指不论云的高低或层次，所有的云遮蔽天空的分数。低云量是指低云遮蔽天空的分数。我国云量的记录规范规定以分数表示，分子为总云量，分母为低云量。低云量不应大于总云量。如总云量为 8，低云量为 3，记作 8/3。国外将天空分为 8 等分，其中云遮蔽了几分，云量就是几。

能见度：在当时的天气条件下，正常人的眼睛所能见到的最大水平距离被称为能见度(即水平能见度)。所谓能见，就是能把目标物的轮廓从它们的天空背景中分辨出来。为了了解能见距离的远近，事先必须选择若干固定的目标物，量出它们距离测点的距离，例如山头、塔、建筑物等，作为能见度的标准。在夜间，必须以灯光作为目标物来确定能见度。能见度的单位常用米或千米表示。能见度的大小反映了大气的混浊程度，反映出大气中杂质的多少。

5.1.2　大气层的结构

我们把随地球引力而旋转的大气层叫作大气圈。大气圈的最外层的界限很难准确地划定，但大气圈也不能认为是无限的。在地球场内受引力而旋转的气层高度可达 10000km。有的学者就以 10000km 的高度作为大气圈的最外层。在一般情况下，可以认为地球表面到 1000~1400km 的气层作为大气圈的厚度。1400km 以外气体非常稀薄，就是宇宙空间了。地球大气圈的总质量估计为 6000 万亿吨。

大气圈中的空气分布是不均匀的。海平面上的空气稠密，在近地面的大气层里，气体的密度随高度上升而迅速变稀，但是在 400~1400km 的大气层里，空气是渐渐变稀薄的。根据大气圈中大气组成状况及大气在垂直高度上的温度变化而划分的大气圈层的结构，自下而上可以分为五层，即对流层、平流层、中间层、热成层和散逸层，如图 5-1 所示。

现将各层特点分述如下：

1.对流层

对流层是指由下垫面算起，到平均高度为 12km 的一层大气。对流层的上界高度是随纬度和季节而变化的,在热带平均为 $17 \sim 18$km,温带平均为 $10 \sim 12$km,高纬度和两极地区为 $8 \sim 9$km,夏季对流层上界高度大于冬季。对流层具有下述四个主要特点:

(1)气温随高度的增加而降低,由下垫面至高空,高差每 100m 气温约平均降低 $0.65℃$。

(2)对流层内有强烈的对流运动。这主要是由于下垫面受热不均匀及下垫面物性不同所产生的。一般是低纬度的对流运动较强,高纬度地区的对流运动较弱。由于对流运动的存在,使高低层之间发生空气质量交换及热量交换,大气趋于均匀。

(3)对流层的空气密度最大,虽然该层很薄,但却集中了全部大气质量的 3/4,并且几乎集中了大气中的全部水汽。云、雾、雨、雪等大气现象都发生在这层。

(4)气象要素水平分布不均匀,特别是冷、暖气团的过渡带,即所谓锋区。在这里往往有复杂的天气现象发生,如寒潮、梅雨、暴雨、大风、冰雹等。

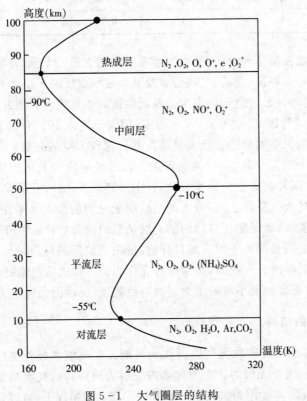

图 5-1　大气圈层的结构

对流层又可分为摩擦层(或称行星边界层)和自由大气两层。自下垫面铅直向上到 $1 \sim 2$km 这一层为摩擦层,该层受地面影响最大。摩擦层以上的对流层称为自由大气,下垫面的影响一般可忽略不计。

2.平流层

从对流层顶到离下垫面 55km 高度的一层称为平流层。从对流层顶到 $30 \sim 35$km 这一层,气温几乎不随高度而变化,故有同温层之称。从这以上到平流层顶,气温随高度升高而上升,形成逆温层,故有暖层之称。由于平流层基本是逆温层,故没有强烈的对流运动,空气垂直混合微弱,气流平稳,水汽、尘埃都很少,也很少有云出现,大气透明度良好。对流层和平流层交界处的过渡层称为对流层顶。它约数百米到 2km 厚,最大可达 $4 \sim 5$km 厚。对流层顶的气温在铅直方向的分布呈等温或逆温型。因此,它的气温直减率与对流层的相比发生了突变,往往利用这一点作为确定对流层顶高度的一种依据。

3.中间层

从下垫面算起的 $55 \sim 85km$ 高度的一层称为中间层。气温随高度的增高而降低,大约高度每增高 1km,气温降低 1℃。空气有强烈的对流运动,垂直混合明显,故有高空对流层之称。

4.热成层

从下垫面算起 $85 \sim 800km$ 高度的一层称为热成层或热层。气温随高度增高而迅速增高,在 300km 高度上,气温可达 1000℃ 以上。该层空气在强烈的太阳紫外线和宇宙射线作用下,处于高度的电离状态,故有电离层之称。电离层具有反射无线电波的能力,因此它在无线电通讯上有重要意义。

5.散逸层

热成层顶以上的大气层,统称为散逸层。该层气温极高,空气稀薄,大气粒子运动速度很高,常可以摆脱地球引力而散逸到太空中去,故称散逸层。

5.1.3 大气污染及其主要影响因素

所谓大气污染,是指大气中污染物或由它转化成的二次污染物的浓度达到了有害程度的现象。大气污染的形成及危害程度,不仅是以空气中是否存在某种有害物质来衡量,还需以其作用于生物及非生物体的浓度和作用时间来决定。

大气污染物是指由人类活动或自然过程进入大气环境中引起污染的物质,常见的有近百种。根据存在状态的不同,大气污染物可概括为气溶胶污染物和气态污染物两大类。气溶胶系指分散在气体介质中,以液体或固体微粒为分散相,粒径大部分小于 $1\mu m$ 的微粒。它具有胶体性质,对光线有散射作用。气溶胶在气体介质中作布朗运动,不因重力作用而沉降。根据气溶胶物理状态的不同可分为粉尘、烟、雾等。气态污染物包括无机污染物和有机污染物两大类。无机污染物有含硫气体、碳氧化物、含氮气体、卤素及卤化物、光化学产物(无机光化学氧化剂)、氰化物(HCN)等;有机污染物有碳氢化合物(CH_4、C_2H_4、C_6H_6、苯并[a]芘等),脂肪族化合物(甲醛、丙酮、有机酸、醇、过氧酰基亚硝酸酯或硝酸酯)。

大气的污染具有量微和易变的特点。空气的总量是很大的,但其中污染物质的含量甚微,常用 mg/m^3,或 ppm 来表示,大气中污染物质的量随着时间、空间的变化而变化。进入大气中的污染物质在输送和扩散过程中,它们会相互作用产生新的污染物质。大气污染的这些特点对污染物的测定和控制均带来困难,要求有较精密的仪器设备。

影响大气污染的主要因素是:污染物的排放情况,大气的自净过程以及污染物在大气中的转化情况。

1.污染物的排放情况

(1)与排放量的关系

在其他条件相同的情况下,单位时间内排放的污染物越多,则对大气的污染越重。在同类生产中,排放量决定于生产过程、管理制度、净化设备的有无及其净化效果等。在同一企业中,排放量又随生产量的变化而变化。

除上述情况对大气污染有规律性的变化外,生产的临时改变、原料及燃料的改变、生产事故等都能使排放量发生不规则的变化。

（2）与污染源距离的关系

污染物被大气所稀释的程度与污染源排出后到达观察点所通过的距离有关。经过的距离越远，其污染物扩散开的断面越大，稀释程度也越大，因而浓度越低。

（3）与排放高度的关系

其他条件相同时，污染物排放的高度越高，相应高度处的风速亦越大，加速了污染物与大气的混合。当排出物扩散到地面时，其扩散开的面积也越大，污染物的浓度也越低。

2. 大气的自净过程

污染物进入大气后，大气能通过各种方式摆脱混入的污染物而恢复其自然组成，这个过程即为大气的自净过程。自净作用有两种形式：

（1）稀释作用

污染物与大气混合而使污染物浓度降低，称为稀释。大气中污染物的稀释程度与气象因素有关。

（2）沉降和其他作用

污染物从大气中沉降或通过其他作用而被除去，这些污染物在大气中因物理学、物理化学作用被净化的过程进行得十分缓慢，比较有实际意义的还是大气对污染物的扩散稀释作用。

3. 污染物在大气中的转化

污染物在大气中的转化是十分复杂的，目前有些问题还不清楚。就已知而言，如二氧化硫可转变为硫酸烟雾，氮氧化物及有机物质在阳光照射下可变为臭氧、醛类、过乙酰硝酸酯等。转化后的生成物的危害性有的比原来污染物更为严重。

5.2　大气边界层的温度场

受下垫面影响的低层大气，其厚度约为 $1 \sim 2\mathrm{km}$，称为大气边界层或行星边界层。下垫面以上 $100\mathrm{m}$ 左右的一层大气称为近地层或摩擦边界层。近地层到大气边界层顶的一层称为过渡区。由于大部分大气扩散问题都发生在这层，因此了解大气边界层中的温度场、风场及湍流特征，对于解决大气扩散问题、进行大气环境评价是十分重要的。

5.2.1　气温的垂直分布

1. 气温层结

气温沿铅直高度的变化，称为气温层结或层结。气温随高度变化快慢这一特征可用气温垂直递减率来表示。气温垂直递减率的数学定义式为 $\gamma = - \mathrm{d}T/\mathrm{d}z$；它系指单位（通常取 $100\mathrm{m}$）高差气温变化速率的负值。如果气温随高度增高而降低，γ 为正值；如果气温随高度增高而增高，γ 为负值。

大气中的气温层结有四种典型情况，气温随高度的增加而递减，$\gamma > 0$，称为正常分布层结或递减层结；气温随高度的增加而增加，$\gamma < 0$，称为气温逆转，简称逆温；气温随铅直高度的变化等于或近似等于干绝热直减率，$\gamma = \gamma_d$，称为中性层结；气温随铅直高度增加是不变的，$\gamma = 0$，

称为等温层结。

2.干绝热直减率

设想一个质量恒定的空气块,当它从地面绝热上升时,将因周围气压的减小而膨胀,一部分内能用于反抗外压力膨胀而做了功,因而它的温度将逐渐下降;反之,当一个质量恒定的空气块从高空绝热下降时,由于外界气压逐渐增大,外压力对气块做压缩功,并转化为它的内能,因而它的温度将逐渐上升。这种性质可用干绝热直减率表示。

干空气在绝热升降过程中,每升降单位距离(通常取 100m),气温变化速率的负值称为干空气温度绝热垂直递减率,简称干绝热直减率,通常以 γ_d 表示。它的数值是可以计算的。

在计算干绝热直减率时,通常假设空气块内的气压 P 与周围大气压力 P 相等,称它为准静力条件。多数大气过程都满足这一条件。

取质量恒定的一小块干空气块为对象,做绝热上升运动(见图5-2),设其在高度 z 处的状态参数为 P、T、V。写出热力学第一定律(以热量表示的能量守恒)并应用准静力条件,有:

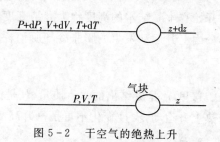

图 5-2　干空气的绝热上升

$$外加热量 = 内能变化 + 对外做功$$

$$dQ = dE + dW \qquad (5-3)$$

因为外加热量 $= dQ = 0$;$dE = C_v dT$,这里 C_v 为定容比热;$dW = AP dV$,这里 A 为功热当量(0.239cal/J),V 为系统体积,P 为压强。

故有

$$dQ = C_v dT + AP dV \qquad (5-4)$$

由于大气系统体积的测量有困难,一般直接测量的是温度和压强。由气态方程

$$PV = RT \qquad (5-5)$$

两边求微商

$$V dP + P dV = R dT \qquad (5-6)$$

代入上式并注意到当 $dP = 0$ 时,

$$C_p = C_v + RA$$

上述式中,R 是气体常数,T 为绝对温度。

故有

$$dQ = C_p dT + ART dP/P$$

这里定压比热 $C_p = 0.238 cal/(g \cdot ℃)$,干绝热过程的 $dQ = 0$,解出:

$$\frac{dT}{T} = \frac{AR}{C_p} \frac{dP}{P} \qquad (5-7)$$

干绝热气温垂直递减率：

$$\gamma_d = -\frac{dT}{dz} = -\frac{AR}{C_p}\frac{T}{P}\frac{dP}{dz} = -\frac{AR}{C_p}\frac{(-\rho g)}{\rho R} = \frac{Ag}{C_p} \qquad (5-8)$$

$$\gamma_d = \frac{Ag}{C_p} \approx 1\text{K}/100\text{m} \qquad (5-9)$$

实际上大气多数为湿空气。未饱和湿空气在绝热升降过程中，如果终态未达到饱和状态，则其温度按干绝热直减率变化。然而，湿空气做绝热上升运动时，未饱和状态只能保持一个阶段，到达某一高度后变为饱和状态；再继续上升，就会产生水汽凝结，湿空气上升达到饱和状态并开始产生凝结水的高度称为凝结高度。在绝热情况下，水汽凝结放出来的潜热可以抵消一部分因上升运动发生的膨胀冷却所消耗的热能。水汽凝结放出来的热量为：

$$dQ = Lq_s \qquad (5-10)$$

这里 q_s 是凝结出的水汽质量，L 是汽化热。因此，湿空气上升到凝结高度时，如果继续做绝热上升运动，温度变化不再是每升高 100m 气温下降 1℃，而是小于 1℃。

3. 位温

根据气态方程，大气系统测量的温度和压强是相互关联的量。为了比较不同气压下气体的内能状态，需要先将其置于同一气压下，再来比较它们的温度。因此，将未饱和的空气块绝热地移动到标准气压 100kPa 处所具有的温度称为这一未饱和空气的位温，记作 θ。其定义式为：

$$\theta = T\left(\frac{100000}{p}\right)^{0.288} \qquad (5-11)$$

位温是一种假想的温度。干空气块做绝热运动时，虽然其温度下降（或上升），但其位温不受运动状态的影响。因此在实际应用中，位温梯度常作为一种标准，用来判别大气的稳定程度。

5.2.2　大气静力稳定度及其判据

为了说明大气稳定度的概念，考察图 5-3 所示小球的三种不同平衡状态。第一种情况下，当小球有了一个速度 v 时，在重力作用下它获得了一个与速度 v 同方向的加速度 a，小球会加速偏离平衡点的运动，因此称为不稳定平衡状态。第二种情况下，当小球有速度 v 时，重力作用下获得与速度 v 反方向的加速度 a，小球会减速并回到平衡点，称为稳定平衡。第三种情况下，小球的加速度 a 始终为零，称为随遇平衡。这种方法同样可以应用于大气稳定度的判别。

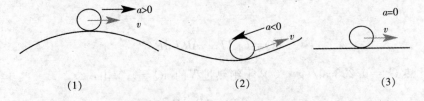

(1)　　　　　　　　　　　(2)　　　　　　　　　　　(3)

图 5-3　处于不同平衡状态的小球

　　大气的静力稳定度含义可以理解为如果某一空气块受到外部作用,获得了向上或向下的初始运动速度后,可能发生三种情况:(1)气块加速上升或下降,称这种大气是不稳定的;(2)气块逐渐减速并有返回原来高度的趋势,称这种大气是稳定的;(3)气块做等速直线运动,称这种大气是中性的。

　　为了判别大气的稳定性,假设某一气块具有的状态参数为 T'、p' 和 ρ',周围大气的状态参数为 T、p、和 ρ。当 $T'=T$、$p'=p$ 和 $\rho'=\rho$ 时,此时气块对于环境大气是静止的。由于某种原因,当 $T'>T$、$p'=p$ 时必有 $\rho'<\rho$。根据阿基米德定律,单位质量的气块在向上的净浮力作用下所产生的加速度应为:

$$a = \frac{g(\rho - \rho')}{\rho'} \qquad (5-12)$$

将准静力条件和状态方程式代入式(5-12)中,可得:

$$a = \frac{g(T' - T)}{T} \qquad (5-13)$$

由此可见,如果气块的温度高于环境大气的温度,气块的加速度 $a>0$,气块做加速运动,大气处于不稳定状态。如果气块的温度低于环境大气的温度,加速度 $a<0$,气块做减速运动,大气处于稳定状态。如果气块的温度等于环境温度,加速度 $a=0$,大气处于中性状态。利用气温判别大气的静力稳定度很不方便,为此,将式(5-13)进行相应变换。假设在起始高度处的气块温度和周围大气温度相同,都等于 T_0,向上运动过程中满足绝热条件,气块向上运动 $\triangle z$ 距离后,气块温度和环境大气温度为:

$$T' = T_0 - \gamma_d \triangle z$$

$$T = T_0 - \gamma \triangle z$$

将 T 和 T' 的表达式代入式(5-13)中,则有:

$$a = \frac{g(\gamma - \gamma_d)}{T} \triangle z \qquad (5-14)$$

从式(5-14)可见,当 $\gamma - \gamma_d > 0$,气块加速运动,大气不稳定;当 $\gamma - \gamma_d < 0$,气块减速运动,大气稳定;当 $\gamma - \gamma_d = 0$,大气为中性。因此,大气静力稳定度可以用温度直减率与干绝热直减率之差来判断,即以 $\gamma - \gamma_d$ 大于、小于或等于零为大气静力稳定度的判据。对于 γ 和 γ_d 的物理意义,应具有较确切认识。γ_d 是以质量恒定的一块空气团为对象,在干绝热条件下沿垂直上升而导出的气温垂直递减率,是一个由气态方程给定的确定值;γ 则是气温的环境层结,是在太阳、地球的热量辐射和其他气象因素作用下形成的实际环境状况。

　　这种大气稳定度的判别方法是只考虑气温差产生净力使气块升降的,所以也称它为热稳定度。"静力"两字专指满足静力平衡方程。静力平衡方程在静止大气中才成立,所以"静力"也是指静止大气而言的。

　　上述大气静力稳定度的判据只适用于气块在运动过程中始终处于未饱和状态的情况。饱和湿空气在升降过程中如果发生了相变和相变热交换,大气静力稳定度的判据不再适用。把干绝热直减率 γ_d 换成湿绝热直减率 γ_w,用 $\gamma - \gamma_w$ 大于、等于或小于零来判别饱和空气的稳定度。实际工作中,常遇到的是未饱和空气。

由于位温是描述未饱和空气绝热运动时不受运动状态影响的温度,它是将未饱和的空气块绝热地移动到标准气压 100kPa 处所具有的温度。因此在实际应用中,位温梯度常作为一种标准来判别大气的稳定程度。根据静力平衡方程和状态方程,可得到位温梯度的数学表达式为:

$$\frac{\partial \theta}{\partial z} = \frac{\theta}{T}(\gamma_d - \gamma) \qquad\qquad (5-15)$$

从上式可见,位温梯度 $\frac{\partial \theta}{\partial z}$ 的大小和符号取决于 $\gamma - \gamma_d$ 的大小和符号。因为 $\gamma - \gamma_d$ 是大气稳定度的判据,所以 $\frac{\partial \theta}{\partial z}$ 也可作为大气稳定度的判据。当 $\frac{\partial \theta}{\partial z} > 0$,大气稳定,值越大,大气越稳定;当 $\frac{\partial \theta}{\partial z} < 0$,大气不稳定;当 $\frac{\partial \theta}{\partial z} = 0$,大气为中性。在实际应用中,常用位温梯度的具体数值范围来判别大气稳定度,且不同研究者或不同地区对位温梯度的取值范围也常常不同。

5.2.3　逆温

通常气温随高度增加而降低,在特定条件下也会发生逆温现象。大气静力稳定度判据表明,逆温对应着稳定的大气状况。逆温像一个盖子一样阻碍着气流的垂直运动,所以也叫阻挡层。由于污染空气很难穿过此层而积聚在它的下面,所以逆温会造成严重的大气污染。大气污染事件大多都发生在有逆温又静风的条件下。因此,在研究大气污染时,对逆温必须给予足够的重视。

逆温可发生在近地层中,也可能发生在较高气层中(自由大气中)。根据逆温生成的过程,可将逆温分为辐射逆温、下沉逆温、平流逆温、锋面逆温及乱流逆温等 5 种,其中最常见的是辐射逆温。

太阳辐射的能量是无比巨大的,太阳辐射到地球表面的能量只占它辐射能量的二十亿分之一。辐射到地球表面的太阳辐射主要是短波辐射。地面吸收太阳辐射的同时也向空中辐射能量,这种辐射是长波辐射。大气吸收短波辐射的能力很弱,吸收长波辐射的能力却极强。被太阳辐射加热的地面,靠热传导把贴近地面(几厘米)的空气加热,然后靠湍流交换把热量向上传递。近地层空气温度随地表温度的增加而增加,而且是自下而上的被加热;随地表温度的降低而降低,而且是自下而上被冷却。在陆地上,地面是空气的主要热源。在海洋上,空气的湿度大,水汽含量多,空气吸收太阳辐射的能力比陆地空气的要大。由于海洋水面温度昼夜间变化较小,对空气温度变化影响很小。太阳辐射的日变化是海洋上空气温度日变化的主要原因。所以,在海洋上,太阳辐射是空气的主要热源。

在晴空无云(或少云)的夜晚,当风速较小(小于 3m/s)时,地面因强烈的有效辐射而很快冷却,近地面的气温也随之下降。越接近地面的空气受地面冷却的影响越大,降温越大,而远离地面的空气降温较小,因而形成了自地面开始向上的逆温层。图 5-4 为实测某地辐射逆温的生消过程图。其中,16:00 的气温层结曲线为递减气温层结,19:00 的气温层结曲线显示出已形成约 40m 高的辐射逆温。辐射逆温大约在日落前一小时开始生成,22:00 到次日 7:00 的气温层结曲线表明,随着时间的推移,地面辐射冷却效应逐渐增强,辐射逆温逐渐向上发展,到次日 7:00 辐射逆温达到最高。10:00 的气温层结曲线表明,辐射逆温已消失 50m 左右,13:00 的气温层结曲线表明辐射逆温已完全消失。在高空 300m 处有一层上部逆温,辐射逆温完全消失的时间因地理位置和季节不同而异,通常在 10:00 ~ 12:00 辐射逆温完全消失。辐射逆温消失是由于日出以后,太阳辐射逐渐增强,地面很快增温,同时空气自下而上地被增温,逆温便自下而上地逐渐消失。

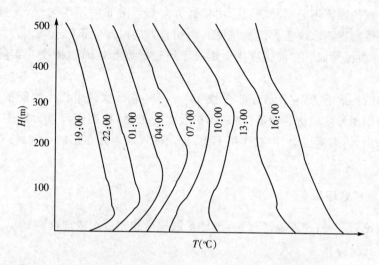

图 5-4　太阳辐射引起的逆温生消过程

5.3　湍流扩散的基本理论

5.3.1　湍流的基本概念

湍流或称紊流,是自然界广泛存在的一种流体运动。通常将流体的极端无规则运动称为湍流。大气的极端无规则运动称为大气湍流。可以把大气湍流看成是由无数多个大小不同的湍涡(涡旋)构成的。每一个湍涡都有自己的运动速度和方向。一个大湍涡包含许多较小的湍涡,较小湍涡又包含很多更小的湍涡。目前可以识别到 1mm 尺度的湍涡。

在气象观测中,风速的脉动(或涨落)和风向的摆动就是湍流作用的结果。我们可以把湍流运动看作随机运动,多用统计理论描述它,例如取时间平均值。

湍流特性可用湍流强度或标准差来描写。湍流强度有两种表示法,一种是湍流强度(速度方差),一种是相对湍流强度。在实际应用中,相对湍流强度应用较多,习惯上称它为湍流强度。

将风速在坐标轴上投影后,湍流强度(速度方差)可表示为:

$$\sigma^2 = \frac{1}{n-1} \sum_{i=1}^{n} (u_i - \bar{u})^2 \qquad (5-16)$$

相对湍流强度的定义式为:

$$i = \frac{\sigma_u}{\bar{u}} \qquad (5-17)$$

风向摆动也可用风位角的方差或标准差来描述。

描述湍流运动有两种方法,一种是欧拉法,它在空间划出一个控制体为对象,考察流体流经它的情形,欧拉法注重于特定时刻整个流场及某定点不同时刻的流体运动性质。另一种是拉格朗日法,它在流体运动时,追随研究一个典型的流体单元。

按照湍流形成的原因可分两种湍流。由铅直方向气温分布的不均匀性产生的湍流,叫作热力湍流。它的强度主要取决于大气稳定度。由铅直方向风速分布的不均匀性及地面粗糙度产生的湍流,叫作机械湍流。它的强度主要取决于风速梯度和地面粗糙度。实际湍流是上述两种湍流的叠加。

湍流有极强的扩散能力,它比分子扩散快 $10^5 \sim 10^6$ 倍。大气中污染物能被扩散,主要是湍流的贡献。和烟团尺度相仿的湍流,对烟团扩散能力最强;比烟团尺度大好多倍的大湍涡,对烟团起搬运作用,使烟流摆动,扩散作用不大;比烟团尺度小好多倍的小湍涡,对烟团的扩散能力较小。

5.3.2　湍流扩散理论

湍流扩散理论有三种:梯度输送理论,统计扩散理论和相似扩散理论。

1.湍流梯度输送理论

德国科学家菲克在 1855 年发表了一篇题为《论扩散》的著名论文。在这篇论文中,他首先提出了梯度扩散理论。他把这个理论表述为:"假定食盐在其溶剂中的扩散定律与在导体中发生的热扩散相同,是十分自然的。"菲克定律的数学陈述为:

$$\frac{\mathrm{d}C}{\mathrm{d}t} = -K\frac{\partial^2 C}{\partial x^2} \tag{5-18}$$

它是一维的大气扩散方程式,是经典的热传导方程式。

湍流梯度输送理论的基本假定是:由湍流所引起的局地的某种属性的通量与这种属性的局地梯度成正比,通量的方向与梯度方向相反,比例系数 K 称为湍流交换系数。

2.湍流统计扩散理论

泰勒是湍流统计理论的创始人之一。他在 1921 年发表的论文中,首先应用统计学的方法来研究湍流扩散问题,提出了著名的泰勒公式。他把描写湍流的扩散参数 $Y^2(t)$ 和另一统计特征量相关系数 R 建立起关系,只要能找到相关系数的具体函数,通过积分就可求出扩散参数 $Y^2(t)$,污染物在湍流中的扩散问题就得到解决。萨顿首先找到了相关系数的具体表达式,应用泰勒公式,提出了解决污染物在大气中扩散的实用模式,成为这一领域的先驱者。高斯烟流模式是在大量实测资料分析的基础上,应用统计理论得到的。该模式是目前应用较广的模式之一。

3.湍流相似扩散理论

湍流相似扩散理论,最早始于英国科学家里查森和泰勒。后来由于许多科学家的努力,特别是俄国科学家的贡献,使湍流扩散相似理论得到很大发展。

湍流扩散相似理论的基本观点是,湍流由许多大小不同的湍涡所构成,大湍涡失去稳定分裂成小湍涡,同时发生了能量转移,这一过程一直进行到最小的湍涡转化为热能为止。从这一基本观点出发,利用量纲分析的理论,建立起某种统计物理量的普适函数,再找出普适函数的具体表达式,从而解决湍流扩散问题。我们把这种理论称为相似扩散理论。

5.3.3　点源扩散的高斯模式

1. 坐标系

高斯模式的坐标系为：以排放点（无界点源或地面源）或高架源排放点在地面的投影点为原点，平均风向为 x 轴，y 轴在水平面内垂直于 x 轴，y 轴的正向在 x 轴的左侧，z 轴垂直于水平面，向上为正方向，即为右手坐标系。在这种坐标系中，烟流中心或与 x 轴重合（无界点源），或在 xOy 面的投影为 x 轴（高架点源）。

2. 高斯模式的四点假设

高斯模式的四点假设为：（1）污染物在空间 yOz 平面中按高斯分布（正态分布），在 x 方向只考虑迁移，不考虑扩散；（2）在整个空间中风速是均匀、稳定的，风速大于 $1\mathrm{m/s}$；（3）源强是连续均匀的；（4）在扩散过程中，污染物质量是守恒的。对后述的模式只要没有特殊指明，以上四点假设条件都是满足的。图 5-5 表示高斯模式的坐标系和基本假设。

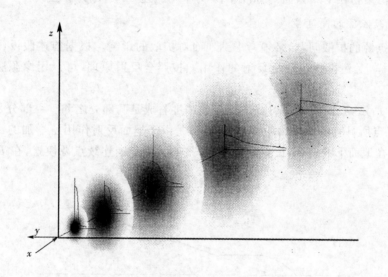

图 5-5　高斯模式的坐标系和基本假设

3. 无限空间连续点源的高斯模式

由正态分布的假设（1）写出下风向任意点 (x,y,z) 污染物平均浓度分布的函数为

$$C(x,y,z)=A(x)\mathrm{e}^{-ay^2}\mathrm{e}^{-bz^2} \tag{5-19}$$

由概率统计理论可以写出方差的表达式：

$$\sigma_y^2=\frac{\int_0^\infty y^2C\mathrm{d}y}{\int_0^\infty C\mathrm{d}y};\qquad \sigma_z^2=\frac{\int_0^\infty z^2C\mathrm{d}y}{\int_0^\infty C\mathrm{d}z} \tag{5-20}$$

由假设（4）可写出：

$$Q=\int_{-\infty}^\infty\int_{-\infty}^\infty \bar{u}C\mathrm{d}y\mathrm{d}z \tag{5-21}$$

　　上述四个方程组成一个方程组,源强 Q、平均风速 u、标准差 σ_y 和 σ_z 为已知量,浓度 C、待定函数 $A(x)$、待定系数 a 和 b 为未知量。因此,方程组可求解。

　　将式(5-19)依次代入式(5-20)的两式中,积分后得到:

$$a=\frac{1}{2\sigma_y^2};b=\frac{1}{2\sigma_z^2} \tag{5-22}$$

$$A(x)=\frac{Q}{2\pi\overline{u}\sigma_y\sigma_z} \tag{5-23}$$

　　将式(5-22)和式(5-23)代入式(5-19)中,得无界空间连续点源高斯模式:

$$C(x,y,z)=\frac{Q}{2\pi\overline{u}\sigma_y\sigma_z}\exp\left[-\left(\frac{y^2}{2\sigma_y^2}+\frac{z^2}{2\sigma_z^2}\right)\right] \tag{5-24}$$

式中:σ_y、σ_z 为污染物在 y、z 方向的标准差;$\overline{u}$ 为平均风速,m/s;Q 为源强。

　　4. 高架连续点源的高斯模式

　　高架连续点源的扩散问题,必须考虑到地面对扩散的影响。根据前述假设(4),可以认为地面像镜面那样,对污染物起着全反射的作用。按照全反射原理,可以用像源法来处理这类问题。

　　如图5-6所示,我们可以把 P 点的污染物浓度看成是两部分之和。一部分是不存在地面影响情况下 P 点所具有的污染物浓度;另一部分是由于地面反射作用所增加的污染物浓度。这相当于实源在地面下的 $-H$ 位置处的像源,按照无限空间连续点源模式,在 P 点所造成的污染物浓度。

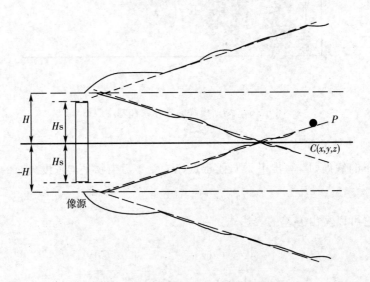

图5-6　高架连续点源的高斯模式推导

　　首先看实源的作用:P 点在以实源排放点(有效源高处)为原点的坐标系(无限空间)中的铅直坐标(距烟流中心线的铅直距离)为 $(z-H)$。当不考虑地面影响时,浓度按式(5-24)计算,它在 P 点所造成的污染物为:

$$C_1 = \frac{Q}{2\pi\bar{u}\sigma_y\sigma_z}\exp\left[-\left(\frac{y^2}{2\sigma_y^2} + \frac{(z-H)^2}{2\sigma_z^2}\right)\right] \qquad (5-25)$$

像源的作用：P 点在以像源排放点（负的有效源高处）为原点的坐标系（无限空间）中的铅直坐标（距像源产生的烟流中心线的铅直距离）为 $(z+H)$。它在 P 点产生的污染物浓度也按式（5-24）计算，它在 P 点所造成的污染物为：

$$C_2 = \frac{Q}{2\pi\bar{u}\sigma_y\sigma_z}\exp\left[-\left(\frac{y^2}{2\sigma_y^2} + \frac{(z+H)^2}{2\sigma_z^2}\right)\right] \qquad (5-26)$$

P 点的实际污染物浓度应为实源和像源作用之和，即：

$$C = C_1 + C_2$$

$$= \frac{Q}{2\pi\bar{u}\sigma_y\sigma_z}\exp\left[-\frac{y^2}{2\sigma_y^2}\right]\left\{\exp\left[-\frac{(z-H)^2}{2\sigma_z^2}\right] + \exp\left[-\frac{(z+H)^2}{2\sigma_z^2}\right]\right\} \qquad (5-27)$$

式（5-27）为高架连续点源正态分布假设下的扩散模式。由这一模式可求出下风向任一点的污染物浓度。按照这一普适公式，如果 $H=0$，则对应于地面源的情况；如果 $z=0$，则对应于连续点源作用下，地面处的污染物浓度情况；如果 $z=0$ 且 $y=0$，则对应于点源作用下，正风向轴线上、地面处的污染物浓度情况。在实施环境评价时，我们往往特别关注这样一些特殊情况。表5-2归纳总结了这些高斯模式的浓度扩散公式。

表5-2　高斯模式的浓度扩散公式汇总

	地面源（$H=0$）		高架源（$H\neq0$）	
无界 （任一点） $C(x,y,z)$	$\dfrac{Q}{2\pi\bar{u}\sigma_y\sigma_z}\exp[-(\frac{y^2}{2\sigma_y^2}+\frac{z^2}{2\sigma_z^2})]$		$\dfrac{Q}{2\pi\bar{u}\sigma_y\sigma_z}\exp[-(\frac{y^2}{2\sigma_y^2}+\frac{(z-H)^2}{2\sigma_z^2})]$	
半无界 （任一点） $C(x,y,z)$	$\dfrac{Q}{\pi\bar{u}\sigma_y\sigma_z}\exp[-(\frac{y^2}{2\sigma_y^2}+\frac{z^2}{2\sigma_z^2})]$	$(5-28)$	$C=\dfrac{Q}{2\pi\bar{u}\sigma_y\sigma_z}\exp[-\frac{y^2}{2\sigma_y^2}]\{\exp[-\frac{(z-H)^2}{2\sigma_z^2}]$ $+\exp[-\frac{(z+H)^2}{2\sigma_z^2}]\}$	$(5-29)$
地面点 $C(x,y,0)$	$\dfrac{Q}{\pi\bar{u}\sigma_y\sigma_z}\exp[-\frac{y^2}{2\sigma_y^2}]$	$(5-30)$	$\dfrac{Q}{\pi\bar{u}\sigma_y\sigma_z}\exp[-(\frac{y^2}{2\sigma_y^2}+\frac{H^2}{2\sigma_z^2})]$	$(5-31)$
地面轴线 上点 $C(x,0,0)$	$\dfrac{Q}{\pi\bar{u}\sigma_y\sigma_z}$	$(5-32)$	$\dfrac{Q}{\pi\bar{u}\sigma_y\sigma_z}\exp[-\frac{H^2}{2\sigma_z^2}]$	$(5-33)$

5.4　烟气抬升与地面最大浓度计算

点源扩散的高斯坐标系中，污染物在空间对称于 Ox 轴呈正态分布，这就是高架源的烟羽轴。显然高架源的烟羽轴所在高度不是烟囱的几何高度。以 ΔH 表示烟流抬升高度，它与烟囱高度的和定义为有效源高。高架源的污染源是在空中，因此有效源高的正确确定对计算地面最大污染物浓度出现的位置和数值是十分重要的。

5.4.1 烟气抬升高度公式

当观察烟囱排出的烟气时,会发现从烟囱口排出的烟气常常会继续上升,经过一段距离以后逐渐变平。烟囱高度 H_s 为定值,以 ΔH 表示烟流抬升高度,只要计算出 ΔH 值,将烟囱实体高度 H_s 与 ΔH 取和,就能获得在表 5-1 的公式中 H 应有的取值。

烟流抬升高度的确定是计算有效源高的关键。热烟流从烟囱出口喷出大体经过四个阶段:烟流的喷出阶段、浮升阶段、瓦解阶段和变平阶段。产生烟流抬升的原因有两个,一是烟囱出口处的烟流具有一定的初始动量,二是由于烟流温度高于周围空气温度而产生的净浮力。影响这两种作用的因素很多,归结起来可分为排放因素和气象因素两类。排放因素有烟囱出口的烟流速度、烟气温度和烟囱出口内径。气象因素有平均风速、环境空气温度、风速垂直切变、湍流强度及大气稳定度等。由于影响烟流抬升的因素较多,使烟流抬升问题变得十分复杂。到目前为止,国内外已提出的烟流抬升公式有数十个之多,还没有一个公式考虑了上述所有这些因素。大多数烟流抬升公式是半经验的,是在各自有限的观测资料基础上归纳出来的,所以具有局限性。

1. 烟气的热释放率

选用抬升公式时首先需要考虑烟气的排放因素,计算出烟气的热释放率。烟气的热释放率是指单位时间内向环境释放的热量,即:

$$Q_h = C_p \Delta T Q_N \qquad (5-34)$$

式中: ΔT 是烟气温度与环境温度的差值; Q_N 是烟气折合成标准状态时的体积流量,Nm^3/s; C_P 是标准状态下的定压热容,$1.298KJ/$度 $\cdot Nm^3$;当烟气以实际出口温度 $T_s K$ 时的排烟流量 $Q_v(m^3/s)$ 表示时,热释放率的计算公式为:

$$Q_h = 3.5 P_a \frac{\Delta T}{T_s} Q_v \qquad (5-35)$$

式中: P_a 为大气压力,KP_a。

2. 霍兰德(Holland)公式

霍兰德采用了勒普由风洞实验得出的动力抬升公式,并增加了浮力抬升项,利用三个发电厂烟流上升轨迹的照片进行了校核,于 1953 年得出中性条件适用的公式:

$$\Delta H = V_s D (1.5 + 2.7 \frac{\Delta T}{T_s} D) \bar{u}^{-1} \qquad (5-36)$$

$$\Delta H = (1.5 V_s D + 0.01 Q_h) \bar{u}^{-1} \qquad (5-37)$$

式中: Q_h 为烟气热释放率,KJ/s; V_s 为排气筒出口处平均烟流速度,m/s; D 为排气筒出口处直径,m; T_s 为烟气出口温度,K; $\bar{u}$ 为排气筒出口处平均风速,m/s。无实测值时,用 10m 处平均风速 $\bar{u}_{10}$ 和风速廓线计算。

此后公式中符号同上者不予说明。

考虑大气稳定度的影响,霍兰德建议:对不稳定大气,按上式计算出的 ΔH 再增大 $10\% \sim 20\%$;对稳定大气,按上式计算出的 ΔH 减小 $10\% \sim 20\%$。国内外学者大多认为霍兰德公式保守,特别对高烟囱、强热源计算结果偏低。

3. 布里吉斯(Briggs)公式

布里吉斯在"2/3次律"抬升公式的基础上,先后推导出一系列抬升公式,然后用实测资料进行参数估值,推算常数项。该模型获得了广泛的应用。

对于高烟囱、$Q_h > 20920(kJ/s)$,有风时、中性和不稳定条件,

$$x < 10H_s, \qquad \Delta H = 0.33 Q_h^{\frac{1}{3}} x^{\frac{2}{3}} \bar{u}^{-1} \tag{5-38}$$

$$x > 10H_s, \qquad \Delta H = 1.55 Q_h^{\frac{1}{3}} H_s^{\frac{2}{3}} \bar{u}^{-1} \tag{5-39}$$

式中:H_s 为排气筒距地面几何高度,m。

【例5-1】 某城市电厂有一座高100m的烟囱,烟囱出口内径5m,烟囱出口烟流速度17.42m/s,烟囱出口工况烟气流量342m³/s,烟气温度100℃,大气温度20℃,烟囱出口处平均风速4m/s,试用霍兰德和布里吉斯公式计算0.9km和1.3km处阴天时的抬升高度。

【解】 热释放率为:

$$Q_h = 3.5 P_a \frac{\Delta T}{T_s} Q_v = 3.5 \times 100 \times \frac{80}{373} \times 342 = 25673(kJ/s)$$

计算结果和使用公式如表5-3所示。

表5-3 电厂烟流抬升高度的计算公式和结果

模型	(x)	计算公式	结果(m)
霍兰德		$\Delta H = (1.5 V_s D + 0.01 Q_h) \bar{u}^{-1}$	97
布里吉斯	$0.9 < 10H_s$	$\Delta H = 0.33 Q_h^{\frac{1}{3}} x^{\frac{2}{3}} \bar{u}^{-1}$	227
	$1.3 > 10H_s$	$\Delta H = 1.55 Q_h^{\frac{1}{3}} H_s^{\frac{2}{3}} \bar{u}^{-1}$	246

计算表明,即使将霍兰德公式的结果再放大一倍,仍小于用布里吉斯公式计算的结果。因此,适当选用抬升公式在环境评价工作中具有重要意义。环境评价导则规定,对于一二级评价项目,可通过实际观测,采用更符合实际条件的烟气抬升公式。

5.4.2 我国烟气抬升高度的计算方法

排放因素和气象因素都会影响烟气的抬升高度,我国在《中华人民共和国环境保护行业标准(HJ/T2.2-93)环境影响评价技术导则 —— 大气环境》中,按不同情况指定选用相应的抬升公式。

(1)有风、中性和不稳定条件,当热释放率 Q_h 大于或等于2100KJ/s,且烟气温度与环境温度的差值 ΔT 大于或等于35K时,ΔH 采用下式计算:

$$\Delta H = n_0 Q_h^{n_1} H_s^{n_2} \bar{u}^{-1} \tag{5-40}$$

式中：n_0 为烟气热状况及地表系数(见表 5-4)；n_1 为烟气热释放率指数(见表 5-4)；n_2 为排气筒高度指数(见表 5-4)；Q_h 为烟气热释放率，KJ/s；H_s 为排气筒距地面几何高度，m，超过 240m 时，取 $H_s=240$m；$\bar{u}$ 为排气筒出口处平均风速，m/s，无实测值时，用 10m 处平均风速和风速 $\bar{u}_{10}$ 廓线计算。可以看出这一情况使用的是布里吉斯公式。

表 5-4　n_0、n_1、n_2 的选取

Q_h,kJ/s	地表状况(平原)	n_0	n_1	n_2
$Q_h \geqslant 21000$	农村或城市远郊区	1.427	1/3	2/3
	城市及近郊区	1.303	1/3	2/3
$2100 \leqslant Q_h < 21000$ 且 $\Delta T \geqslant 35K$	农村或城市远郊区	0.332	3/5	2/5
	城市及近郊区	0.292	3/5	2/5

(2) 有风、中性和不稳定条件，当热释放率 $Q_h \leqslant 1700$kJ/s，或者 $\Delta T < 35$K 时，

$$\Delta H = 2(1.5V_s D + 0.001Q_h)\bar{u}^{-1} \qquad (5-41)$$

式中：V_s 为排气筒出口处烟气排出速度，m/s；D 为排气筒出口直径，m；$\bar{u}$ 为排气筒出口处平均风速，m/s。可以看出这一情况使用的是霍兰德公式。

(3) 有风、中性和不稳定条件，当 1700KJ/s $< Q_h < 2100$KJ/s 时，

$$\Delta H = \Delta H_1 + (\Delta H_2 - \Delta H_1)\frac{Q_h - 1700}{400} \qquad (5-42)$$

$$\Delta H_1 = 2(1.5V_s D + 0.01Q_h)\bar{u}^{-1} - 0.048(Q_h - 1700)\bar{u}^{-1} \qquad (5-43)$$

其中，ΔH 按式(5-40)计算。

(4) 有风、稳定条件，按下式计算烟气抬升高度 ΔH(m)：

$$\Delta H = Q_h^{\frac{1}{3}}\left[\frac{dT_a}{dz} + 0.0098\right]^{-\frac{1}{3}}\bar{u}^{-\frac{1}{3}} \qquad (5-44)$$

式中：$\dfrac{dT_a}{dz}$ 是垂直方向气温梯度，K/m；0.0098(K/m)是干绝热直减率 γ_d 的取值。

(5) 静风和小风条件(定义：小风 0.5m/s $\leqslant \bar{u}_{10} < 1.5$m/s；静风 $\bar{u}_{10} < 0.5$m/s)，按下式计算烟气抬升高度 ΔH(m)：

$$\Delta H = 5.50Q_h^{\frac{1}{4}}\left[\frac{dT_a}{dz} + 0.0098\right]^{-\frac{3}{8}} \qquad (5-45)$$

式中：符号同前，但 $\dfrac{dT_a}{dz}$ 取值宜小于 0.01K/m。

按不同的排放、气象因素选用抬升公式情况汇总于表 5-5。

表 5-5　不同排放、气象因素选用抬升公式情况一览表

排放因素		气象因素		
Q_h (kJ/s)	ΔT (K)	有风、中性和不稳定条件 $(\bar{u}_{10} \geqslant 1.5\text{m/s})$	有风、稳定 $(\bar{u}_{10} \geqslant 1.5\text{m/s})$	小风、静风 $(\bar{u}_{10} < 1.5\text{m/s})$
$\geqslant$ 2100	$\geqslant$ 35	$\Delta H = n_0 Q_h^{n_1} H_s^{n_2-1} \bar{u}^{-1}$ 布里吉斯模式	$\Delta H =$ $Q_h^{\frac{1}{3}} \left[\dfrac{dT_a}{dz} + 0.0098 \right]^{-\frac{1}{3}} \bar{u}^{-\frac{1}{3}}$	$\Delta H =$ $5.50 Q_h^{1/4} \left[\dfrac{dT_a}{dz} + 0.0098 \right]^{-\frac{3}{8}}$
1700 ~ 2100		$\Delta H = \Delta H_1 + (\Delta H_2 - \Delta H_1) \dfrac{Q_h - 1700}{400}$ 在霍兰德和布里吉斯间修正		
$\leqslant$ 1700	~	$\Delta H = 2(1.5 V_s D + 0.01 Q_h) \bar{u}^{-1}$ 霍兰德模式		
	< 35			

5.4.3　地面最大浓度

高架源的污染源是在空中,我们时常关心的是污染物到达地面的浓度,而不是空中任一点的浓度。地面浓度是以 x 轴为对称的, x 轴上具有最大值,向两侧方向逐渐减小。因此,地面轴线浓度是我们所关心的。我们知道标准差 σ_y、σ_z 反映的是 y 和 z 方向上的浓度分布,随距离 x 的增大,浓度分布趋于平均,即 σ_y、σ_z 随 x 而增大。

根据地面轴线浓度公式(5-33):

$$C(x,0,0) = \frac{Q}{\pi \bar{u} \sigma_y \sigma_z} \exp\left[-\left(\frac{H^2}{2\sigma_z^2} \right) \right]$$

式中的两项: $\dfrac{Q}{\pi \bar{u} \sigma_y \sigma_z}$ 项随 x 增大而减小, $\exp\left[-\left(\dfrac{H^2}{2\sigma_z^2} \right) \right]$ 项随 x 增大而增大,两项共同作用的结果,必然在某一距离 x 处出现浓度 C 的最大值。另一方面,地面最大污染物浓度出现的位置和数值与高架污染源在空中的位置有关,空中的位置则是以有效源高表示。因此还要考虑气象因素。

1. 给定风速条件下的地面最大浓度

标准差 σ_y、σ_z 通常可表示成下列幂函数形式:

$$\sigma_y = \gamma_1 x^{\alpha_1}; \quad \sigma_z = \gamma_2 x^{\alpha_2} \tag{5-46}$$

式中: γ_1、γ_2、α_1、α_2 均为常数。将式(5-46)代入式(5-33),对 x 求导,并令其等于零,便可取得地面最大污染物浓度的模式 $C_{\max}$ 和出现的位置 X_m。

$$C_{\max} = \frac{2Q}{e \pi \bar{u} H^2 P_1} \tag{5-47}$$

$$P_1 = \frac{2 \gamma_1 \gamma_2^{-(\alpha_1/\alpha_2)}}{(1 + (\alpha_1/\alpha_2))^{\frac{1}{2}(1+\alpha_1/\alpha_2)} H^{(1-(\alpha_1/\alpha_2))} \exp\left(\frac{1}{2}(1 - \alpha_1/\alpha_2) \right)} \tag{5-48}$$

求出地面最大浓度出现的位置 X_m:

$$X_m = \left(\frac{H}{\gamma_2}\right)^{\frac{1}{a_2}} \left(1 + \frac{\alpha_1}{\alpha_2}\right)^{-\frac{1}{2a_2}} \tag{5-49}$$

当 $\alpha_1 = \alpha_2$ 时,则式(5-47)、式(5-49)化简成为下列常用形式:

$$C_{max} = \frac{2Q\sigma_z}{e\pi\overline{u}H^2\sigma_y} \tag{5-50}$$

$$\sigma_z \big|_{x=x_m} = \frac{H}{\sqrt{2}} \tag{5-51}$$

2.危险风速和地面绝对最大浓度

以上高架连续点源的地面最大浓度计算式是在风速不变的情况下导出的。实际上,风速是变化的。风速对地面最大浓度具有双重影响。由式(5-47)来看,风速增大时地面最大浓度应该减小。但另一方面,有效源高 H 中隐含着风速增大时烟流抬升高度减小的影响,这使得地面最大浓度反而增大。可以设想,在某一风速下定会出现地面最大浓度的极大值,并称其为地面绝对最大浓度。

将抬升公式写成以下形式:

$$\Delta H = B\overline{u}^{-1} \tag{5-52}$$

其中,B 为抬升公式中除风速以外的一切量。将式(5-52)代入式(5-50),对 $\overline{u}$ 求导,并令其等于零,便有 $\overline{u} = B/H_s$。则当 $\overline{u} = B/H_s$ 时,C_{absm} 是所有地面最大浓度中的极大值:

$$C_{absm} = \frac{Q\sigma_z}{2Be\pi H_s\sigma_y} \tag{5-53}$$

地面最大浓度随风速的变化呈单峰形。在每一个风速下都有一个地面最大浓度,而由式(5-53)确定的 C_{absm} 是所有地面最大浓度中的极大者,即所谓地面绝对最大浓度。出现绝对最大浓度的风速称为危险风速。

在危险风速下,烟流抬升高度和烟囱几何高度相等,有效烟囱高度为烟囱几何高度的两倍。

5.5　点源特殊扩散模式

5.5.1　封闭型扩散模式

在实际中,时常会出现这样的气温层结,低层为不稳定大气,在离地面几百米到2km高空,存在一个明显的逆温层,即通常所称的上部逆温情况。它使污染物的铅直扩散被限制在地面到逆温层之间进行。因此,有上部逆温时的扩散亦称为封闭型扩散。为推导封闭型扩散,首先假设扩散到逆温层中的污染物可忽略不计,把逆温层底和地面看作是起全反射的镜面。这样,封闭型扩散实际上是污染物在地面和逆温层底之间的空间进行扩散,仍可用像源法处理这个问题。这时污染源在两个镜面上所形成的像不是一个,而是无穷多个像对。污染物的浓度可看成是实源和无穷多对像源作用之和。于是,地面到上部逆温层底之间的空间中任一点的污染物浓度可以在高斯模式的高架源基础上叠加计算:

$$C = \frac{Q}{2\pi \bar{u} \sigma_y \sigma_z} \exp\left[-\left(\frac{y^2}{2\sigma_y^2}\right)\right]$$

$$\times \sum_{n=-k}^{k} \left\{ \exp\left[-\frac{(z-H+2nh)^2}{2\sigma_z^2}\right] + \exp\left[-\frac{(z+H+2nh)^2}{2\sigma_z^2}\right] \right\}$$

(5-54)

式中:h 为混合层高度,m;k 为进行计算的反射次数。在导则中建议进行计算的反射次数 k,在二级评价项目可取 $k=4$,三级评价项目可取 $k=0$。

若烟流边缘刚刚到达上部逆温层底的那一点,到污染源的水平距离用 X_D 表示,则在 $x < X_D$ 的距离内,烟流的高度尚未到达上部逆温层底的高度,它的扩散还未受到上部逆温层的影响。所以,在 $x < X_D$ 的距离内,其地面轴线浓度按一般高架连续点源扩散模式计算(见图5-7)。

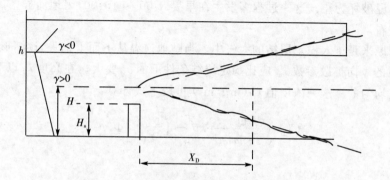

图5-7　高架连续点封闭型扩散模式

把浓度相当于烟流中心线浓度的1/10处对称的距离称为烟流宽度(y 轴方向)或烟流高度(z 轴方向)。把浓度相当于烟流中心线浓度的1/10处到烟流中心线的距离称为烟流半宽度(y 轴方向)或烟流半高度(z 轴方向),如图5-8所示。由烟流宽度和高度的定义及烟流按正态分布的规律,可以推导出扩散参数与烟流宽度及烟流高度的关系。

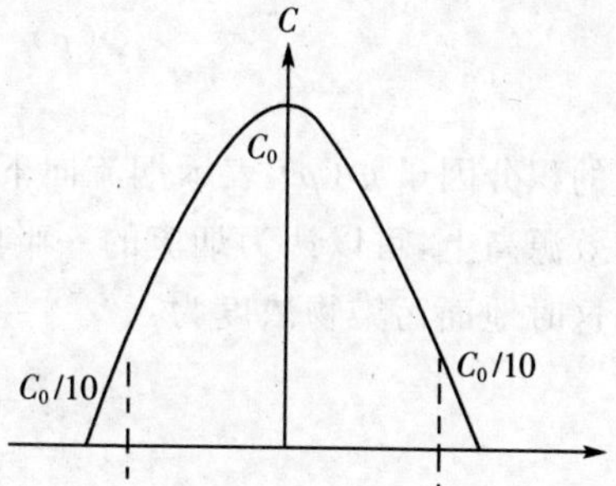

如果用 y_0 表示烟流半宽度,z_0 表示烟流半高度,则有

$$y_0 = 2.15\sigma_y; \quad z_0 = 2.15\sigma_z \qquad (5-55)$$

图5-8　烟流宽度示意图

根据烟流高度的定义可以确定出 σ_z 值:

$$\sigma_z = \frac{h-H}{2.15} \qquad (5-56)$$

然后根据稳定度和 σ_z 计算模型反推,可得到 X_D。可以设想,在距源很远的某一距离以后,由于污染物受到地面和逆温层底之间的多次反射,地面到逆温层底之间的污染物浓度在垂直方向

已经相当均匀了。假设 $x \geqslant 2X_D$ 就是垂直方向均匀分布的距离。实际应用中，在 $x \geqslant 2X_D$ 的距离上，污染物地面浓度按式(5-57)计算；在 $2X_D \geqslant x \geqslant X_D$ 的距离上，污染物取 $x = X_D$ 和 $x = 2X_D$ 两点浓度的对数内插值计算，即：

$$C = \frac{Q}{\sqrt{2\pi}\,\overline{u}h\sigma_y} \exp\left(-\frac{y^2}{2\sigma_y^2}\right) \tag{5-57}$$

5.5.2　熏烟型扩散模式

在夜间，当存在辐射逆温时，高架连续点源排放的烟流排入稳定的逆温层中，形成平展型扩散。这种烟流在铅直方向为漫扩散，在源高度上形成一条狭长的高浓度区。日出以后，太阳辐射逐渐增加，地面逐渐变暖，辐射逆温从地面开始破坏，逐渐向上发展。当辐射逆温破坏到烟流下边缘稍高一些时，在热力湍流的作用下，烟流中的污染物便发生了强烈的向下混合作用，增大了地面的污染物浓度，这个过程称为熏烟(漫烟)过程。熏烟过程可一直进行到烟流上边缘处的逆温破坏为止。这一过程多发生在早晨 8:00 ～ 10:00，因地而异。熏烟过程持续时间半小时左右。

假设烟流原来是排入稳定层结的大气中。当贴地逆温从下而上消失，逐渐形成混合层(高度为 h_f)，这时的 y 向扩散参数 σ_{yf} 应比稳定层结条件下的 σ_y 要大。在高度 h_f 以下污染物浓度的铅直分布是均匀的。这一浓度值 $C_f(\mathrm{mg/m^3})$ 可按下式计算：

$$C_f = \frac{Q}{\sqrt{2\pi}\,\overline{u}h_f\sigma_{yf}} \exp\left[-\left(\frac{y^2}{2\sigma_{yf}^2}\right)\right] \Phi(p) \tag{5-58}$$

式中：

$$p = (h_f - H)/\sigma_z$$

$$\Phi(p) = \int_{-\infty}^{p} \frac{1}{\sqrt{2\pi}} \exp(-0.5p^2)\mathrm{d}p \tag{5-59}$$

式中的积分因子 $\Phi(p)$ 表示烟流向下混合部分的源强占总源强的份额。如果逆温破坏到烟囱的有效源高上，可以认为烟流的一半向下混合，而另一半仍留在上面稳定的大气中。

这时地面污染物浓度为：

$$C_f = \frac{Q}{2\sqrt{2\pi}\,\overline{u}h_f\sigma_{yf}} \exp\left[-\left(\frac{y^2}{2\sigma_{yf}^2}\right)\right] \tag{5-60}$$

若逆温破坏高度 h_f 恰好等于烟流的上边缘高度时，烟流全部使地面熏烟浓度达到极大值，可按下式计算：

$$C_f = \frac{Q}{\sqrt{2\pi}\,\overline{u}h_f\sigma_{yf}} \exp\left[-\left(\frac{y^2}{2\sigma_{yf}^2}\right)\right] \tag{5-61}$$

这时混合层高度 $h_f = H + \sigma_z(\mathrm{m})$。为了估算熏烟时的 y 向扩散参数 σ_{yf}，Bierly 和 Hewson 提出一个近似计算式，假定烟流边缘向外向下扩张，如图 5-9 所示。

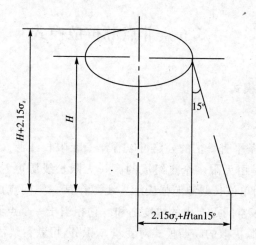

图 5-9 烟流边缘 15° 扩张的熏烟估算示意图

于是,熏烟扩散时地面上的横向扩散参数 σ_{yf} 为:

$$\sigma_{yf} = \frac{2.15\sigma_y + H\tan 15°}{2.15} = \sigma_y + \frac{H}{8} \tag{5-62}$$

5.5.3 小风和静风时的点源扩散模式

上述各种扩散模式适用于有风条件下,且风速大于 1.5m/s 的条件。

小风($0.5\text{m/s} \leqslant u_{10} < 1.5\text{m/s}$)和静风($u_{10} < 0.5\text{m/s}$)条件下,上述各节的各种模式不再适用。

在小风($0.5\text{m/s} \leqslant u_{10} < 1.5\text{m/s}$)和静风($u_{10} < 0.5\text{m/s}$)条件下,顺风向($x$ 轴方向)扩散不能忽略,必须考虑三个方向的湍流扩散作用。在高斯扩散模式中,则必须将 σ_x 考虑在内。此时以排气筒地面位置为原点,平均风向为 x 轴,地面任一点 (x, y) 的浓度 $C_L(\text{mg/m}^3)$ 按下式计算:

$$C_L(x, y) = \frac{2Q}{(2\pi)^{\frac{3}{2}} \gamma_{02} \eta^2} G \tag{5-63}$$

式中,η 和 G 按下式计算:

$$\eta^2 = \left(x^2 + y^2 + \frac{\gamma_{01}^2}{\gamma_{02}^2} H^2\right) \tag{5-64}$$

$$G = \exp\left[-\left(\frac{\bar{u}^2}{2\gamma_{01}^2}\right)\right]\left\{1 + \sqrt{2\pi}\,S\exp\left(\frac{S^2}{2}\right)\Phi(S)\right\} \tag{5-65}$$

$$\Phi(s) = \frac{1}{\sqrt{2\pi}}\int_{-\infty}^{s}\exp(-t^2/2)\mathrm{d}t \tag{5-66}$$

$$S = \frac{\bar{u}x}{\gamma_{01}\eta} \tag{5-67}$$

$\Phi(s)$ 可根据 S 由数学手册查得,γ_{01}、γ_{02} 分别是横向和铅直向扩散参数的回归系数($\sigma_y = \sigma_x = \gamma_{01}T, \sigma_z = \gamma_{02}T$),$T$ 为扩散时间(s)。

5.6　　非点源扩散模式

5.6.1　线源扩散模式

1.无限长线源扩散模式

在平坦地形上,一条平直繁忙的公路可以看作一无限长线源。它在横风向产生的浓度是处处相等的。一条线是由无限多个点组成的。一无限长线源可看成是由无限多个点源组成的。点源的源强可以用单位长线源源强表示。线源在某一空间点产生的浓度,相当于所有点源(单位长度线源)在该空间点产生的浓度之和。它相当于一个点源在该空间点产生浓度对 y 轴的积分。因此,把点源扩散的高斯模式对变量 y 积分,可获得线源扩散模式。

当风向与线源垂直时,主导风向的下风向为 x 轴。连续排放的无限长线源下风向浓度模式为:

$$C = \frac{Q}{\pi \overline{u} \sigma_y \sigma_z} \exp\left(\frac{-H^2}{2\sigma_z^2}\right) \int_{-\infty}^{+\infty} \exp\left(\frac{-y^2}{2\sigma_y^2}\right) \mathrm{d}y = \frac{\sqrt{2} Q_L}{\sqrt{\pi} \overline{u} \sigma_z} \exp\left(\frac{-H^2}{2\sigma_z^2}\right) \qquad (5-68)$$

当风向与线源不垂直时,如果风向和线源交角为 φ 且 $\varphi > 45°$,线源下风向的浓度模式为:

$$C = \frac{\sqrt{2} Q_L}{\sqrt{\pi} \overline{u} \sigma_z \sin\varphi} \exp\left(\frac{-H^2}{2\sigma_z^2}\right) \qquad (5-69)$$

2.有限长线源扩散模式

当估算有限长线源产生的环境浓度时,必须考虑有限长线源两端引起的"边缘效应"。随着接收点距线源距离的增加,边缘效应将在更大的横风距离上起作用。当风向垂直于有限长线源时,通过所关心的接收点作垂直于有限长线源的直线,该直线与有限长线源的交点选作坐标原点,直线的下风方向为 x 轴。线源的范围为从 y_1 延伸到 y_2。有限线源扩散模式为:

$$C = \frac{\sqrt{2} Q_L}{\sqrt{\pi} \overline{u} \sigma_z} \exp\left(\frac{-H^2}{2\sigma_z^2}\right) \int_{p_1}^{p_2} \frac{1}{\sqrt{2\pi}} \exp(-0.5p^2) \mathrm{d}p \qquad (5-70)$$

式中: $p_1 = \dfrac{y_1}{\sigma_y}$, $p_2 = \dfrac{y_2}{\sigma_y}$。

5.6.2　多源和面源排放模式

如果需要评价的点源数多于一个,计算地面浓度时应将各个源对接受点浓度的贡献进行叠加。在评价区内选一原点,以平均风的上风方为正 x 轴,评价区内任一地面点 (x,y) 的浓度可按各点源对 (x,y) 点的浓度贡献的叠加,其公式形式与前相同,但应注意对应坐标的变换。根据污染源下风向任一点的大气污染物地面浓度估计方程式 $(5-31)$ 的描写:

$$C(x,y,0) = \frac{Q}{\pi \overline{u} \sigma_y \sigma_z} \exp\left[-\left(\frac{y^2}{2\sigma_y^2} + \frac{H^2}{2\sigma_z^2}\right)\right] \qquad (5-31)$$

污染源在下风向任一点 K 处造成的大气污染物地面浓度可写作:

$$t_{ik} = \frac{Q}{\pi \bar{u} \sigma_y \sigma_z} \exp\left[-\left(\frac{y_{ik}^2}{2\sigma_y^2} + \frac{H_i^2}{2\sigma_z^2}\right)\right] \tag{5-71}$$

多源在接受点 k 处的最终污染物浓度为:

$$C_k = \sum_i t_{ik} \tag{5-72}$$

城市的家庭炉灶和低矮烟囱数量很大,单个排放量很小,如按点源处理计算量十分庞大。导则规定平原城区排气筒高度不高于 40m 或排放量小于 0.04t/h 的排放源可作为面源处理。面源扩散的处理模式是将评价区在选定的坐标系内网格化,即以评价区的左下角为原点,分别以东(E)和北(N)为 x 和 y 轴。网格和单元一般可取 $1 \times 1 (\text{km}^2)$,评价区较小时,可取 $500 \times 500 (\text{m}^2)$,建设项目所占面积小于网格单元,可取其为网格单元面积。然后,按网格统计面源的主要污染物排放量 $[\text{t}/(\text{h} \cdot \text{km}^2)]$ 和面源平均排放高度(m)等参数。

假设每一面源单元的排放量都集中到面源单元的形心上。每一面源单元,在下风方向所造成的浓度可用一虚拟点源在下风方向造成同样的浓度所代替。假设虚拟点源在面源单元中心线处产生的烟流宽度 $(2y_0 = 4.30\sigma_y)$ 等于面源单元宽度 (W),则有 $\sigma_{y0} = W/4.30$。设虚拟点源在面源单元形心处的上风向 x_{y0} 处,可由稳定度和 σ_y 的幂函数表达式求得虚拟点源的位置。然后以虚拟点源模式计算其他点的污染物浓度。

5.6.3　体源扩散模式

当无组织排放源为体源时,地面浓度可按高架连续点源扩散模式计算,但需对扩散参数 σ_y 和 σ_z 进行修正。将修正后的 σ_y、σ_z 代入高架连续点源扩散模式计算即可。

修正后的 σ_y、σ_z 分别为:

$$\sigma_y = \gamma_1 x^{a_1} + \frac{L_y}{4.3} \tag{5-73}$$

$$\sigma_z = \gamma_1 x^{a_2} + \frac{L_z}{4.3} \tag{5-74}$$

式中:L_y、L_z 分别为体源在 y 和 z 方向的边长。

5.7　大气湍流扩散参数的计算和测量

5.7.1　由常规气象资料求大气稳定度

萨顿是遵循统计理论推导出大气扩散实用模式的首创者。萨顿扩散模式在 20 世纪 50 年代得到广泛应用。虽然萨顿扩散模式给出了根据气象观测资料计算污染物浓度的方法,但需要较多的气象观测资料,这些资料又是很难得到的(往往需要现场观测),同时计算较繁琐。从实用的角度看,萨顿模式不够理想。在实际工作中,总是希望根据易得到的气象观测资料(如常规气象观测资料)就能估算出污染物在大气中的扩散状况。我国的环境影响评价技术导则中推荐:当使用常规气象资料时,大气稳定度等级可采用修订的帕斯奎尔(Pasquill)稳定度分级法（简记 P. S），分为强不稳定、不稳定、弱不稳定、中性、较稳定和稳定六级。它们分别表示为 A、B、C、D、E、F。

确定等级时首先由云量与太阳高度角（日高角）查出太阳辐射等级数，再由太阳辐射等级数与地面风速确定稳定度等级。

1.日高角和日高图

太阳高度角（或日高角）是指当时当地太阳实际照射到水平面上的角度。图 5-10 反映了在当地真太阳时正午 12 点日高角 h_θ、太阳倾角 δ（赤纬角）和当地纬度角 φ 之间的相互关系。

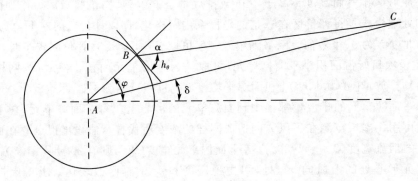

图 5-10　正午 12 点日高角、太阳倾角和纬度角之间关系

由于太阳到地球的距离远远大于地球的半径，因此 $\alpha \approx \varphi - \delta$，即：

$$\sin h_\theta = \cos \alpha = \cos(\varphi - \delta) \tag{5-75}$$

根据日期可以查得太阳倾角（赤纬角 δ）。表 5-6 列出了太阳倾角的概略值。

表 5-6　太阳倾角的概略值

月	旬	赤纬角（度）	月	旬	赤纬角（度）	月	旬	赤纬角（度）
1	上	-22	5	上	+17	9	上	+7
	中	-21		中	+19		中	+3
	下	-19		下	+21		下	-1
2	上	-15	6	上	+22	10	上	-5
	中	-12		中	+23		中	-8
	下	-9		下	+23		下	-12
3	上	-5	7	上	+22	11	上	-15
	中	-2		中	+21		中	-18
	下	+2		下	+19		下	-21
4	上	+6	8	上	+17	12	上	-22
	中	+10		中	+14		中	-23
	下	+13		下	+11		下	-23

仅有正午12点日高角 h_θ 计算是不够的。用 ω 表示地球自转与真太阳时之间对应角度，称为时角。正午12时，$\omega=0°$，地球自转一周，$\omega=360°$，平均每小时15°，故有真太阳时与时角换算关系：

$$\omega = (t-12) \times 15° / \text{小时}$$

这里的 t 是真太阳时。我们通常使用的时间并不是一地的真太阳时，而是地方区时（北京时间），真太阳时用地方区时和经度由下式计算：

$$\text{真太阳时} = \text{地方区时（北京时间）} - [\text{区时经度（120°E）} - \text{实际经度}]/15° \quad (5-76)$$

式（5-75）可进一步写成任一时刻日高角 h_θ 的计算式：

$$\sin h_\theta = \sin\varphi\sin\delta + \cos\varphi\cos\delta\cos\omega \quad (5-77)$$

根据正午12点真太阳时（$t=0$）和由 $h_\theta=0$ 求得的日出日落真太阳时，在纳布可夫坐标上点出两点并连成直线，即称为日高图。使用日高图可方便地查出任一时刻的日高角。

【例5-2】　已知北京处于116.28°E、40.0°N，求3月上旬的日出与日落时间（北京时间），并画出纳布可夫日高图。

【解】　3月上旬 $\delta \approx -5°$，计算正午12点 h_θ：

$$h_\theta \approx 90° - (\varphi - \delta) = 45°$$

计算日出日落真太阳时，由

$$0 = \sin\varphi\sin\delta + \cos\varphi\cos\delta\cos\omega$$

$$\cos\omega = -\tan\varphi\tan\delta = -\tan(40°)\tan(-5°) = 0.0748$$

得出 $\omega=85.7°$，求出距正午12点时间为 $t=85.7/15=5.71(\text{h})=5$ 小时43分。

画出纳布可夫日高图（如图5-11所示），使用日高图可查出其他时刻的日高角（例如8:00）。

由经度求时间补偿：$\Delta t = (120° - 116.28°) \times 4$ 分/度 $= 14.9$（分）。

由日落日出真太阳时12小时±5小时43分，求得日出的北京时间为6:32；日落的北京时间为17:58。

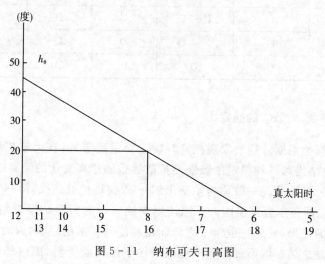

图5-11　纳布可夫日高图

2. 由日高角和云量求辐射等级

云是大气中水汽凝结现象,它是由飘浮在空中的大量小水滴、小冰晶或两者的混合物构成的。云量是云的多少。我国云量的记录规范规定以分数表示,分子为总云量,分母为低云量。我国将视野能见的天空分为 10 等分,其中云遮蔽了几分,云量就是几。总云量是指不论云的高低或层次,所有的云遮蔽天空的分数。低云量是指低云遮蔽天空的分数。根据日高角和云量观测值,可由表 5-7 求出太阳的辐射等级。

表 5-7　太阳辐射等级数

云量(1/10)	太阳辐射等级数				
总云量 / 低云量	夜间	$h_\theta \leqslant 15°$	$15° < h_\theta \leqslant 35°$	$35° < h_\theta \leqslant 65°$	$h_\theta > 65°$
$\leqslant 4/ \leqslant 4$	-2	-1	$+1$	$+2$	$+3$
$5 \sim 7/ \leqslant 4$	-1	0	$+1$	$+2$	$+3$
$\geqslant 8/ \leqslant 4$	-1	0	0	$+1$	$+1$
$\geqslant 5/5 \sim 7$	0	0	0	0	$+1$
$\geqslant 8/ \geqslant 8$	0	0	0	0	0

3. 由辐射等级和地面风速求稳定度

由辐射等级和地面风速求稳定度的方法如表 5-8 所示。这里的地面风速(m/s)系指距地面 10m 高度处 10min 平均风速,如使用气象台(站)资料,其观测规则与中央气象局编订的《地面气象观测规范》相同。

表 5-8　大气稳定度的等级

地面风速(m/s)	太阳辐射等级					
	$+3$	$+2$	$+1$	0	-1	-2
$\leqslant 1.9$	A	A~B	B	D	E	F
$2 \sim 2.9$	A~B	B	C	D	E	F
$3 \sim 4.9$	B	B~C	C	D	D	E
$5 \sim 5.9$	C	C~D	D	D	D	D
$\geqslant 6$	D	D	D	D	D	D

5.7.2　扩散参数 σ_y、σ_z 的确定

帕斯圭尔和吉福德根据常规气象观测资料确定稳定度级别,在大量扩散试验的数据和理论分析的基础上,总结出每一种稳定度级别的扩散参数随距离变化的经验曲线,解决了扩散参数的取值问题。这一经验曲线一般称为帕斯圭尔－吉福德扩散曲线,简称 P－G 扩散曲线。

P－G 曲线是帕斯奎尔根据美国大草原计划中地面源的实验结果总结出来的,其中 1km 以外的曲线是外推的结果,此外它也未考虑地面粗糙度对扩散的影响,因而不适用于城市和山区。改进方法之一是总结在城市或粗糙下垫面条件下的实验资料,国内外在这方面都做了大

量工作,给出了不少确定扩散参数方法。改进办法之二是对 P－G 曲线进行修正。我国的"环境评价技术导则"采用了在粗糙下垫面时,按实测的稳定度等级向不稳定方向提高 1 级 ~ 2 级,然后使用 P－G 曲线的幂函数式计算。

从实测中发现,在污染源正下风方向的污染物浓度,随着采样时间的增长而减小。这主要是因风的摆动增大了横风向的扩散能力引起的。在垂直方向的扩散,因受地面的限制,虽然 σ_z 随采样时间增长而增大,但当时间增长到 $10 \sim 20 \min$ 后,σ_z 就不再随之增大了。污染物平均浓度与采样时间的关系通常表示如下:

$$C_1 = C_2 \left(\frac{t_2}{t_1}\right)^N ; \qquad \sigma_{y2} = \sigma_{y1} \left(\frac{t_2}{t_1}\right)^N \qquad (5-78)$$

式中:C_1、C_2 分别为采样时间是 t_1、t_2 时的浓度;σ_{y1}、σ_{y2} 分别为采样时间是 t_1、t_2 时的水平扩散参数;N 为时间稀释指数,取值范围在 $0.17 \sim 0.5$ 之间,如表 5-9 所示。

表 5-9　时间稀释指数的取值

稳定度	B	B～C	C	C～D	D
$t = 0.2 \sim 2(h)$	0.27	0.29	0.31	0.32	0.35
$t = 2 \sim 24(h)$	0.36	0.39	0.42	0.45	0.48

横向和纵向的扩散参数由式(5-46),结合表 5-10 数据计算,并按下列情况修正:

表 5-10　扩散参数的幂函数表达式数据(取样时间 0.5h)

稳定度等级(P·S)	$\sigma_y = \gamma_1 x^{\alpha_1}$			$\sigma_z = \gamma_2 x^{\alpha_2}$		
	α_1	γ_1	下风距离(m)	α_2	γ_2	下风距离(m)
A	0.901074	0.425809	0 ~ 1000	1.12154	0.07999	0 ~ 300
				1.52360	0.008548	300 ~ 500
	0.850934	0.602052	> 1000	2.10881	0.000212	> 500
B	0.91437	0.281846	0 ~ 1000	0.964435	0.12719	0 ~ 500
	0.865014	0.396353	> 1000	1.09356	0.057025	> 500
B ~ C	0.919325	0.2295	0 ~ 1000	0.941015	0.114682	0 ~ 500
	0.875086	0.314238	> 1000	1.0077	0.075718	> 500
C	0.924279	0.177154	0 ~ 1000	0.917595	0.106803	
	0.885157	0.232123	> 1000			
C ~ D	0.926849	0.14394	0 ~ 1000	0.838628	0.126152	0 ~ 2000
	0.88694	0.189396	> 1000	0.75641	0.235667	2000 ~ 10000
				0.815575	0.136659	> 10000
D	0.929418	0.110726	0 ~ 1000	0.826212	0.104634	1 ~ 1000
				0.632023	0.400167	1000 ~ 10000
	0.888723	0.146669	> 1000	0.55536	0.810763	> 10000

（续表）

稳定度等级（P·S）	$\sigma_y = \gamma_1 x^{\alpha_1}$			$\sigma_z = \gamma_2 x^{\alpha_2}$		
	α_1	γ_1	下风距离（m）	α_2	γ_2	下风距离（m）
D～E	0.925118	0.0985631	0～1000	0.776864	0.111771	0～2000
	0.892794	0.124308	＞1000	0.572347	0.528992	2000～10000
				0.499149	1.0381	＞10000
E	0.920818	0.0864001	0～1000	0.78837	0.092753	0～1000
	0.896864	0.101947	＞1000	0.565188	0.433384	1000～10000
				0.414743	1.73241	＞10000
F	0.929418	0.0553634	0～1000	0.7844	0.062077	0～1000
				0.525969	0.370015	1000～10000
	0.888723	0.073348	＞1000	0.322659	2.40691	＞10000

（1）0.5h 取样时间，平原地区、农村及城市远郊区 A、B、C 级稳定度直接由表 5－10 查算，D、E、F 级稳定度向不稳定方向提半级后查算。

（2）0.5h 取样时间，工业区或城区中的点源 A、B 级不提级，C 级提到 B 级，D、E、F 级向不稳定方向提一级后查算。

（3）0.5h 取样时间，丘陵山区的农村或城市，扩散参数选取方法同工业区。

（4）大于 0.5h 取样时间铅直方向扩散参数不变，横向扩散参数及稀释系数满足式（5－78）。

（5）小风（0.5m/s ≤ u_{10} ＜ 1.5m/s）和静风（u_{10} ＜ 0.5m/s）时，0.5h 取样时间的扩散参数建议按表 5－11 选取；大于 0.5h 时，横向扩散参数及稀释系数满足式（5－78）。

表 5－11　小风和静风扩散参数的系数 γ_{01}、γ_{02}

稳定度（P·S）	γ_{01}		γ_{02}	
	u_{10} ＜ 0.5m/s	0.5m/s ≤ u_{10} ＜ 1.5m/s	u_{10} ＜ 0.5m/s	0.5m/s ≤ u_{10} ＜ 1.5/s
A	0.93	0.76	0.15	1.57
B	0.76	0.56	0.47	0.47
C	0.55	0.35	0.21	0.21
D	0.47	0.27	0.12	0.12
E	0.44	0.24	0.07	0.07
F	0.44	0.24	0.05	0.05

5.7.3　大气湍流扩散参数的测量

大气湍流扩散参数主要指扩散参数（σ_x, σ_y, σ_z）以及脉动速度标准差（σ_u, σ_v, σ_w）、拉格朗日积分尺度（T_L^u, T_L^v, T_L^w）等湍流参数（上、下标中的 u、v、w 分别代表 x、y、z 方向的速度分量）。扩散参数用于正态模式，湍流参数主要用于可能采用的平流扩散方程、随机游动等数值模式。虽然环境质量评价中使用的大气湍流扩散参数尽量直接使用现有的试验资料或推荐的数据,但遇到在复杂地形地区承担的一、二级评价项目时,还需要进行大气湍流扩散参数的测量。

对于热释放率较大的污染源,有时需要进行烟气抬升高度(ΔH)的测量。

对大气湍流扩散参数测量周期的要求,"93 版大气导则"规定:一般可只做一期,有效天数约 20 天左右,以在不同大气稳定度条件下能获取足够的统计样本数为原则,尽可能做全不稳定、中性和稳定三类条件。如受客观条件限制,只做了其中的一或两类,采用与其他经验资料类比的办法,补全各类稳定度条件下的数据。

以下介绍测量大气湍流扩散参数的几种主要方法。

1. 示踪剂浓度法

设置一个人工源(或利用生产烟囱),以一定的源强释放示踪剂,在下风向不同距离的地面和高空设置若干采样点,通过采样分析得到示踪剂的浓度分布,再通过扩散模式反求得大气扩散参数。这种实验方法称为示踪剂浓度法,它优点是可以直接获得浓度。由于示踪剂在大气中的扩散比示踪物(如气球)更接近于污染物在大气中的扩散,因此这种方法直观、可靠,主要缺点是需要人力、物力较多,不经济。

2. 平移球示踪法(等容球或平衡球)

大气扩散是大气湍流中无数个湍涡运动的结果,如果能测量出大气湍流中湍涡在空间运动的轨迹,大气扩散就容易描写了。平移球示踪法正是在这种思想指导下产生的。它是以一个特制的气球在空间中飘游来模拟不可见的湍涡运动,通过测量气球的运动轨迹,进行数据处理,从而获得大气扩散参数的一种方法。气球分两种,一种是具有弹性的,如橡胶材料的,称为平衡球;一种是非弹性材料的,如聚酯薄膜,称为等容气球。气球的形状多为球形和四面体形。把气球充以比空气轻的气体,如氦气、氢气和二氧化碳的混合,使气球具有某一定高度空气的密度。当把气球释放到空中时,它就在一个一定高度的等密度面内随大气一起运动。气球飞行高度可以预先选定。一般选将来污染源排放的烟流运行高度为宜。气球内的压力要充到比周围大气压高出几十百帕的超压,以防止气球在上升过程中体积的变化。定高气球的释放可以通过铁塔、未生产烟囱、系留气球、引导气球和地面直接释放等进行。

定高气球的轨迹可用光学经纬仪、照相经纬仪、雷达或无线电定位法进行观测。目前,在我国应用最多的方法是光学经纬仪观测法。定高气球空间坐标的计算方法有三角计算法和矢量计算法,两者都有应用。对定高气球观测数据进行数据处理、坐标变换,可获得风场的各参量的信息,如三维风速分量、风速的平均值和脉动值等。

3. 放烟照相法(光学轮廓法)

光学轮廓法又称照相法,是对烟流进行连续拍照而获得一组烟流照片,把一组烟流形状重合在一起,可以得到一个采样时间内光滑收敛的烟流包络线(不收敛者剔除),再由包络线按照特定的公式去推求大气扩散参数和烟流抬升高度的方法。光学轮廓法的优点是所需仪器少,主要仪器是普通照相机或摄影机,立体经纬仪照相机,消耗材料少。因此,它所需经费少、人力少,比较经济。它的主要缺点是受天气条件影响较大,如阴天、雨天、雾天无法作业,而研究的大气扩散范围小,一般为 $1 \sim 4km$。它主要是研究铅直方向的扩散参数和抬升高度,研究水平方向(y 轴向)的扩散参数较难。这种方法获得资料的可靠性和其他方法相比大体相当。

4.激光测烟雷达法

激光测烟雷达是一种利用激光遥测空间烟流各种参数的仪器,是激光在环境科学领域中应用的实例。它由激光发射系统和接收系统两大部分组成。激光由发射系统发出,在前进的过程中遇到烟流的粒子时要发生散射,激光在向烟流内部不断深入过程中,散射不断发生。在散射中有后项散射,它不时地向接收系统发射回来。当激光穿过烟流以后,大气的后项散射比前者弱得多。接收系统把接收到的回波信息显示在荧光屏上,用照相机把回波信息记录下来,然后进行数据处理,可得到大气扩散的各种信息。这种研究大气扩散的方法称为激光测烟雷达法。

激光测烟雷达法有许多优点。激光测烟雷达法需要的人力少,实验材料消耗少;它基本上不受天气的影响,白天、夜间均可进行作业。但是,激光雷达法所需设备投资较大,数据处理技术较复杂。

5.环境风洞模拟实验法

上述几种大气扩散实验方法都是在野外现场作业的。天气现象是一个随机过程,变化很大,常在现场出现一些无法进行实验的天气,为要捕捉到一定天气条件下的大气扩散现象,往往需要等候这种气象条件的到来,这样既耽误了时间,浪费了人力,资金消耗也较多。另外,同种天气的重现性也不以人们的意志为转移。环境风洞模拟实验弥补了这种不足。把研究地区的地形、地物、地貌按一定比例做成模型后将其放到特制的环境风洞中,在环境风洞中再现研究地区自然界中的大气扩散过程。通过研究按一定比例尺寸缩小的大气扩散过程,达到研究自然界大气扩散的目的。我们把这种方法称为环境风洞模拟实验法。环境风洞模拟实验法的主要优点是便于规律性的研究,特别是复杂地形条件下,单一气象要素的变化对大气扩散影响的规律在现场是无法进行的,在环境风洞中可以人为地做到这一点。用环境风洞研究大气扩散可以节省人力、时间、资金。在风洞中,可以多次重复同一实验,便于获得规律性的结果。它的主要缺点是投资较大,所获得的结果还需要和现场实验结果相对比,才能确定其可靠性。随着环境风洞技术的不断发展,其独立性将会逐步提高。环境风洞模拟实验法的理论基础是相似理论。要使环境风洞扩散现象与自然界相似,必须遵守一定的相似条件。这些相似条件称为相似准则。大气扩散模拟应遵守的相似条件有几何相似、风场相似、扩散状态相似和边界条件相似等。

5.8 大气环境影响评价及预测

5.8.1 大气环境影响评价

大气环境影响评价的任务是通过调查、预测等手段,对项目在建设施工期及建成后运营期所排放的大气污染物对环境空气质量影响的程度、范围和频率进行分析、预测和评估,为项目的厂址选择、排污口设置、大气污染防治措施制定以及其他有关的工程设计、项目实施环境监测等提供科学依据或指导性意见。

《环境影响评价技术导则——大气环境》(HJ/T 2.2—93)推荐的模式存在的问题主要表

现在：(1)不稳定条件下，对于中等及以上有效高度的排放源，其地面浓度预测值明显低于实测值；(2)未能反映浮力烟羽抬升到混合层顶部附近的实际扩散过程，地面浓度预测值误差较大；(3)扩散参数和大气稳定度不连续；(4)没有考虑建筑物下洗问题。

2008年12月31日，发布了新的《环境影响评价技术导则——大气环境》(HJ 2.2—2008)，这是对《环境影响评价技术导则大气环境》(HJ/T 2.2—93)的第一次修订。主要修订内容有：评价工作分级和评价范围确定方法，环境空气质量现状调查内容与要求，气象观测资料调查内容与要求，大气环境影响预测与评价方法及要求，环境影响预测推荐模式等，同时推荐了最具有时代特征的大气环境影响评价模型：美国EPA颁布的稳态烟流模型AERMOD和动态烟团模型CALPUFF。

这些模型汇聚了20世纪90年代以来几乎所有的大气边界层、地气界面过程、大气扩散以及部分大气化学过程方面的研究成果，是一个可选的既能应用于活性气体污染物又能应用于惰性气体污染物的完整的模型系统。这些环境质量预测模式具有下述特点：(1)按空气湍流结构和尺度概念，湍流扩散由参数化方程给出，稳定度用连续参数表示；(2)中等浮力通量对流条件采用非正态模式；(3)考虑了对流条件下浮力烟羽和混合层顶的相互作用；(4)具有计算建筑物下洗功能。

1993版大气导则是根据评价项目的主要污染物排放量、周围地形的复杂程度等因素，将大气环境影响评价工作划分为一、二、三级；2008版大气准则选择推荐模式中的估算模式对项目的大气环境评价工作进行分级。结合项目的初步工程分析结果，选择正常排放的主要污染物及排放参数，采用估算模式计算各污染物在简单平坦地形、全气象组合情况条件下的最大影响程度和最远影响范围，然后按评价工作分级判据进行分级，评价等级分为三级。

对于评价范围的确定，1993版大气导则中主要是根据项目的评价级别来确定；2008版大气导则中则是根据项目的影响范围来确定，综合考虑拟建项目污染源的排放强度和排放方式对环境的影响，比1993版大气导则的规定更具有科学性。

2008版大气导则6.1.1及6.1.2规定：对于一、二级评价项目，应调查分析项目的所有污染源(对于改、扩建项目应包括新、老污染源)、评价范围内与项目排放污染物有关的其他在建项目、已批复环境影响评价文件的拟建项目等污染源。如有区域替代方案，还应调查评价范围内所有的拟替代的污染源。对于三级评价项目可只调查分析项目污染源。

2008版大气导则6.3规定：大气污染源按预测模式的模拟形式分为点源、面源、线源、体源四种类别。颗粒物污染物还应按不同粒径分布计算出相应的沉降速度。如果符合建筑物下洗的情况，还应调查建筑物下洗参数。建筑物下洗参数应根据所选预测模式的需要，按相应要求内容进行调查。

根据2008版大气导则8.1相关规范要求，气象观测资料的调查要求与项目的评价等级有关。对于各级评价项目，均应调查评价范围20年以上的主要气候统计资料。对于一级、二级评价项目，还应调查逐日、逐次的常规气象观测资料及其他气象观测资料，这些气象参数主要提供给预测模式进行大气环境影响预测分析。常规气象观测资料包括地面气象观测资料和常规高空气象探测资料两种，不同的评价等级的大气预测对气象数据有不同的要求。

2008版大气导则中取消了对预测理论的论述与计算公式列表，相关模式的技术说明和用户手册在网站上以电子形式发布，推荐模式在导则附录A中以模式清单形式予以发布，包括估算模式，进一步预测模式AERMOD、ADMS及CALPUFF，以及大气环境防护距离计算模式,推荐模式清单中不包括风险预测模式。

　　ADMS 城市大气污染物扩散模型是基于三维高斯扩散模型的多源模型,模拟城市区域来自工业、民用和道路交通污染源产生的污染物在大气中的扩散。该模型在中国部分城市得到应用,实践证明只要选择合适的参数,模拟计算结果准确度较高。AERMOD 是一个稳态烟羽扩散模式,适用于农村或城市地区、简单或复杂地形。AERMOD 考虑了建筑物尾流的影响,即烟羽下洗。AERMOD 系统包括 AERMOD 扩散模型、AERMET 气象预处理和 AERMAP 地形预处理模式。CALPUFF 是一个烟团扩散模型系统,可模拟三维流场随时间和空间发生变化时污染物的输送、转化和清除过程。适用于特殊情况,如稳态条件下的持续静风、风向逆转、在传输和扩散过程中气象场时空发生变化下的模拟。

　　以上各预测模式可基于评价范围内的气象特征及地形特征,模拟单个或多个污染源排放的污染物在不同平均时限内的浓度分布。不同的预测模式有其不同的数据要求及适用范围,不同推荐预测模式的适用范围见表 5 - 12。导则 5.3.2.4 规定:一、二级评价应选择推荐模式清单中的进一步预测模式进行大气环境影响预测工作。三级评价可不进行大气环境影响预测工作,直接以估算模式的计算结果作为预测和分析依据。

表 5 - 12　推荐预测模式一般适用范围

分　类	AERMOD	ADMS	CALPUFF
适用评价等级	一级、二级评价	一级、二级评价	一级、二级评价
污染源类型	点源、面源、体源	点源、面源、线源、体源	点源、面源、线源、体源
适用评价范围	小于等于 50km	小于等于 50km	大于 50km
对气象数据最低要求	地面气象数据及对应高空气象数据	地面气象数据	地面气象数据及对应高空气象数据
适用污染源类型	点源、面源、体源	点源、面源、线源、体源	点源、面源、线源、体源
适用地形及风场条件	简单地形、复杂地形	简单地形、复杂地形	简单地形、复杂地形、复杂风场
模拟污染物	气态污染物、颗粒物		气态污染物、颗粒物、恶臭、能见度
其他	街谷模式		长时间静风、岸边熏烟

　　大气环境影响预测一般步骤包括确定预测因子、确定预测范围、选择预测模式、确定计算点、确定污染源计算清单、收集气象资料、收集地形数据、设定预测情景、确定相关的计算参数、进行大气环境影响预测与评价。在对大气环境影响预测结果分析内容中,除强调要求输出各计算点的典型小时及典型日的预测浓度外,对于环境空气敏感区的环境影响分析,要求应考虑其预测点和同点位处的现状背景值的最大值的叠加影响;对于最大地面浓度点的环境影响分析,应考虑预测值和所有现状背景值的平均值的叠加影响。

　　2008 版大气导则新增概念"大气环境防护距离"。大气环境防护距离系指为保护人群健康,减少正常排放条件下大气污染物对居住区的环境影响,在项目厂界以外设置的环境防护距离。大气环境防护距离计算模式的原理为:计算不同气象条件下无组织排放源下风向各点的预测浓度,将最远超标距离作为确定大气环境防护距离的依据。

大气环境影响评价技术工作程序图见图 5-12。

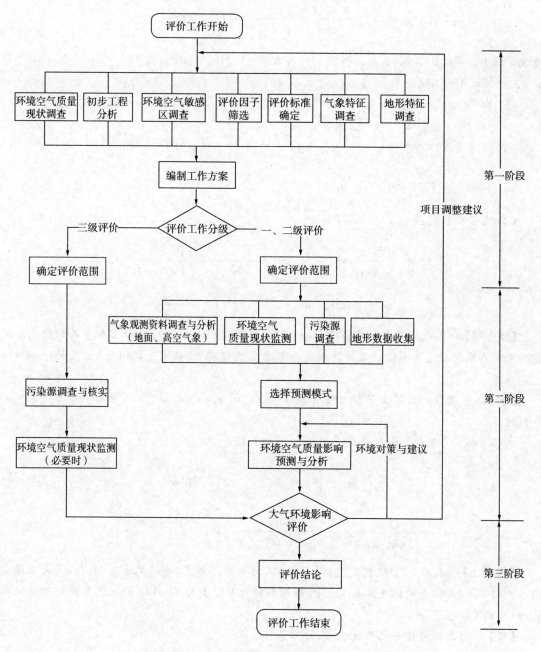

图 5-12　大气环境影响评价技术工作程序图

5.8.2　大气环境影响算例

【例 5-3】　某电厂烟囱有效高度 150m，SO_2 排放量 151g/s。夏季晴朗下午，大气稳定度 B 级，烟羽轴处风速为 4m/s。若上部存在逆温层，使垂直混合限制在 1.5km 之内。确定下风向 3km 和 11km 处的地面轴线 SO_2 浓度。

【解】 按照式(5-56)计算烟流达到逆温层的 σ_z：

$$\sigma_z = \frac{h - H}{2.15} = \frac{1500 - 150}{2.15} = 628(\text{m})$$

查表 5-10：$\gamma_2 = 0.057025$，$\alpha_2 = 1.09356$；代入式(5-46)，$\sigma_z = \gamma_2 x_D^{\alpha_2}$；由 $628 = 0.057025 x_D^{1.09356}$ 解出 x_D 的值为 4967m。

(1) 由 3km < 4.97km，得

$$C = \frac{Q}{\pi \bar{u} \sigma_y \sigma_z} \exp\left[-\left(\frac{H^2}{2\sigma_z^2}\right)\right] = \frac{151}{\pi \times 4 \times 403 \times 362} \exp\left[-\frac{1}{2}\left(\frac{150}{362}\right)^2\right]$$

$$= 7.56 \times 10^{-5} (\text{g/m}^3)$$

(2) 由 2×4.97km < 11km，得

$$C = \frac{Q}{\sqrt{2\pi} \bar{u} h \sigma_y} \exp\left[-\left(\frac{y^2}{2\sigma_y^2}\right)\right] = \frac{151}{\sqrt{2\pi} \times 4 \times 1500 \times 1241}$$

$$= 8.09 \times 10^{-6} (\text{g/m}^3)$$

【例5-4】 某电厂烟囱有效高度150m，SO_2 排放量151g/s。夜间和上午有效烟囱高度风速为4m/s，夜间稳定度E级。若清晨烟流全部发生熏烟现象，确定下风向16km处的地面轴线 SO_2 浓度。

【解】 查表 5-10 解出 E 级 16km 处 $\sigma_y = 733$m，$\sigma_z = 96$m；$h_f = H + \sigma_z = 150 + 2 \times 96 = 342(\text{m})$。

式(5-62)为熏烟扩散时地面上的横向扩散参数 σ_{yf}：

$$\sigma_{yf} = \sigma_y + \frac{H}{8} = 733 + 150/8 = 752(\text{m})$$

$$C = \frac{Q}{\sqrt{2\pi} \bar{u} h_f \sigma_{yf}} = \frac{151}{\sqrt{2\pi} \times 4 \times 342 \times 752} = 5.85 \times 10^{-5} (\text{g/m}^3)$$

【例5-5】 在阴天(D级稳定度)情况下，风向与公路垂直，平均风速为4m/s，最大交通量为8000辆/h，车辆平均速度为64km/h，每辆车排放 CO 量为 2×10^{-2} g/s，试求距公路下风向300m处的 CO 浓度。

【解】 把公路当作一无限长线源，源强为：

$$Q_L = \frac{2 \times 10^{-2} \times 8000}{64000} = 2.5 \times 10^{-3} [\text{g/(s} \cdot \text{m)}]$$

D 级稳定度 300m 处 $\sigma_z = 12.1$m；

$$C = \frac{\sqrt{2} Q_L}{\sqrt{\pi} \bar{u} \sigma_z} = \frac{\sqrt{2} \times 2.5 \times 10^{-3}}{\sqrt{\pi} \times 4 \times 12.1} = 4.1 \times 10^{-5} (\text{g/m}^3)$$

【例5-6】 某城市按边长为1.5km的正方形划分面源单元,每一面源单元的SO_2排放量为6g/s,面源平均有效高度为20m。试确定大气稳定度E级,风速为2.5m/s时,下风向相邻面源单元形心处SO_2的地面浓度。

【解】 将面源当作虚拟点源处理:$\sigma_{y0}=W/4.3=1500/4.3=348.8m$。

查表5-10解出E级$\sigma_y=348.8$位于$x_0=8722m$处,由$x+x_0=8722+1500=10222m$,有$\sigma_y=402m$;由$x=1500m$,有$\sigma_z=27m$。

代入运算:

$$C=\frac{6}{\pi\times2.5\times402\times27}\exp\left[-\frac{1}{2}\left(\frac{20}{27}\right)^2\right]=5.4\times10^{-5}(g/m^3)$$

【例5-7】 某地$(P=100kPa)$两工厂烟囱在城市的位置以图5-13中的平面坐标表示$A(15,15)$、$B(150,150)$(以m计),高度分别为100m和80m,SO_2排放量分别为180g/s和130g/s;TSP排放量分别为340g/s和300g/s;烟气温度均为100℃,当地平均气温冬季为−10℃,春秋季节为15℃;其烟气流量分别为$135m^3/s$和$124m^3/s$。

(1)分别求两污染源在风速与X方向平行,C级稳定度和相应情况的热排放率Q_h,危险风速,地面绝对最大浓度值及发生部位(以平面坐标表示)。

(2)若在接受点$C(950,110)$,风向平行X,地面风速2.5m/s,C级稳定度,考虑叠加效果。

(3)若在接受点$C(950,110)$,地面风速0.8m/s,其他条件同上,考虑叠加效果。

图5-13 工厂和测点位置的平面坐标

【解】 (1)求解地面绝对最大浓度

式(5-35)计算污染源热释放率,如A源冬季有:

$$Q_h=3.5P_a\frac{\Delta T}{T_s}Q_v=350\times\frac{110}{373}\times135=13934(kJ/s)$$

抬升公式式(5-40):$\Delta H=n_0Q_h^{n_1}H_s^{n_2}\bar{u}^{-1}$;由表5-4,$n_0=0.292$,$n_1=3/5$,$n_2=2/5$。

对照公式式(5-40):$\Delta H=B\bar{u}^{-1}$,有$B=0.292Q_h^{3/5}H_s^{2/5}$。

在危险风速条件下,有$\Delta\cdot H=H_s$;求得危险风速$\bar{u}=B/H_s$。

由式(5-51),地面最大浓度处$\sigma_z|_{x=x_m}=H/\sqrt{2}=\sqrt{2}H_s$。

查表5-10代入式(5-46),$\sigma_z=\gamma_2x_m^{a_2}$,解出$x_m$,并计算$\sigma_y=\gamma_1x^{a_1}$。

令 $\Omega = \dfrac{\sigma_z}{2Be\pi H_s \sigma_y}$，由式(5-53)计算地面绝对最大浓度值为：

$$C_{absm} = Q \frac{\sigma_z}{2Be\pi H_s \sigma_y} = Q\Omega$$

当我们求解此类问题时，无论是手工计算还是使用 Excel 的电子表格，使用表 5-13 形式的计算用表可以起到减少差错和提高效率的作用。特别是对于多种污染因子和气象因素的类似操作，使用 Excel 一次输入算式后即可用复制粘贴方法进行成批的数据运算。在一次完成模板制作后，只需改变自变量数值，结果将自动生成。表 5-14 列出此例中对应单元的算式和获得表 5-13 运算结果的复制粘贴使用方法。地面绝对最大浓度出现的坐标应是：$A'(2540,15)$、$B'(2130,150)$。

表 5-13　地面绝对最大浓度的计算用表

A	B	C	D	E	F	
		A(15,15)		B(150,150)		2
项目和公式	单位	冬季	春秋	冬季	春秋	3
ΔT	K	110	85	110	85	4
Hs	m	100	100	80	80	5
Qv	m^3/s	135	135	124	124	6
Qh = 350 * ΔT/Ts * Qv	kJ/s	13934.3	10767.4	12798.93	9890.08	7
B = 0.292 * Qh^(3/5) * Hs^(2/5)	m^2/s	564.721	483.782	490.8208	420.474	8
u = B/Hs	m/s	5.6472	4.8378	6.13526	5.2559	9
σz = Hs * SQR(2)	m	141.421	141.421	113.1371	113.137	10
Xm = (σz/γ2)^(1/α2)	m	2525.21	2525.21	1980.09	1980.09	11
σy = γ1 * X^(α1)	m	238.39	238.39	192.221	192.22	12
Ω = σz/(2 * PI * B * e * Hs * σy)		6.15E-07	7.18E-07	8.78E-07	1.02E-06	13
SO₂						14
源强 Q	g/s	180	180	130	130	15
Cm = qΩ * 1000	mg/m^3	0.11	0.13	0.11	0.13	16
TSP						17
源强 Q	g/s	340	340	300	300	18
Cm = qΩ * 1000	mg/m^3	0.21	0.24	0.26	0.31	19

(2) 求解接受点 $C(950,110)$ 的污染物浓度

用幂指数风速廓线模式式(5-2)：

$$u_2 = u_1 \left(\frac{z_2}{z_1}\right)^p$$

表 5－14　对应单元格的算式和复制粘贴区域

源单元	对应单元格的算式	复制粘贴区域
C7	＝ 350 * C4/373 * C6	C7 － F7
C8	＝ 0.292 * C7^(3/5) * C5^(2/5)	C8 － F8
C9	＝ C8/C5	C9 － F9
C10	＝ C5 * SQRT(2)	C10 － F10
C11	＝ (C10/0.106803)^(1/0.917595)	C11 － F11
C12	＝ 0.232123 * C11^0.885157	C12 － F12
C13	＝ C10/(2 * PI() * C8 * EXP(1) * C5 * C12)	C13 － F13
C16	＝ C$13 * C15 * 1000	C16 － F16;C19 － F19

将地面风速折算成高空风速。

按步骤(1)中抬升公式计算目前气象条件和排放条件下的抬升高度和有效源高,代入地面任一点浓度公式式(5-31):

$$C = \frac{Q}{\pi \bar{u} \sigma_y \sigma_z} \exp\left[-\left(\frac{y^2}{2\sigma_y^2} + \frac{H^2}{2\sigma_z^2}\right)\right]$$

使用 Excel 的电子表格,输入算式后制成模板,能够适应解此类问题的需要,如表 5-15、表 5-16 所示。

表 5－15　叠加求解高架源污染物地面浓度的 Excel 表格模板[①]

A	B	C	D	E	F	G	
项目和公式	单位	源 A	源 B	受点 C	参数值		1
							2
源强 Q	g/s	180	130		α_1	0.924279	3
坐标 x	m	15	150	950	γ_1	0.177154	4
坐标 y	m	15	150	110	α_2	0.917595	5
H_s	m	100	80		γ_2	0.106803	6
Qh	kJ/s	10767	9890.1		U_{10}	2.5	7
$U_h = U_{10} * (H_s/10)^p$	m/s	3.9622	3.7893		p	0.2	8
$\Delta H = 0.292 * Qh^{(3/5)} * Hs^{(2/5)}/u$	m	122.1	110.96				9
$H = \Delta H + Hs$	m	222.1	190.96				10
X = x 坐标差	m	935	800				11
Y = y 坐标差	m	95	－ 40				12
$\sigma y = \gamma1 * X^{(\alpha1)}$	m	98.676	85.431				13
$\sigma z = \gamma2 * X^{(\alpha2)}$	m	56.831	49.254				14
$C = Q * 1000/(PI() * u * \sigma y * \sigma z) * \exp(-(y^2/2/\sigma y^2 + H^2/2/\sigma z^2))$	mg/m³	0.0008	0.0013	0.002			15

[①]　实际使用中 γ_1、γ_2、α_1、α_2 等参数最好也放在单元格内用绝对坐标进行引用,参见(2)、(3)步骤中建立的 Excel 电子表格模板。

表 5-16 对应单元格的算式和复制粘贴区域

源单元	对应单元格的算式	复制粘贴区域
C3-C7	作为已知条件输入	
C8	$= \$G\$7 * (C6/10)^{\wedge}\$G\$8$	C8-D8
C9	$= 0.292 * C7^{\wedge}(3/5) * C6^{\wedge}(2/5)/C8$	C9-D9
C10	$= C9 + C6$	C10-D10
C11	$= \$E4 - C4$	C11-D12
C13	$= \$G\$4 * C11^{\wedge}(\$G\$3)$	C13-D13
C14	$= \$G\$6 * C11^{\wedge}(\$G\$5)$	C14-D14
C15	$= C3 * 1000/(PI() * C8 * C13 * C14)$ $* EXP(-(C12^{\wedge}2/2/C13^{\wedge}2 + C10^{\wedge}2/2/C14^{\wedge}2))$	C15-D15
E15	$= C15 + D15$	

(3) 求解小风条件下,接受点 C(950,110) 的污染物浓度

这时不能直接使用表 5-14 的 Excel 模板,因为小风时烟气抬升高度 $\Delta H(m)$ 改变为式 (5-45):

$$\Delta H = 5.50 Q_h^{\frac{1}{4}} \left[\frac{dT_a}{dz} + 0.0098 \right]^{-\frac{3}{8}}$$

浓度预测模式变化为式 (5-63):

$$C_L(x,y) = \frac{2Q}{(2\pi)^{3/2} \gamma_{02} \eta^2} G$$

式中:η 按式 (5-64) 计算,G 按式 (5-65) 计算。使用 Excel 函数,能够根据式 (5-67):

$$S = \frac{\bar{u}x}{\gamma_{01} \eta}$$

获得正态函数 $\Phi(S)$ 的值。Excel 电子表格解小风问题的模板,如表 5-17、表 5-18 所示。

表 5-17 解小风问题对应单元格的算式和复制粘贴区域

源单元	对应单元格的算式	复制粘贴区域
C10	$= 5.5 * C8^{\wedge}(1/4) * (C6 + 0.0098)^{\wedge}(-3/8)$	C10-D10
C11	$= C10 + C7$	C11-D11
C14	$= C12^{\wedge}2 + C13^{\wedge}2 + (\$G\$4/\$G\$5 * C11)^{\wedge}2$	C14-D14
C15	$= C9 * C12/(\$G\$4 * C14)$	C15-D15
C16	$= NORMDIST(C15,0,1,TRUE())$	C16-D16
C17	$= EXP(-C9^{\wedge}2 * 0.5/\$G\$4^{\wedge}2) * (1 + SQRT(2 * PI())$ $* C15 * EXP(C15^{\wedge}2/2) * C16)$	C17-D17
C18	$= 2 * C3 * C17 * 1000/((2 * PI())^{\wedge}(3/2) * \$G\$5 * C14^{\wedge}2)$	C18-D18
E18	$= C18 + D18$	

表 5-18 解小风问题的 Excel 表格模板

A	B	C	D	E	F	G
项目和公式	单位	源 A	源 B	受点 C	参数值	
源强 Q	g/s	180	130			
坐标 x	m	15	150	950	γ_{01}	0.35
坐标 y	m	15	150	110	γ_{02}	0.21
dT/dz(不得小于 0.01)	K/m	0.01	0.01			
H_s	m	100	80			
Qh	kJ/s	10767.43	9890.08		U_{10}	0.8
$U_h = U_{10} * (H_s/10)^p$	m/s	1.267915	1.212573		p	0.2
$\Delta H = 5.5 * Qh^{(1/4)} * (dT/dz + 0.0098)^{(-3/8)}$	m	243.8604	238.7334			
$H = \Delta H + Hs$	m	343.8604	318.7334			
X = x 坐标差	m	935	800			
Y = y 坐标差	m	95	−40			
$\eta = x^2 + y^2 + (\gamma01/\gamma02 * H)^2$		1.21E+06	9.24E+05			
$S = u * x/(\gamma01 * \eta)$		2.80E−03	3.00E−03			
$\Phi(S) = Normdist(s,0,1,true())$		0.501115	0.501197			
$G = exp(-u^2 * 0.5/\gamma01^2) * (1 + sqrt(2 * PI) * S * exp(S^2/2) * \Phi(S))$		7.10E+02	4.06E+02			
$C(小风) = 2 * Q * G * 1000/ ((2 * PI())^{(3/2)} * \gamma02 * \eta^2)$	×10⁻⁵ mg/m³	5.26	3.74	9.00		

通过该例题的分析,我们提供了在 Excel 环境下的计算模板,只要代入相应的原始条件,便能方便地获得结果。每一个中间环节均在表格中显示出来,既免除了复杂的编程操作,又更方便使用,读者可按此例建立自己的实用模板。

思考题与习题

1.已知马鞍山地处 118.5°E,31.7°N;哈尔滨地处 126.8°E,45.7°N,求 10 月 24 日两地日出与日落的近似时间(北京时间),并画出纳布可夫日高图。

2.设有某污染源由烟囱排入大气的 SO_2 源强为 80g/s,有效源高为 60m,烟囱出口处平均风速为 6m/s,当时气象条件下,正下风方向 500m 处 $\sigma_z = 18.1m$,$\sigma_y = 35.3m$,计算 $x = 500m$、$y = 50m$ 处的 SO_2 地面浓度。

3.设某电厂烧煤 15t/h,含硫量 3%,燃烧后有 90% 的 SO_2 由烟囱排入大气。若烟羽轴离地面高度为 200m,地面 10m 处风速为 3m/s,稳定度为 D 级,求地面最大浓度及位置。

4.设某电厂烟囱高度120m,内径5m,烟气温度418K,大气温度288K,排烟速度13.5m/s;大气为中性层结,源高处平均风速为4m/s;试计算烟气抬升高度。

5.某地两工厂烟囱高度分别为100m和150m,SO_2排放量分别为154g/s和180g/s,TSP排放量分别为350g/s和420g/s;若烟气温度均为90℃,当地平均气温冬季为−3℃,其他季节为16℃;若两工厂烟气流量分别为130m³/s和175m³/s,求C～D级稳定度和上述相应情况下的热排放率Q_h、危险风速、地面绝对最大浓度值及发生部位。

第六章 水环境质量评价和影响预测

~~~~ 学习指导 ~~~~

本章主要讲述了水体环境污染、河流与湖泊水质模型以及地面水环境影响评价方法。学习要点为：

(1) 了解水体污染和水体污染物的主要类型。

(2) 水质数学模型是描述水体中污染物随时间和空间迁移转化规律的数学方程,主要介绍了守恒污染物在均匀流场和非守恒污染物在均匀河流中的两类水质模型。

(3) 无限大均匀流场中移流扩散方程的解为：

$$C = \frac{Q}{uh\sqrt{4\pi D_y x / u}} \exp\left(-\frac{y^2 u}{4D_y x}\right)$$

用叠加法可获得有河岸反射时的解；断面浓度的比例关系是污染物到达对岸和完成横向均匀混合的根据,并能据此计算出相应的距离。

(4) 非守恒污染物在均匀河流中的水质模型中最常用的是 S—P 模型,即：

$$\begin{cases} \dfrac{dL}{dt} = -K_1 L \\ \dfrac{dD}{dt} = K_1 L - K_2 D \end{cases}$$

其解为：

$$\begin{cases} L = L_0 e^{-K_1 x/u} \\ C = C_s - (C_s - C_0) e^{-K_2 x/u} + \dfrac{K_1 L_0}{K_1 - K_2}(e^{-K_1 x/u} - e^{-K_2 x/u}) \end{cases}$$

在 S—P 模型基础上附加一些新的假设后可获得：托马斯(Thomas)模型、多宾斯—坎普(Dobbins—Camp)模型和奥康纳(O·Connon)模型。

(5) 湖泊环境质量评价方法有：水质评价、底质评价、生物评价和综合评价等四种。湖泊环境预测模型有：完全混合箱式模型、分层湖(库)集中参数模型、湖泊水质扩散模型、湖泊环流二维稳态混合模型等。

(6) 了解地面水环境影响评价的工作程序、水环境质量调查、影响预测与评价方法。

(7) 练习用 Excel 模板进行有关河流湖泊水质模型的计算与预测。

6.1　水体与水体污染

6.1.1　水体与水体污染

水是环境中最活跃的自然要素之一。水是一切生命机体的组成物质之一,也是生命代谢活动所必需的物质。如果地球上没有水,很难想象会有整个生物界。人类生活需要水,各种生产活动也需要水,水是万物之本。因此,水是人类不可缺少的非常宝贵的自然资源,它对人类的社会发展起着重要作用。

水体是水集中的场所,又称为水域。按水体所处的位置可把它分为三类:地面水水体、地下水水体、海洋。这三种水体中的水可以相互转化,它通过水在自然界大循环和小循环实现。三种水体是水在自然界大循环中的三个环节。在太阳能和地表面热能的作用下,地球上的水不断地被蒸发变成水蒸气,进入大气。从海洋蒸发的水蒸气进入大气,被气流带到陆地上空,遇冷凝结成雨、雪、雹等落到地面,一部分被蒸发返回大气,一部分经地面径流流入地面水体(江河、湖泊、水库等),一部分经地层渗透进入地下水体。地面水体的水经地面径流,最终都回归海洋。这种海洋和陆地之间水的往复运动过程,称为水的大循环。仅在局部地区(仅在陆地上或仅在海洋上)进行的水循环称为水的小循环。在自然界中水的大、小循环交织在一起,周而复始地运动着。地面水水体主要指江、河、湖泊、沼泽、水库等。地面水水体的概念不仅包括水,而且包括水中的悬浮物、底泥和水生生物,它是完整的生态系统或自然综合体。地面水水体按使用目的和保护目标可划分为五类:Ⅰ类主要适用于源头水和国家自然保护区的水体;Ⅱ类主要适用于集中式生活饮用水水源地一级保护区内的水体,以及珍贵鱼类保护区、鱼虾产卵场的水体;Ⅲ类主要适用于集中式生活饮用水水源地二级保护区和一般鱼类保护区及游泳区的河段;Ⅳ类主要适用于一般工业用水和娱乐用水水体;Ⅴ类适用于农业用水及一般景观水域。上述五类水体对其水质有着各自不同的要求。

水体受到人类、自然因素或因子(物质或能量)的影响,使水的感观性状(色、嗅、味、浊)、物理化学性能(温度、酸碱度、电导度、氧化还原电位、放射性)、化学成分(无机、有机)、生物组成(种类、数量、形态、品质)及底质情况等产生了恶化,污染指标超过地面水环境质量标准,称为水体污染。

水体污染分为自然污染和人为污染两类。后者是主要的,更为人们所关注。

水体的自然污染是由自然原因所造成的。如某一地区的地质化学条件特殊,某种化学元素大量地富集于地层中,由于大气降水的地面径流,使这种元素或它的盐类溶解于水或夹杂在水流中被带入水体,造成水体污染。地下水在地下径流的漫长的路径中,溶解了比正常水质多的某种元素(离子态)或它的盐类,造成地下水的污染。当它以泉的形式涌出地面流入地面水体时,造成了地面水体的污染。

水体的人为污染是由于人类的生活和生产活动向水体排放的各类污染物质(或能量),其数量达到使水和水体底泥的物理、化学性质或生物群落组成发生变化,从而降低了水体原始使用价值,造成了水体的人为污染,或称水体污染。

　　水体污染是工业与环境没有协调发展的产物,从某种意义上说也是经济落后、国家贫穷的产物。水体污染的发生及其演变过程取决于污染源、污染物及受纳水体三个方面的特征及其相互作用和关系。

　　污染物进入水体后,发生两个相互关联的过程:一是水体污染恶化过程,二是水体污染的净化过程。水体污染恶化过程包括以下几个过程:

　　(1) 溶解氧浓度下降过程

　　排入水体中的有机物,在好氧细菌的作用下,复杂的有机物被分解为简单的有机物直至转化为无机物,要消耗大量溶解氧,使水体中溶解氧减少,水质恶化。水体底部多为厌氧条件,底泥中的有机物在厌氧细菌的作用下产生出硫化氢、甲烷等还原性气体,水质恶化。水体中溶解氧的减少,威胁水生生物的生存。

　　(2) 水生生态平衡破坏过程

　　由于水体中溶解氧的减少,营养物质增多,使耐污、耐毒、喜肥的低等水生动物、植物大量繁殖,鱼类等高等水生生物迁移、死亡。当水体中溶解氧浓度低于 $3mg/L$ 时,就会引起鱼类窒息死亡。因此,渔业水体中溶解氧(DO)不得低于 $3mg/L$。如鲤鱼要求溶解氧浓度为 $6mg/L$ ~ $8mg/L$,青鱼、草鱼、鲢鱼等均要求溶解氧浓度保持在 $5mg/L$ 以上。

　　(3) 低毒变高毒过程

　　由于水体中 pH 值、氧化还原、有机负荷等条件发生改变,低毒化合物转化为高毒化合物,如三价铬、五价砷、无机汞可转化为更毒的六价铬、三价砷、甲基汞。

　　(4) 低浓度向高浓度转化过程

　　由于物理堆积和生物富集作用,低浓度向高浓度转化。如重金属、难分解有机物、营养物向底泥的积累过程,使底泥的污染物浓度升高。由于生物的食物链作用,使污染物在鱼类或其他水生生物体里富集,造成污染物的高浓度。

　　水体中污染物浓度自然逐渐降低的现象称为水体自净。水体自净机制有三种:

　　(1) 物理净化

　　物理净化是由于水体的稀释、混合、扩散、沉积、冲刷、再悬浮等作用而使污染物浓度降低的过程。

　　(2) 化学净化

　　化学净化是由于化学吸附、化学沉淀、氧化还原、水解等过程而使污染物浓度降低的过程。

　　(3) 生物净化

　　生物净化是由于水生生物特别是微生物的降解作用使污染物浓度降低的过程。

　　水体自净的三种机制往往是同时发生并相互交织在一起的,哪一方面起主导作用取决于污染物性质和水体的水文学以及生物学特征。

　　水体污染恶化过程和水体自净过程是同时产生和存在的,但在某一水体的部分区域或一定的时间内,这两种过程总有一种过程是相对主要的过程,它决定着水体污染的总特征。这两种过程的主次地位在一定的条件下可相互转化。如距污水排放口近的水域,往往总是表现为污染恶化过程,形成严重污染区。在下游水域,则以污染净化过程为主,形成轻度污染区,再向下游最后恢复到原来水体质量状态。所以,当污染物排入清洁水体之后,水体一般呈现出三个不同水质区,即水质恶化区、水质恢复区和水质清洁区。

6.1.2　水体污染物及污染源

1. 水体污染物

造成水体的水质、生物、底质质量恶化的各种物质或能量都称为水体污染物。

水体污染物种类繁多,从不同的角度可将水体污染物分为各种类型。按理化性质分类可分为物理污染物、化学污染物、生物污染物、综合污染物。按形态分类可分为:离子态(阳离子,阴离子)污染物、分子态污染物、简单有机物、复杂有机物、颗粒状污染物。按污染物对水体的影响特征分类可分为:感官污染物、卫生学污染物、毒理学污染物、综合污染物。

2. 水体污染源

向水体排放或释放污染物的来源或场所称为水体污染源。从不同的角度可将水体污染源分为不同的类型。按造成水体污染的自然属性分类可分为自然污染源和人为污染源;按受污染水体的种类分类可分为地面水污染源、地下水污染源、海洋污染源;按污染源排放污染物(或能量)种类分类分为物理(热污染源、放射性污染源)污染源、化学(无机物、有机物)污染源、生物污染源(如医院);按污染源几何形状特征分类可分为点污染源(城市污水排放口,工矿企业污水排放口)、线污染源(雨水的地面径流)、面污染源;按污水产生的部门分类可分为生活污水、工业污水、农业退水、大气降水。污染源的种类不同,使水体的污染程度不同,污染物在水体中的迁移转化规律也不同。

6.1.3　水体污染类型

水体污染类型较多,主要有以下几类:

1. 有机耗氧性污染

生活污水和一部分工业废水中含有大量的碳水化合物、蛋白质、脂肪和木质素等有机物。这类物质进入水体,在好氧微生物的作用下,多分解为简单无机物质。在此过程中,消耗水体中的大量溶解氧。大量的有机物进入水体,势必导致水体中溶解氧浓度急剧下降,因而影响鱼类和其他水生生物的正常生活。严重的还会引起水体发臭,鱼类大量死亡。

2. 化学毒物污染

随着现代工农业生产的发展,每年排入水体的有毒物质越来越多。有毒污染物的种类已达数百种之多,大体可分为四类:(1) 非金属无机毒物(CN、F、S等);(2) 重金属与类金属无机毒物(Hg、Cd、Cr、Pb、Mn等);(3) 易分解有机毒物(挥发酚、醛、苯等);(4) 难分解有机毒物(DDT、六六六、多氯联苯、多环芳烃、芳香胺等)。

3. 石油污染

随着石油工业的迅速发展,油类对水体特别是海洋的污染越来越严重。目前由人类活动排入海洋的石油每年达几百万吨甚至几千万吨。1991年的海湾战争造成的石油污染是迄今最大的石油污染。进入海洋的石油在水面形成一层油膜,影响氧气扩散进入水中,因而对海洋生物的生长产生不良影响。石油污染对幼鱼和鱼卵危害极大,油膜和油块黏附在幼鱼和鱼卵上,使鱼卵不能成活或致幼鱼死亡。石油使鱼虾类产生石油臭味,降低海产品的食用价值。石油污染破坏优美的海滨风景,降低了其作为疗养、旅游地的使用价值。

4. 放射性污染

水体中放射性物质主要来源于铀矿开采、选矿、冶炼、核电站和核试验以及放射性同位素的应用等。从长远看，放射性污染是人类所面临的重大潜在威胁之一。

5. 富营养化污染

富营养化污染主要是指水流缓慢、更新期长的地面水体，接纳大量氮、磷、有机碳等植物营养素引起的藻类等浮游生物急剧增殖的水体污染。

自然界中，湖泊也存在富营养化现象，由贫营养湖 → 富营养湖 → 沼泽 → 干地，但速率很慢，人为污染所致的富营养化速率很快。在海洋水面上发生富营养化现象称为"赤潮"。在陆地水体中发生富营养化现象称为"水华"。在地下水中发生富营养化现象，称该地下水为"肥水"。一般认为，总磷和无机氮含量分别在 $20\,mg/m^3$ 和 $300\,mg/m^3$ 以上，就有可能出现水体富营养化过程。不同的研究者对水体富营养化的划分指标给出不同的值。

6. 致病性微生物污染

致病性微生物包括细菌和病毒。致病性微生物污染大多来自于未经消毒处理的养殖场、肉类加工厂、生物制品厂和医院排放的污水。

6.2　河流水质模型

6.2.1　河流水质模型简介

河流水质数学模型是描述水体中污染物随时间和空间迁移转化规律的数学方程（微分的、差分的、代数的等）。水质模型的建立可以为排入河流中污染物的数量与河水水质之间提供定量描述，从而为水质评价、预测及影响分析提供依据。它是水体环境影响评价与规划的有力工具。

如果从斯特里特-菲尔普斯（Streeter-Phelps）在1925年第一次建立的水质模型算起，人们对水质模型的研究已近80个春秋了。在这漫长的年代里，已经提出了许多的水质模型。为了选择使用方便，可以按不同的方法把它们进行分类。

按时间特性分类，分为动态模型和静态模型。描写水体中水质组分的浓度随时间变化的水质模型称为动态模型。描述水体中水质组分的浓度不随时间变化的水质模型称为静态模型。

按水质模型的空间维数分类，分为零维水质模型、一维水质模型、二维水质模型、三维水质模型。当把所考察的水体看成是一个完全混合反应器时，即水体中水质组分的浓度是均匀分布的，描述这种情况的水质模型称为零维水质模型。描述水质组分的迁移变化在一个方向上是重要的，另外两个方向上是均匀分布的，这种水质模型称为一维水质模型。描述水质组分的迁移变化在两个方向上是重要的，在另外的一个方向上是均匀分布的，这种水质模型称为二维水质模型。描述水质组分，迁移变化在三个方向进行的水质模型称为三维水质模型。

按描述水质组分的多少分类，分为单一组分和多组分的水质模型。水体中某一组分的迁移转化与其他组分没有关系，描述这种组分迁移转化的水质模型称为单一组分的水质模型。水体中一组分的迁移转化与另一组分（或几个组分）的迁移转化是相互联系、相互影响的，描述这种情况的水质模型称为多组分的水质模型。

按水体的类型可分为河流水质模型、河口水质模型（受潮汐影响）、湖泊水质模型、水库水质模型和海湾水质模型等。河流、河口水质模型比较成熟,湖泊、海湾水质模型比较复杂,可靠性小。

按水质组分分类可分为耗氧有机物模型(BOD—DO 模型),无机盐、悬浮物、放射性物质等单一组分的水质模型,难降解有机物水质模型,重金属迁移转化水质模型。

按其他方法分类,可把水质模型分为水质－生态模型,确定性模型和随机模型,集中参数模型和分布参数模型,线性模型和非线性模型等。

水质模型如此众多,如何选择、使用水质模型呢?选择水质模型必须对所研究的水质组分的迁移转化规律相当了解。因为水质组分的迁移(扩散和平流)取决于水体的水文特性和水动力学特性。在流动的河流中,平流迁移往往占主导地位,对某些组分可以忽略扩散项;在受潮汐影响的河口中,扩散项必须考虑而不能忽略,这两者选择的模型就不应该一样。为了减少模型的复杂性和减少所需的资料,对河床规整、断面不变、污染物排入量不变的河流系统,水质模型往往选用静态的,但这种选择不能充分评价时间变化输入对河流系统的影响。选择的水质模型必须反映所研究的水质组分,而且应用条件必须和现实条件接近。

目前,在水质模型的研究中,较多地关注了河流中的生化需氧量和溶解氧之间关系的模型、碳和氮形态的模型、热污染模型、细菌自净模型等。因此,这些模型相对比较成熟。对重金属、复杂的有机毒物的水质模型了解较少,而对营养物的非线性和时间变化的交互反应了解得更少,且这些模型比较复杂。下面介绍一些常见的水质模型。

6.2.2 河流的混合稀释模型

废水排入水体后,最先发生的过程是混合稀释。对于大多数保守污染物来说,混合稀释是它们迁移的主要方式之一。对于易降解的污染物来说,混合稀释也是它们迁移的重要方式之一。水体的混合稀释、扩散能力与其水体的水文特征密切相关。

当废水进入河流后,便不断地与河水发生混合交换作用,使保守污染物浓度沿流程逐渐降低,这一过程称为混合稀释过程。

污水排入河流的入河口称为污水注入点,污水注入点以下的河段,污染物在断面上的浓度分布是不均匀的,靠污水注入点一侧的岸边浓度高,远离排放口对岸的浓度低。随着河水的流逝,污染物在整个断面上的分布逐渐均匀。污染物浓度在整个断面上变为均匀一致的断面,称为水质完全混合断面。把最早出现水质完全混合断面的位置称为完全混合点。污水注入点和完全混合点把一条河流分为三部分。污水注入点上游称为初始段或背景河段,污水注入点到完全混合点之间的河段称为非均匀混合河段或混合过程段,完全混合点的下游河段称为均匀混合段。

设河水流量为 $Q(\mathrm{m^3/s})$,污染物浓度为 $C_1(\mathrm{mg/L})$,废水流量为 $q(\mathrm{m^3/s})$,废水中污染物浓度为 $C_2(\mathrm{mg/L})$,水质完全混合断面上游河段,任一非均匀混合断面上参与和废水混合的河水流量为 $Q_i(\mathrm{m^3/s})$,把参与和废水混合的河水流量 Q_i 与该断面河水流量 Q 的比值定义为混合系数,以 a 表示。把参与和废水混合的河水流量 Q_i 与废水流量 q 的比值定义为稀释比,以 n 表示。数学表达式如下:

$$a = \frac{Q_i}{Q} \tag{6-1}$$

$$n = \frac{Q_i}{q} \tag{6-2}$$

在实际工作中,混合过程段的污染物浓度 C_i 及混合段总长度 L_n 按费洛罗夫公式计算。

$$C_i = \frac{C_1 Q_i + C_2 q}{Q_i + q} = \frac{C_1 aQ + C_2 q}{aQ + q} \tag{6-3}$$

$$L_n = \left[\frac{2.3}{\alpha} \lg\left(\frac{aQ + q}{(1-a)q} \right) \right]^3 \tag{6-4}$$

混合过程段的混合系数 a 是河流沿程距离 x 的函数:

$$a(x) = \frac{1 - \exp(-b)}{1 + (Q/q)\exp(-b)} \tag{6-5}$$

上式中:

$$b = \alpha x^{\frac{1}{3}} \tag{6-6}$$

α 为水力条件对混合过程影响系数:

$$\alpha = \zeta \phi \left(\frac{E}{q} \right)^{\frac{1}{3}} \tag{6-7}$$

$$E = \frac{Hu}{200} \text{(对于平原河流)} \tag{6-8}$$

式中:x 为自排污口到计算断面的距离,m;ϕ 为河道弯曲系数,$\phi = x/x_0$;x_0 为自排污口到计算河段的直线距离,m;ζ 为排放方式系数,岸边排放 $\zeta = 1$,河心排放 $\zeta = 1.5$;H 为河流平均水深,m;u 为河流平均流速,m/s;E 为湍流扩散系数,m²/s。

在水质完全混合断面下游的任何断面处于均匀混合段,a、n、C 均为常数,有:

$$a = 1; \quad n = Q/q$$

$$C = \frac{C_1 Q + C_2 q}{Q + q} \tag{6-9}$$

6.2.3　守恒污染物在均匀流场中的扩散模型

进入环境的污染物可分为两大类:守恒污染物和非守恒污染物。污染物进入环境以后,随着介质的运动不断地变换所处的空间位置,还由于分散作用不断向周围扩散而降低其初始浓度,但它不会因此而改变总量发生衰减。这种污染物称为守恒污染物,如重金属、很多高分子有机化合物等。

污染物进入环境以后,除了随着环境介质流动而改变位置并不断扩散而降低浓度外,还因自身的衰减而加速浓度的下降,这种污染物称为非守恒污染物。非守恒物质的衰减有两种方式:一是由其自身运动变化规律决定的,如放射性物质的衰变;另一种是在环境因素的作用下,由于化学的或生物化学的反应而不断衰减的,如可生化降解的有机物在水体中微生物作用下的氧化－分解过程。

在 6.2.2 中介绍的费洛罗夫公式解决的虽然也是守恒污染物在混合过程的污染物浓度及混合段总长度问题,但对于大、中河流一二级评价,根据工程、环境特点评价工作等级及当地环保要求,有时需要对河宽方向有更细致地认识而需要采用二维模式。

1. 均匀流场中的扩散方程

按照 3.3.2 推导的扩散方程,并考虑污染物守恒条件,在均匀流场中的一维扩散方程为:

$$\frac{\partial C}{\partial t} = D_x \frac{\partial^2 C}{\partial x^2} - u_x \frac{\partial C}{\partial x} \tag{6-10}$$

假定污染物排入河流后在水深方向(z方向)上很快均匀混合,x方向和y方向存在浓度梯度时,建立起二维扩散方程基本模型:

$$\frac{\partial C}{\partial t} = D_x \frac{\partial^2 C}{\partial x^2} + D_y \frac{\partial^2 C}{\partial y^2} - u_x \frac{\partial C}{\partial x} - u_y \frac{\partial C}{\partial y} \tag{6-11}$$

式中:D_x 为 x 坐标方向的弥散系数;u_x 为 x 方向的流速分量;D_y 为 y 坐标方向的弥散系数;u_y 为 y 方向的流速分量。

2. 无限大均匀流场中移流扩散方程的解

考察式(6-11),对于均匀流场,只考虑 x 方向的流速 $u_x = u$,认为 u_y 为 0 且整个过程是一个稳态的过程,则有:

$$u \frac{\partial C}{\partial x} = D_x \frac{\partial^2 C}{\partial x^2} + D_y \frac{\partial^2 C}{\partial y^2} \tag{6-12}$$

若在无限大均匀流场中,坐标原点设在污染物排放点,污染物浓度的分布呈高斯分布,则方程式的解为:

$$C = \frac{Q}{uh \sqrt{4\pi D_y x / u}} \exp\left(-\frac{y^2 u}{4 D_y x}\right) \tag{6-13}$$

式中:Q 是连续点源的源强,g/s;C 的单位为 g/m³ 或 mg/L。

3. 考虑河岸反射时移流扩散方程的解

式(6-13)是无限大均匀流场的解。自然界的河流都有河岸,河岸对污染物的扩散起阻挡及反射作用,增加了河水污染。多数排污口位于岸边的一侧。对于半无限均匀流场,仅考虑本河岸反射。如果岸边排放源位于河流纵向坐标 $x = 0$ 处,岸边排放连续点的像源与原点源重合,下游任一点的浓度为:

$$C(x, y) = \frac{2Q}{uh \sqrt{4\pi D_y x / u}} \exp\left(-\frac{y^2 u}{4 D_y x}\right) \tag{6-14}$$

对于需要考虑本岸与对岸反射的情况,如果河宽为 B,只计河岸一次反射时的二维静态河流岸边排放连续点源水质模型的解为:

$$C(x, y) = \frac{2Q}{uh \sqrt{4\pi D_y x / u}} \left\{ \exp\left(-\frac{y^2 u}{4 D_y x}\right) + \exp\left(\frac{-(2B-y)^2 u}{4 D_y x}\right) \right\} \tag{6-15}$$

均匀流场中连续点源水质模型求解的三类排放情况如图 6-1 所示。

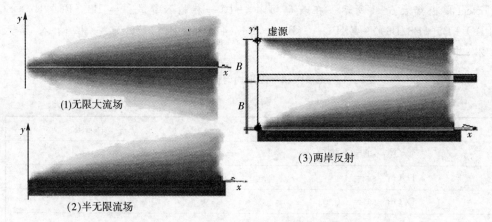

图 6-1　均匀流场连续点源的三类排放模式

4. 完成横向均匀混合的距离

根据横向浓度分布状况,若某断面上河对岸浓度达到同一断面最大浓度的 5%,定义为污染物到达对岸。这一距离称为污染物到达对岸的纵向距离,用镜像法计算。本岸 $C(L_b,0)$ 计算时不计对岸的反射项。污染物到达对岸 $C(L_b,B)$,只需要考虑一次反射。使用式(6-15)计算浓度,并按定义 $C(L_b,B)/C(L_b,0)=0.05$ 解出的纵向距离 L_b 为:

$$L_b = \frac{0.0675uB^2}{D_y} \tag{6-16}$$

虽然理论上用镜像法计算时,如果纵向距离相当大,两岸反射会多次发生。然而,多数情况下,随着纵向距离的增加,虚源的作用衰减得十分迅速。正态分布曲线趋于平坦,横向浓度分布趋于均匀。在实际应用中,若断面上最大浓度与最小浓度之差不超过 5%,可以认为污染物已经达到了均匀混合。由排放点至完成横向均匀混合的断面的距离称为完全混合距离。由理论分析和实验确定的完全混合距离,按污染源在河流中心排放和污染源在河流岸边排放的不同情况,可将完全混合距离表示为:

中心排放情况　　$L_m = \dfrac{0.1uB^2}{D_y}$ 　　　　　(6-17)

岸边排放情况　　$L_m = \dfrac{0.4uB^2}{D_y}$ 　　　　　(6-18)

【例 6-1】　有一平面无限大水体,水流流速为 2.0m/s,河段水深为 2.0m,横向扩散系数 D_y = 0.01m²/s。有一工业排污口,连续稳定排放污水,污水中含有不易降解的有害物,排放量为 20g/s。试计算排污口下游 400m,横向距离 $y=10$m 处的有害物质浓度。

【解】　由无限大水面公式式(6-13),可得:

$$C = \frac{Q}{uh\sqrt{4\pi D_y x/u}} \exp\left(-\frac{y^2 u}{4D_y x}\right)$$

$$= \frac{20}{1 \times 2\sqrt{4\pi \times 0.01 \times 400/1}} \exp\left(-\frac{10^2 \times 1}{4 \times 0.01 \times 400}\right)$$

$$= 0.0027(\text{mg/L})$$

制成 Excel 模板如表 6-1 所示。在表 6-1 中，B10 一栏输入算式："= B3/(B6 * B7 * SQRT (4 * PI() * B5 * B8/B6)) * EXP(−(B9^2 * B6/(4 * B5 * B8)))"C10 一栏输入算式"= B10 * 2"；其余均为自变量。

表 6-1　无限大和半无限均匀流场解的 Excel 模板

A	B	C	
无限大均匀流场		半无限	1
			2
$Q(g/s)=$	20		3
$D_x(m^2/s)=$			4
$D_y(m^2/s)=$	0.01		5
$u(m/s)=$	1		6
$h(m)=$	2		7
$x(m)=$	400		8
$y(m)=$	10		9
$C(x,y)(mg/L)=$	0.002723	0.005446	10

【例 6-2】　在河流岸边有一连续稳定排放污水口，河宽 6.0m，水深 0.5m，河水流速 0.3m/s，横向扩散系数 $D_y=0.05m^2/s$，求污水到达对岸的纵向距离 L_b 和完全混合的纵向距离 L_m。若污水排放口排放量为 80g/s，说明在到达对岸的纵向距离 L_b 断面浓度 $C(L_b,B)$、$C(L_b,0)$，完全混合的纵向距离断面浓度 $C(L_m,B)$、$C(L_m,0)$ 各是多少？

【解】　因岸边排放，河宽为 6m，故两岸对污染物有反射作用，使用考虑一次反射作用公式，但按污水到达对岸定义 $C(L_b,0)$ 计算时不计对岸的反射项。制成 Excel 计算模板和算式如表 6-2、表 6-3 所示。

表 6-2　河宽为 B 均匀流场解的 Excel 模板

A	B	C	D	
		岸边排放		2
$Q(g/s)=$	80	到达对岸 $L_b(m)=$	14.58	3
$D_y(m^2/s)=$	0.05	$C(L_b,B)(mg/L)=$	9.51	4
$u(m/s)=$	0.3	$C(L_b,0)(mg/L)=$	193.03	5
$h(m)=$	0.5	完全混合 $L_m(m)=$	86.4	6
河宽 $B(m)=$	6	$C(L_m,B)(mg/L)=$	84.89	7
$x(m)=$	110	$C(L_m,0)(mg/L)=$	85.80	8
$y(m)=$	3			9
计反射,任一点	浓度	中心排放		10
$C(x,y)(mg/L)=$	85.45	完全混合 $L_m=$	21.6	11

表 6-3　河宽为 B 均匀流场解 Excel 模板的算式

单元坐标	算　式
D3	= 0.0675 * $B$5 * $B$7^2/$B$4
D4	= $B$3/($B$5 * $B$6 * SQRT(PI() * $B$4 * $D$3/$B$5)) * (EXP(−($B$7^2 * $B$5/(4 * $B$4 * $D$3))) + EXP(−((2 * $B$7 − $B$7)^2 * $B$5/(4 * $B$4 * $D$3))))
D5	= $B$3/($B$5 * $B$6 * SQRT(PI() * $B$4 * $D$3/$B$5))
D6	= 0.4 * $B$5 * $B$7^2/$B$4
D7	= $B$3/($B$5 * $B$6 * SQRT(PI() * $B$4 * $D$6/$B$5)) * (EXP(−($B$7^2 * $B$5/(4 * $B$4 * $D$6))) + EXP(−((2 * $B$7 − $B$7)^2 * $B$5/(4 * $B$4 * $D$6))))
D8	= $B$3/($B$5 * $B$6 * SQRT(PI() * $B$4 * $D$6/$B$5)) * (EXP(−(0^2 * $B$5/(4 * $B$4 * $D$6))) + EXP(−((2 * $B$7 − 0)^2 * $B$5/(4 * $B$4 * $D$6))))
D11	= 0.1 * $B$5 * $B$7^2/$B$4
B11	= $B$3/($B$5 * $B$6 * SQRT(PI() * $B$4 * $B$8/$B$5)) * (EXP(−($B$9^2 * $B$5/(4 * $B$4 * $B$8))) + EXP(−((2 * $B$7 − $B$9)^2 * $B$5/(4 * $B$4 * $B$8))))

6.2.4　非守恒污染物在均匀河流中的水质模型

1.零维水质模型

如果将一顺直河流划分成许多相同的单元河段,每个单元河段看成是完全混合反应器。设流入单元河段的入流量和流出单元河段的出流量均为 Q,入流的污染物浓度为 C_0,流入单元河段的污染物完全均匀分布到整个单元河段,其浓度为 C。当反应器内的源漏项仅为反应衰减项,并符合一级反应动力学的衰减规律,为 $-K_1C$,根据质量守恒定律,可以写出完全反应器的平衡方程,即零维水质模型:

$$V\frac{dC}{dt} = Q(C_0 - C) - K_1CV \tag{6-19}$$

当单元河段中污染物浓度不随时间变化,即 $dC/dt = 0$,静态时,零维的静态水质模型为:

$$0 = Q(C_0 - C) - K_1CV$$

经整理,可得:

$$C = \frac{C_0}{1 + \dfrac{K_1V}{Q}} = \frac{C_0}{1 + \dfrac{K_1\Delta x}{u}} \tag{6-20}$$

式中：K_1 为污染物衰减系数，Δx 为单元河段长度，u 为平均流速，$\Delta x/u$ 是理论停留时间。对于划分许多零维静态单元河段的顺直河流模型，示意图如图 6-2 所示，其上游单元的出水是下游单元的入水，第 i 个单元河段的水质计算式为：

$$C_i = \frac{C_0}{\left(1 + \dfrac{K_1 V}{Q}\right)^i} = \frac{C_0}{\left(1 + \dfrac{K_1 \Delta x}{u}\right)^i} \tag{6-21}$$

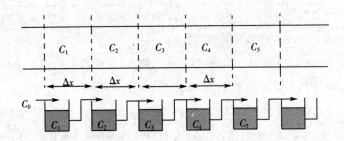

图 6-2　由多个零维静态单元河段组成的顺直河流水质模型

2. 一维水质模型

当河流中河段均匀，该河段的断面积 A、平均流速 u_x、污染物的输入量 Q、扩散系数 D 都不随时间而变化，污染物的增减量仅为反应衰减项且符合一级反应动力学。此时，河流断面中污染物浓度是不随时间变化的，即 $dC/dt = 0$。一维河流静态水质模型基本方程式式（3-32）变化为：

$$u_x \frac{dC}{dx} = D_x \frac{d^2 C}{dx^2} - KC$$

这是一个二阶线性常微分方程，可用特征多项式解法求解。若将河流中平均流速 u_x 写作 u，初始条件为：$x=0$，$C=C_0$，常微分方程的解为：

$$C = C_0 \exp\left[\frac{u}{2D_x}\left(1 - \sqrt{1 + \frac{4K_1 D_x}{u^2}}\right)x\right] \tag{6-22}$$

如果忽略扩散项，沿程的坐标 $x=ut$，$dC/dt = -K_1 C$，代入初始条件 $x=0$，$C=C_0$，方程的解为：

$$C(x) = C_0 \exp[-(K_1 x/u)] \tag{6-23}$$

【例 6-3】　均匀河段长 10km，有一含 BOD 的废水从这一河段的上游端点流入，废水流量为 $q = 0.2\text{m}^3/\text{s}$，BOD 浓度 $C_2 = 200\text{mg/L}$，上游河水流量 $Q = 2.0\text{m}^3/\text{s}$，BOD 浓度 $C_1 = 2\text{mg/L}$，河水的平均流速 $u = 20\text{km/d}$，BOD 的衰减系数 $k = 2/\text{d}$，求废水入河口以下（下游）1km、2km、5km 处河水中 BOD 的浓度。

【解】　河段初始断面河水中 BOD 浓度为：

$$C_0 = \frac{C_1 Q + C_2 q}{Q + q} = \frac{2 \times 2 + 200 \times 0.2}{2 + 0.2} = 20(\text{mg/L})$$

以 0.5km 为单位,将河段分成环境单元,即 $\Delta x = 0.5$km,1km、2km、5km 处的河段分别处在 $i=2$、4、10 的位置。由式(6-21)计算 $i=2$ 时,BOD 的浓度:

$$C_2 = \frac{C_0}{\left(1 + \dfrac{K\Delta x}{u}\right)^2} = \frac{20}{(1 + 2 \times 0.5/20)^2} = 18(\text{mg/L})$$

同理,分别用 4 和 10 代替上式中的 $i=2$,有 $C_4 = 16.5(\text{mg/L})$,$C_{10} = 12.3(\text{mg/L})$。

【例 6-4】　一均匀河段有含 BOD 的废水流入,河水的平均流速 $u=20$km/d,起始断面河水(和废水完全混合后)含 BOD 浓度为 $C_0 = 20$mg/L,BOD 的衰减系数 $K=2$/d,扩散系数 $D_x = 1$km^2/d,求下游 1km 处河水中 BOD 的浓度。

【解】　由式(6-22)计算 BOD 的浓度为:

$$C = C_0 \exp\left[\frac{u}{2D_x}\left(1 - \sqrt{1 + \frac{4K_1 D_x}{u^2}}\right)x\right] = 20 \times \exp\left[\frac{20}{2 \times 1}\left(1 - \sqrt{1 + \frac{4 \times 2 \times 1}{20^2}}\right)\right]$$

$$= 18.1(\text{mg/L})$$

6.2.5　Streeter—Phelps(S—P) 模型

1. S—P 模型基本方程及其解

描述河流水质的第一个模型是由斯特里特(H. Streeter)和菲尔普斯(E. Phelps)在 1925 年提出的,简称 S—P 模型。S—P 模型迄今仍得到广泛的应用,它也是各种修正和复杂模型的先导和基础。S—P 模型用于描述一维稳态河流中的 BOD—DO 的变化规律。

S—P 模型的建立基于两项假设:

(1)只考虑好氧微生物参加的 BOD 衰减反应,并认为该反应为一级反应。

(2)河流中的耗氧只是 BOD 衰减反应引起的。BOD 的衰减反应速率与河水中溶解氧(DO)的减少速率相同,复氧速率与河水中的亏氧量 D 成正比。

S—P 模型的基本方程为:

$$\left.\begin{aligned}\frac{dL}{dt} &= -K_1 L \\[2mm] \frac{dD}{dt} &= K_1 L - K_2 D\end{aligned}\right\} \tag{6-24}$$

式中:L 为河水中的 BOD 值,mg/L;D 为河水中的亏氧值,mg/L,是饱和溶解氧浓度 C_s(mg/L)与河水中的实际溶解氧浓度 C(mg/L)的差值;K_1 为水中 BOD 衰减(耗氧)速度常数,1/d;K_2 为水中的复氧速度常数,1/d;t 为水中的流行时间,d。

这两个方程式是耦合的。当边界条件 $\begin{cases} L = L_0, x=0 \\ C = C_0, x=0 \end{cases}$ 时,式(6-24)的解析解为:

$$L = L_0 e^{-K_1 x/u}$$

$$C = C_s - (C_s - C_0)e^{-K_2 x/u} + \frac{K_1 L_0}{K_1 - K_2}(e^{-K_1 x/u} - e^{-K_2 x/u}) \tag{6-25}$$

根据 S—P 模型的解,式(6-2)制作的 Excel 模板如表 6-4 所示,在有底纹区域的参数值和初始条件确定后,即已获得 BOD—DO 随 x 的变化情况,并绘成图 6-3。

表 6-4　S—P 模型解的 Excel 模板

A	B	C	D	
				1
$K_1(1/d) = $　0.3		$T(℃) = $　19		2
$K_2(1/d) = $　0.65		$Cs(mg/L) = $　9.2		3
$u(km/d) = $　1.3		$D_0(mg/L) = $　2.7		4
x(km)	L(mg/L)		C(mg/L)	5
0	22		6.5	6
0.2	21.01		5.81	7
0.4	20.06		5.23	8
0.6	19.16		4.75	9
0.8	18.29		4.35	10
1	17.47		4.03	11
1.2	16.68		3.77	12
1.4	15.93		3.57	13
1.6	15.21		3.42	14
1.8	14.52		3.32	15
2	13.87		3.26	16
2.2	13.24		3.23	17
2.4	12.64		3.23	18

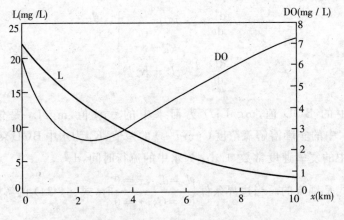

图 6-3　BOD—DO 耦合的 S—P 模型

在淡水中,饱和溶解氧的浓度可根据温度计算:

$$C_s = \frac{468}{31.6 + T℃}$$ (6-26)

S—P 模型解的 Excel 模板中,根据精度要求选择 x 的步长,其他算式如表 6-5 所示。

表 6-5　S—P 模型解 Excel 模板的算式

单元坐标	算　式
D3	$= 468/(31.6 + D2)$
D4	$= D3 - C6$
B7	$= \$B\$6 * EXP(-(\$B\$2) * A7/\$B\$4)$
B8······B60(按需要)	从 B7 复制到区域 B8∶B60,或用鼠标拖动
C7	$= \$D\$3 - (\$D\$4) * EXP(-(\$B\$3 * A7/\$B\$4)) - (\$B\$2 * \$B\$6/(\$B\$3 - \$B\$2) * (EXP(-(\$B\$2 * A7/\$B\$4)) - EXP(-(\$B\$3 * A7/\$B\$4)))$
C8······C60(按需要)	从 C7 复制到区域 C8∶C60,或用鼠标拖动

2. S—P 模型的临界点和临界点氧浓度

从图 6-3 可见,在河流的某一距离 x 处,溶解氧具有最小值。此处水质最差,是人们较为关注的。此处的亏氧值(或溶解氧值)及发生的距离可通过求极值的方法求得,即可由式(6-25),令 $dC/dx = 0$,得到:

$$x_c = \frac{u}{K_2 - K_1} \ln \left\{ \frac{K_2}{K_1} \left[1 - \left(\frac{K_2}{K_1} - 1 \right) \frac{C_s - C_0}{L_0} \right] \right\}$$

$$C = C_s - (C_s - C_0) e^{-K_2 x_c/u} + \frac{K_1 L_0}{K_1 - K_2} (e^{-K_1 x_c/u} - e^{-K_2 x_c/u})$$ (6-27)

S—P 模型广泛地应用于河流水质的模拟预测中,是预测河流中 BOD 和 DO 变化规律的较好模型。它也应用于计算河流的最大允许排污量。

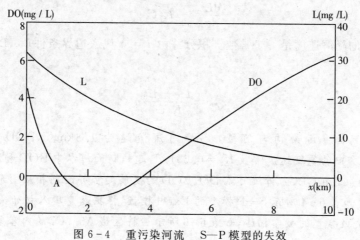

图 6-4　重污染河流　S—P 模型的失效

3. S—P 模型的缺陷和修正方法

在表 6-4 所示 S—P 模型的 Excel 模板中，如将初始条件改变为 $C_0 = 4.2(\text{mg/L})$，$L_0 = 32(\text{mg/L})$，获得 BOD—DO 随 x 的变化如图 6-4 所示，其溶解氧在不到 2km 处成为负值。这种情况对应于发生水质重度污染的河流渠道。这些河流渠道形状狭长，它们的沿岸人口居住较密集，污染物排放浓度大，正确评价这类河流的污染状况有重要的现实意义。为了弥补 S—P 模型的这个缺陷，Shastry 等人提出了非线性模型：

$$\left.\begin{aligned}\frac{\partial L}{\partial t} + u\frac{\partial L}{\partial x} &= -K_d LC \\ \frac{\partial C}{\partial t} + u\frac{\partial C}{\partial x} &= -K_d LC + K_a(C_s - C)\end{aligned}\right\} \tag{6-28}$$

该模型虽然不会出现负值解，但求解难度较大，对结果的分析也不够直观。事实上，考察 S—P 模型式(6-24)的第 2 式，即：

$$\frac{\mathrm{d}D}{\mathrm{d}t} = K_1 L - K_2 D$$

引入自净系数 $f = K_2/K_1$。当 $\mathrm{d}D/\mathrm{d}t = 0$ 时，有 $L = fD$，进一步分析表明：

$L > fD$，$\mathrm{d}D/\mathrm{d}t > 0$，河流中的溶解氧呈下降态势；

$L = fD$，$\mathrm{d}D/\mathrm{d}t = 0$，河流中的溶解氧保持不变；

$L < fD$，$\mathrm{d}D/\mathrm{d}t < 0$，河流中的溶解氧呈上升态势。

对于 S—P 模型失效的重污染河流可以进行分段讨论。

(1) 使用原模型，根据式(6-25)解出溶解氧浓度达到 0 的点 A，对于 $x < X_A$ 的河段，一切均遵循原 S—P 模型。根据 X_A 可求得 L_A 的值。

(2) 河段起始复氧点 B，必然对应 $L_B = fC_s$，自此往后 $\mathrm{d}D/\mathrm{d}t > 0$，河流中的溶解氧开始上升，求得 L_B 的数值。由此往后的溶解氧和 BOD 的变化仍遵循以此点状态为初始条件的 S—P 模型。

(3) 对于 $A-B$ 河段，原 S—P 模型失效，由于 $A-B$ 河段中必然有 $L > fD$，即 $K_1 L > K_2 C_s$，BOD 的降解速度受到获氧速度的制约，式(6-24)的第一式成为：

$$\frac{\mathrm{d}L}{\mathrm{d}t} = -K_2 C_s$$

这时，BOD 的降解速度是一个常数。积分并由 $x = ut$ 代入边界条件 L_A、L_B，求解 AB 段长度 x_{AB}，有：

$$x_{AB} = \frac{L_A - L_B}{K_2 C_s}u \tag{6-29}$$

【例 6-5】 某重污染均匀河段，已知河流流速为 1.3km/d，BOD 衰减速度常数 $K_d = 0.301/\text{d}$，水中的复氧速度常数 $K_a = 0.651/\text{d}$，起始断面河水中 BOD 和溶解氧浓度值分别为 42mg/L 和 4.6mg/L，分析该河流 DO、BOD 的发展趋势并绘制相应图形。

【解】 使用如表 6-4 所示 S—P 模型的 Excel 模板，根据题意填入初始条件，按原模板输入算式，可获得失效模型的数学描述，如表 6-6 所示。将区域 A5..C7 的内容复制到区域 E3..G5(黑线方框内)。

（1）求解 A 点坐标：在工具栏→单变量求解→目标单元格＝G5→目标值＝0→可变单元格（自变量区域）＝E5；解出 $X_A = 0.9$ km，同时获得 $L_A = 34.15$ mg/L。

（2）计算复氧点起始 B，L_B 的数值。

$$L_B = fC_s = (0.65/0.3) \times 9.2 = 20 \text{(mg/L)}$$

（3）计算溶解氧为零河段 AB 的长度，由式（6-29）：

$$x_{AB} = \frac{L_A - L_B}{K_a C_s} u = 3.1 \text{(km)}$$

即在 D5 单元格内输入算式"＝（F5－F6）*B4/（B3*D2）"。

（4）以复氧点起始 B 为初使条件，重复 S—P 模板的相应过程求解河流以后各点的 DO、BOD 的发展趋势，绘制 DO 与失效模型的比较，如图 6-5 所示；绘制 BOD 与失效模型的比较，如图 6-6 所示。图中 $P-A-B-Q$ 点的连线，是河流中 DO、BOD 的实际走势。

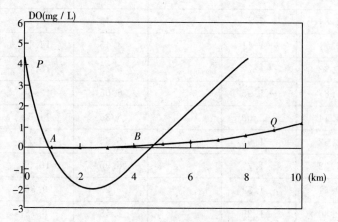

图 6-5　重污染河流 DO 模型与
失效的 S—P 模型的比较

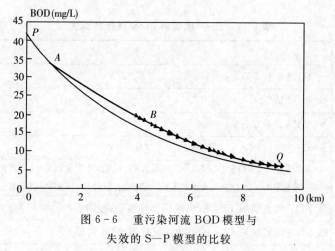

图 6-6　重污染河流 BOD 模型与
失效的 S—P 模型的比较

（5）表 6-7 为处理失效 S—P 模型 Excel 模板（表 6-6）的算式。计算结果如表 6-6 所示。

表 6-6　解重污染河段 S—P 模型的 Excel 模板

A	B	C	D	E	F	G	
							1
$K_d(1/d)$ = 0.3		$Cs(mg/L)$ = 9.2		$T(℃)$ = 19			2
$K_a(1/d)$ = 0.65		$D_0(mg/L)$ = 4.6		X(km)	L(mg/L)	C(mg/L)	3
U(km/d) = 1.3		$X_{AB}(km)$ = 3.1		0.00	42.00	4.60	4
X(km)	L(mg/L)	C(mg/L)		0.90	34.15	0.00	5
0.00	42.00	4.60		3.95	20.04	0.00	6
0.30	39.19	2.64		4.25	18.70	0.04	7
0.60	36.57	1.13		4.55	17.45	0.17	8
0.71	35.63	0.66		4.66	17.00	0.23	9
0.90	34.12	−0.01		4.85	16.28	0.35	10
1.20	31.84	−0.84		5.15	15.19	0.58	11
1.50	29.71	−1.41		5.45	14.18	0.84	12
1.80	27.72	−1.77		5.75	13.23	1.13	13
2.10	25.87	−1.95		6.05	12.34	1.44	14
2.40	24.14	−2.00		6.35	11.52	1.76	15
2.70	22.52	−1.93		6.65	10.75	2.09	16
3.00	21.02	−1.77		6.95	10.03	2.42	17
3.30	19.61	−1.54		7.25	9.36	2.75	18
3.60	18.30	−1.25		7.55	8.73	3.08	19
3.90	17.08	−0.93		7.85	8.15	3.39	20
4.20	15.93	−0.57		8.15	7.60	3.70	21

表 6-7　S—P 模型解 Excel 模板的算式

单元坐标	算　式
E6	= $E$5 + $D$4
F6	= D2 * B3/B2
E7	= $E$5 + $D$4 + A7
F7	= $F$6 * EXP(−($B$2) * A7/$B$4)
G7	= $D$2 − ($D$2) * EXP(−($B$3 * A7/$B$4)) − ($B$2 * $F$6/($B$3 − $B$2) * (EXP(−($B$2 * A7/$B$4)) − EXP(−($B$3 * A7/$B$4)))
E8……E20(按需要)	从 E7 复制到区域 E8:E20,或用鼠标拖动(按需要)
F8……F20(按需要)	从 F7 复制到区域 F8:F20,或用鼠标拖动(按需要)
G8……G20(按需要)	从 G7 复制到区域 G8:G20,或用鼠标拖动(按需要)

4. S—P 模型的修正型

S—P 模型的两项假设是不完全符合实际的。为了计算河流水质的某些特殊问题,人们在 S—P 模型的基础上附加一些新的假设,推导出了一些新的模型。

（1）托马斯（Thomas）模型

对一维静态河流,为了考虑沉淀、絮凝、冲刷和再悬浮过程对 BOD 去除的影响,在 S—P 模型的基础上引入了 BOD 沉浮系数 K_3,BOD 变化速度为 K_3L。托马斯采用以下的基本方程组（忽略扩散项）:

$$\begin{cases} u\dfrac{\mathrm{d}L}{\mathrm{d}x} = -(K_1 + K_3)L \\[3mm] u\dfrac{\mathrm{d}D}{\mathrm{d}x} = K_1L - K_2D \end{cases} \qquad (6-30)$$

沉浮系数 K_3 既可以大于零,也可以小于零。对于冲刷、再悬浮过程,$K_3 < 0$;对于沉淀过程,$K_3 > 0$。

（2）多宾斯 — 坎普（Dobbins—Camp）模型

对一维静态河流,在托马斯模型的基础上,多宾斯 — 坎普提出了两条新的假设:

① 考虑地面径流和底泥释放 BOD 所引起的 BOD 变化速率,该速率以 R 表示。

② 考虑藻类光合作用和呼吸作用以及地面径流所引起的溶解氧变化速率,该速率以 P 表示。

多宾斯 — 坎普采用以下基本方程组:

$$\begin{cases} u\dfrac{\mathrm{d}L}{\mathrm{d}x} = -(K_1 + K_3)L + R \\[3mm] u\dfrac{\mathrm{d}D}{\mathrm{d}x} = K_1L - K_2D + P \end{cases} \qquad (6-31)$$

（3）奥康纳（O·Connon）模型

对一维静态河流,在托马斯模型的基础上,奥康纳提出的假设条件为:总 BOD 是碳化和硝化 BOD 两部分之和,即 $L = L_C + L_N$,则托马斯修正式可改写为:

$$\begin{cases} u\dfrac{\mathrm{d}L_C}{\mathrm{d}x} = -(K_1 + K_3)L_C \\[3mm] u\dfrac{\mathrm{d}L_N}{\mathrm{d}x} = -K_N L_N \\[3mm] u\dfrac{\mathrm{d}D}{\mathrm{d}x} = K_1L_C + K_N L_N - K_2D \end{cases} \qquad (6-32)$$

式中:K_N 为硝化 BOD 衰减速度常数,$1/\mathrm{d}$;L_{C0} 为河流在 $x=0$ 处含碳有机物 BOD 浓度,$\mathrm{mg/L}$;L_{N0} 为河流在 $x=0$ 处含氮有机物 BOD 浓度,$\mathrm{mg/L}$。

6.2.6　河流水质模型中的参数估值

1. 纵向扩散系数 D_x 的估值

根据泰勒理论,扩散系数的表达式可写为:

$$D_x = \alpha HU \qquad (6-33)$$

式中:α 为系数,由实验确定;D_x 为扩散系数,m^2/s;H 为断面平均水深,m;U 为摩阻流速(或称"剪切流速",$U = \sqrt{gHI}$),m/s;I 为水面比降;g 为重力加速度($9.81m/s^2$);

埃尔德(Elder)给出纵向扩散系数经验式为:

$$D_x = 5.93H\sqrt{gHI} \qquad (6-34)$$

2. 耗氧系数 K_1 的估值方法

耗氧系数 K_1 值随河水中的生物与水文条件而变化,各条河流的 K_1 值均不相同,即使同一条河流的各河段的 K_1 值也不一样,因此需要对各河段的 K_1 值进行估算。确定 K_1 值的方法有多种,常用的有下面几种:

(1)K_1 的实验室测定法

由于河流中有机物的生物化学降解条件与实验室中不同,所以实验室的测定值与河水的实际 K_1 值有很大差别,前者往往小于后者。博斯科(Bosko)曾提出两者的经验关系为:

$$K_{1Rev} = K_{1Lab} + \alpha \frac{u}{H} \qquad (6-35)$$

式中,α 是与河流坡度有关的系数,狄欧乃(Tierney)和杨格(Young)提出 α 取值如表 6-8 所示。

表 6-8　α 取值表

i(m/km)	0.33	0.66	1.32	3.3	6.6
α	0.1	0.15	0.25	0.4	0.6

实验室测定 K_1 值的基本方法是对所研究的河段取水样进行 BOD 实验,用 BOD 的标准测定方法,在20℃条件下,做从1d到10d时间序列培养样品,分别测定1d~10d 的 BOD 值,对取得的实验室数据可用 Excel 的回归分析或趋势线方法估算 K_1 值。

【例6-6】　对某河段取得水样所作实验室测定1d到10d的 BOD 值结果如表6-9所示,估算 K_1 值。

【解】　使用 Excel 的回归分析或趋势线方法均能获得 K_1 值。表6-9也是 Excel 的相应数据表格。A、B 两列是测定数据,C 列由 C3"=LOG(B3)"复制到 C4-C13。

使用 Excel 的趋势线方法获得 K_1 值的做法是:绘制 XY 函数图 → 添加趋势线 → 指数函数 → 显示公式和相关系数 → 获得图6-7 → 获得 $K_1 = 0.20(1/d)$。

使用 Excel 的回归分析,需要对实验测定值取对数。操作步骤:工具 → 数据分析 → 回归 → X:A3..A13,Y:C3..C13 → 回归结果:$L_N(L) = -0.20331t + 3.305$。

因此获得 $K_1 = 0.20(1/d)$，相关系数平方 $R^2 = 0.9955$，说明实测值与数学模型的描述高度相关。

表 6-9　按实验室测定 1d 到 10d 的 BOD 估算 K_1

A	B	C	1
历时 $t(d)$	$L(mg/L)$	$\ln(L)$	2
0	25	3.22	3
1	22	3.09	4
2	18.7	2.93	5
3	15.2	2.72	6
4	12.3	2.51	7
5	10.6	2.36	8
6	8.4	2.13	9
7	6.4	1.86	10
8	5.2	1.65	11
9	4.4	1.48	12
10	3.4	1.22	13

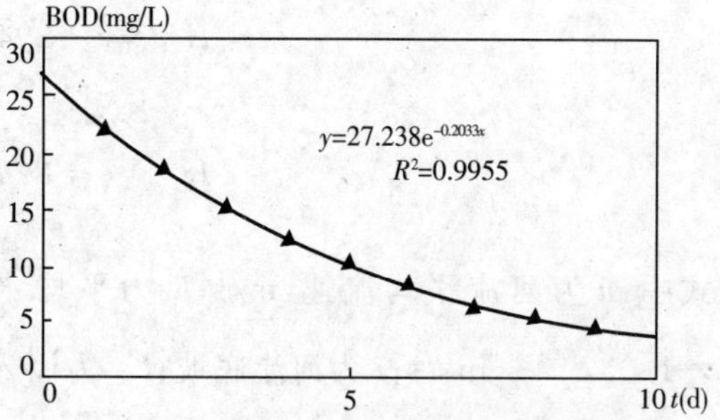

图 6-7　实验分析结果的趋势线法获得 K_1 值

图中：$y = 27.238 e^{-0.2033t}$，$R^2 = 0.9955$

(2) 野外实测数据估算法

由野外实测数据估算 K_1 的方法主要有两点法和考波(Koipo)—菲力普斯(Phillips)法，简称 Kol 法。Kol 法在 K_2 值为已知数时，从不同 4 点的溶解氧浓度值求 K_1 值。两点法由实测的一河段上、下断面的各自平均 BOD 的浓度值，以及流经上、下断面的时间，就可以估算出该河段的耗氧系数 K_1。两点法虽然误差较大，但此法操作简单，仍被广泛应用，实用时常取多次实验 K_1 的平均值。估算公式为：

$$K_1 = \frac{1}{\Delta t} \ln \frac{L_1}{L_2} \tag{6-36}$$

式中：K_1 为 BOD 的耗氧系数(1/d)；Δt 为流经上、下断面的时间，d；L_1、L_2 分别为上、下断面污染物的 BOD 平均浓度，mg/L。上述各种方法求出的 K_1 值均为 20℃ 时的值，在河水中所发生的物理、化学和生化过程中，水温是一个很重要的影响因素，根据经典的阿累尼乌斯公式可以导出：

$$K_{1,t} = K_{1,20} \theta^{(t-20)} \tag{6-37}$$

式中：$K_{1,t}$、$K_{1,20}$ 分别为在 t℃、20℃ 时的耗氧系数。

3. 复氧系数 K_2 的估值方法

流动的水体从大气中吸收氧气的过程为"复氧过程"，也称"再曝气过程"。这种空气中的氧溶解到水体中的现象，是一种气—液之间的对流扩散过程，也是气体的传输过程。确

定 K_2 的方法大致可分两类,一类是实测,一类是估算。前者是在野外现场实测,或在实验室内模拟测定;后者是根据一些机理模型或经验、半经验公式进行估算。在此介绍两种常用方法。

(1) 差分复氧公式

$$K_2 = K_1 \frac{L}{D} - \frac{\Delta D}{2.3\Delta tD} \qquad (6-38)$$

式中:K_1、K_2 分别为耗氧系数和复氧系数(1/d);L、D 为上、下断面 BOD 均值及亏氧值均值;ΔD 是上、下断面亏氧值之差值;Δt 从上断面流到下断面所需时间。

(2) 奥康纳——多宾斯(O·Connor—Dobbins)公式

$$\left.\begin{aligned} K_{2(20℃)} &= 294\frac{(E_m u)^{0.5}}{h^{1.5}}, \quad C_Z \geqslant 17 \\ K_{2(20℃)} &= 824\frac{E_m{}^{0.5} i^{0.25}}{h^{1.25}}, \quad C_Z \leqslant 17 \end{aligned}\right\} \qquad (6-39)$$

式中:u 为河流平均流速,m/s;h 为平均水深,m;E_m 为分子扩散系数,$E_m = 1.774 \times 10^{-4} \times 1.037^{(t-20)}$,m²/s;$i$ 为河流底坡;C_Z 为谢才系数,$C_Z = \frac{1}{n}h^{\frac{1}{6}}$;$n$ 为河床粗率。

与 K_1 的取值情况类似,水温对于 K_2 也是一个很重要的影响因素,并遵循阿累尼乌斯公式。θ 取值时应考虑温度范围,一般在 $1.00 \sim 1.20$ 之间。不同文献中提出了不同的建议值,在实际工作中一般对 K_1 多使用 1.047,对 K_2 多使用 1.024。

$$\begin{cases} K_{1,t} = K_{1,20} \times 1.047^{(t-20)} \\ K_{2,t} = K_{2,20} \times 1.024^{(t-20)} \end{cases} \qquad (6-40)$$

6.3　湖泊水库模型与评价

6.3.1　湖泊环境概述

湖泊是被陆地围着的大片水域。湖泊是由湖盆、湖水和湖中所含有的一切物质组成的统一体,是一个综合生态系统。湖泊水域广阔,贮水量大。它可作为供水水源地,用于生活用水、工业用水、农业灌溉用水;还可作为水产养殖基地,提供大量的鱼虾以及重要的水生植物和其他贵重的水产品,丰富人民生活,增加国民收入。湖泊总是和河流相连,组成水上交通网,成为交通运输的重要部门,对湖泊流域内的物质交流、繁荣经济起到促进作用;它还可作为风景游览区、避暑胜地、疗养基地等。总之,湖泊具有多种用途,其综合利用在国民经济中具有重要地位。

我国幅员辽阔,是一个多湖泊的国家,天然湖泊遍布全国各地,星罗棋布。面积在 $1km^2$ 以上的湖泊有 2800 多个,总面积为 8 万多平方千米,约占全国陆地面积的 0.8% 左右。面积大于 $50km^2$ 的大、中型湖泊有 231 个,占湖泊总面积的 80% 左右。

湖泊的综合利用在国民经济中发挥作用的同时也受到人类的污染。湖泊的污染途径主要有以下几种。

河流和沟渠与湖泊相通,受污染的河水、渠水流入湖泊,使其受到污染。湖泊四周附近工矿企业的工业污水和城镇生活污水直接排入湖泊,使其受到污染。湖区周围农田、果园土地中的化肥、农药残留量和其他污染物质可随农业和地面径流进入湖泊。大气中的污染物由湖面降水清洗注入湖泊。此外,湖泊中来往船只的排污及养殖投饵等,亦是湖泊污染物的重要来源之一。

如此多的污染源,使得湖泊中的污染物质种类繁多。它既有河水中的污染物、大气中的污染物,又有土壤中的污染物,几乎集中了环境中所有的污染物。

从湖泊水文水质的一般特征来看,湖泊中的水流速度很低,流入湖泊中的河水在湖泊中停留时间较长,一般可达数月甚至数年。由于水在湖泊中停留时间较长,湖泊一般属于静水环境。这使湖泊中的化学和生物学过程保持一个比较稳定的状态,可用稳态的数学模型描述。由于静水环境,进入湖泊的营养物质在其中不断积累,致使湖泊中的水质发生富营养化。进入湖泊的河水多输入大量颗粒和溶解物质,颗粒物质沉积在湖泊底部,营养物使水中的藻类大量繁殖,藻类的繁殖使湖泊中其他生物产率越来越高。有机体和藻类的尸体堆积湖底,它和沉积物一起使湖水深度越来越浅,最后变为沼泽。

根据湖泊水中营养物质含量的多少,可把湖泊分为富营养型和贫营养型两种。贫营养湖泊水中营养物质少,生物有机体的数量少,生物产量低,湖泊水中溶解氧含量高,水质澄清。富营养湖泊,生物产量高,以及它们的尸体要耗氧分解,造成湖水中溶解氧下降,水质变坏。

湖泊的边缘至中心,由于水深不同而产生明显的水生生物分层,在湖深的铅直方向上还存在着水温和水质的分层。随着一年四季的气温变化,湖泊水温的铅直分布也呈有规律的变化。夏季的气温高,湖泊表层的水温也高。由于湖泊水流缓慢且处于静水环境,表层的热量只能由扩散向下传递,因而形成了表层水温高、深层水温低的铅直分布,整个湖泊处于稳定状态。到了秋末冬初,由于气温的急剧下降,湖泊表层水温亦急剧下降,水的密度增大,当表层水密度比底层水密度大时,会出现表层水下沉,导致上下层水的对流。湖泊的这种现象称为"翻池"。翻池的结果使水温和水质在水深方向上分布均匀。翻池现象在春末夏初也可能发生。水库和湖泊类似,同样具有上述特征。

6.3.2　湖泊环境质量现状评价

对湖泊环境质量现状评价主要包括以下几个方面:水质评价、底质评价、生物学评价和综合评价。

1. 水质评价

湖泊(包括水库)水质评价中,对水质监测有相应要求。监测点的布设应使监测水样具有代表性,数量又不能过多,以免监测工作量过大。因此,应在下列区域设置采样点:河流、沟渠入湖的河道口;湖水流出的出湖口、湖泊进水区、出水区、深水区、浅水区、渔业保护区、捕捞区、湖心区、岸边区、水源取水处、排污处(如岸边工厂排污口)。预计污染严重的区域采样点应布置得密些,清洁水域相应稀些。不同污染程度、不同水域面积的湖泊,其采样点的数目也不应相同。湖泊分层采样和湖泊(水库)采样点最小密度要求如表6-10所示。

湖泊水质监测项目的选择,主要根据污染源调查情况、湖泊的用处、评价目的而确定。环评导则中提供了按行业编制的特征水质参数表,根据建设项目特点、水域类别及评价等级选定,选择时可适当删减。一般情况下,可选择 pH 值、溶解氧、化学耗氧量、生化需氧量、悬浮物、大肠杆菌、氮、磷、挥发酚、氰、汞、铬、镉、砷等,根据不同情况可增减监测项目。在采样时间和次数上,可根据评价等级的要求安排。监测应在有代表性的水文气象和污染排放正常情况下进行。若要获得水质的年平均浓度,必须在一年内进行多次监测,至少应在枯、平、丰水期进行监测。

在水质评价标准的选择上,应根据湖泊的用途和评价目的选用相应的地面水环境质量标准。水质评价方法已在第三章介绍了污染指数法、分级聚类法、模糊数学方法等。

表 6-10　湖泊分层采样和湖泊水库采样点最小密度要求

湖泊面积(km²)	监测点个数	湖泊水深(m)	分层采样
10 以下	10	5 以下	表层(水面下 0.3～0.5m)
10～100	20	5～10	表层、底层(离湖底 1.0m)
100～500	30	10～20	表层、中层、底层
500～1000	40	20 以上	表层,每隔 10m 取一层水样或在水温跃变处上、下分别采样
1000 以上	50		

2. 底质评价

底质监测点的布点位置应与水质监测点的布点位置相一致,采样也应与水质采样同时进行,以便底质和水质的监测资料相互对照。底质监测项目参照污染源调查中易沉积湖底的污染物质,结合水质调查的污染因子进行确定。

我国还没有湖泊底质评价标准,这给评价带来了困难。通常以没受污染或少受污染湖泊的底质的污染物质自然含量作为评价标准。这种自然含量是以平均值加减两倍的标准差来确定。根据各采样点的综合污染指数,可绘制出湖泊底质的综合污染指数等值线图以及底质污染程度分级的水域分布图,然后用污染程度分级的面积加权法,求出全湖泊平均的底质污染分级。

3. 生物学评价

湖泊的生物学评价方法有一般描述对比法、指示生物法、种的多样性指数法、生物指数法等。

(1) Beck 指数

按底栖大型无脊椎动物对有机污染的耐性分成两类:Ⅰ类是不耐有机污染的种类;Ⅱ类是能忍受中等程度的污染,但非完全缺氧条件的种类。将某一调查地点内Ⅰ类和Ⅱ类动物种类数分别用 $N_Ⅰ$、$N_Ⅱ$ 表示,生物指数按式 $I=2N_Ⅰ+N_Ⅱ$ 计算,这种生物指数值在净水中一般为 10以上,中等污染时为 1～10,重污染时为零。要求对比的生物指数,其环境条件应大体相同,例如水深、流速、底质、水生生物等,这样才有可比性。

(2) 硅藻类生物指数

用硅藻类的种类数计算生物指数。如果用 A 表示硅藻类中不耐污染的种类数,B 表示耐污染的种类数,C 表示在调查区内独有的种类数,则硅藻生物指数按下式计算:

$$I = \frac{2A + B - 2C}{A + B - C} \times 100 \tag{6-41}$$

（3）King 和 Ball(1964 年) 的生物指数

这种方法是称量水昆虫和寡毛类的湿重,按下式计算生物指数:

$$I = （水昆虫湿重）/（寡毛类湿重）$$

4.综合评价

在进行湖泊水质评价、底质评价和生物评价的基础上,可进行湖泊环境质量的综合评价。综合评价方法有三种:算术平均值法、选择最大值法和加权法。

6.3.3　湖泊环境预测模式

湖泊中污染物种类很多,各湖泊水文条件也不相同,描写湖泊水质的预测模式也是多种多样的。

1.完全混合箱式模型

沃伦威德尔提出的箱式水质模型是此后大多数湖泊、水库水质模型的先驱。我国的地面水环境评价导则建议对小型湖泊(水库)的一、二、三级均采用湖泊完全混合平衡模式。完全混合平衡模式是将湖泊水体看成一个箱体,箱体内水质是均匀的,箱体内污染物浓度的变化仅与流进流出的污染物数量有关,并假设进出湖泊的水量是均匀稳定的。因湖水均匀混合,根据湖泊进出水量的多少和污染物的性质,可建立以下湖泊水质预测模型。

（1）污染物守恒情况

对于守恒物质(惰性物质),经历时间 t 后,湖泊内污染物浓度 $C(\mathrm{mg/L})$ 可以用质量平衡方程求出:

$$C = \frac{W_0 + C_\mathrm{p}Q_\mathrm{p}}{Q_\mathrm{h}} + \left(C_0 - \frac{W_0 + C_\mathrm{p}Q_\mathrm{p}}{Q_\mathrm{h}}\right) \exp\left(-\frac{Q_\mathrm{h}}{V}t\right) \tag{6-42}$$

式中:W_0 为湖(库)中现有污染物(除 Q_p 带进湖泊的污染物外)的负荷量,$\mathrm{g/d}$;Q_p 为流进湖泊的污水排放量,$\mathrm{m^3/d}$;Q_h 为流出湖泊的污水排放量,$\mathrm{m^3/d}$;C_0 为湖(库)中污染物现状浓度,$\mathrm{mg/L}$;C_p 为流进湖泊的污水排放浓度,$\mathrm{mg/L}$;V 为湖水体积,$\mathrm{m^3}$。

在湖泊(水库)的出流、入流流量及污染物质输入稳定的情况下,当时间趋于无穷时,达到平衡浓度:

$$C = \frac{W_0 + C_\mathrm{p}Q_\mathrm{p}}{Q_\mathrm{h}} \tag{6-43}$$

（2）湖泊完全混合衰减模式

对于非守恒物质,经历时间 t 后,湖泊内污染物浓度 $C(\mathrm{mg/L})$ 可以用完全混合衰减方程表示:

$$C = \frac{W_0 + C_\mathrm{p}Q_\mathrm{p}}{VK_\mathrm{h}} + \left(C_0 - \frac{W_0 + C_\mathrm{p}Q_\mathrm{p}}{VK_\mathrm{h}}\right) \exp(-K_\mathrm{h}t) \tag{6-44}$$

式中:

$$K_h = (Q_h/V) + K_1 \qquad\qquad (6-45)$$

K_h 是描述污染物浓度变化的时间常数，$1/d$；$K_1(1/d)$ 表示污染物质按 K_1 的速度作一级降解反应，而 V/Q_h（d）是湖水体积与出流流量比，表现了湖水的滞留时间。对照式（6-44）与式（6-42），其差别在于污染物降解反应速度常数 K_1。K_1 的确定方法与河流参数类似，一级评价可采用多点法或多参数优化法；二级可采用两点法或多参数优化法；三级可采用室内实验法或类比调查法。无法取得合适的实测资料时，一、二、三级均可采用室内实验法。

在湖泊（水库）的出流、入流流量及污染物质输入稳定的情况下，当时间趋于无穷大时，达到平衡浓度：

$$C = \frac{W_0 + C_p Q_p}{V K_h} \qquad\qquad (6-46)$$

2. 分层湖（库）集中参数模式

沃伦威德尔模型把一个湖泊考虑为一个统一的整体，相当于一个均匀混合搅拌器，而不要求描述其内部的水质分布。在夏季，由于水温造成的密度差致使水质强烈的分层。在表层和底层存在不同的水质状态。

1975 年，斯诺得格拉斯（Snodgrass）等提出了一个分层的箱式模型，用以近似描述水质分层状况。分层箱式模型把上层和下层各视为完全混合模型。分层箱式模型分为分层期（夏季）模型和非分层期（冬季）模型，分层期考虑上、下分层现象，非分层期不考虑分层。

分层箱式模型按污染物的降解情况分为守恒模式和衰减模式。

分层箱式模型的守恒模式如下：

分层期（$0 < t < t_1$）浓度为

$$\begin{cases} C_{E(t)} = C_{pE} - [C_{pE} - C_{M(t-1)}]\exp(-Q_{pE}t/V_E) \\ C_{H(t)} = C_{pH} - [C_{pH} - C_{M(t-1)}]\exp(-Q_{pH}t/V_H) \end{cases} \qquad (6-47)$$

式中：C_E、C_H 分别代表分层湖（库）上层、下层的平均浓度，mg/L；C_M 分层湖（库）非成层期污染物平均浓度，mg/L；下标（$t-1$）表示上一周期；C_{pE}、C_{pH} 分别代表向分层湖上层、下层排放的污染物浓度，mg/L；Q_{pE}、Q_{pH} 分别代表向分层湖上层、下层排放的污水流量，m^3/d；V_E、V_H 分别代表分层湖（库）上层、下层的湖水体积，m^3。

湖水翻转上、下两层完全混合时，混合浓度 C_T 为

$$C_{T(t)} = \frac{C_{E(t)}V_E + C_{H(t)}V_H}{V_E + V_H} \qquad\qquad (6-48)$$

非分层期（$t_1 < t < t_2$）浓度 C_M 为

$$C_{M(t)} = C_p - (C_p - C_{T(t)})\exp(-Q_p(t-t_1)/V) \qquad (6-49)$$

分层箱式衰减模型与完全混合衰减模式十分相似。通过引入污染物浓度变化的时间常数 $K_h(1/d)$ 进行描述，它也是湖水的滞留时间的倒数与污染物降解反应速度常数两部分之和。

$$\begin{cases} K_{hE} = (Q_p E/V_E) + K_1 \\ K_{hH} = (Q_{pH}/V_H) + K_1 \end{cases} \qquad\qquad (6-50)$$

分层期($0 < t < t_1$)，分层湖(库)各层的平均浓度：

$$C_{E(t)} = \frac{C_{pE}Q_{pE}/V_E}{K_{hE}} - \frac{[C_{pE}Q_{pE}/V_E - K_{hE}C_{M(t-1)}]\exp(-K_{hE}t)}{K_{hE}} \qquad (6-51)$$

$$C_{H(t)} = \frac{c_{pH}Q_{pH}/V_h}{K_{hH}} - \frac{[c_{pH}Q_{pH}/V_h - K_{hH}C_{M(t-1)}]\exp(-K_{hH}t)}{K_{hH}} \qquad (6-52)$$

湖水翻转时上、下两层完全混合时，混合浓度 C_T 仍以式(6-48)计算：

$$C_{T(t)} = \frac{C_{E(t)}V_E + C_{H(t)}V_H}{V_E + V_H}$$

非分层期($t_1 < t < t_2$)浓度 C_M 为：

$$C_{M(t)} = \frac{C_pQ_p/V}{K_h} - \frac{(C_pQ_p/V - K_hC_{T(t)})\exp(-K_ht)}{K_h} \qquad (6-53)$$

其中，K_h 含义同前，$K_h = (Q_p/V) + K_1$。

湖水分层箱式模型中各量的对应关系和计算时期示意图如图 6-8 所示。

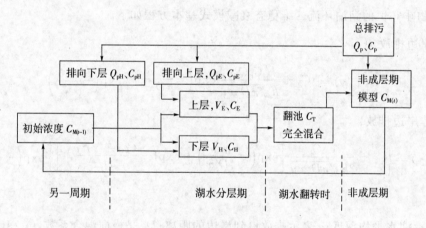

图 6-8　湖水分层箱式计算模型示意图

3. 湖泊水质扩散模型

无风浪情况下，污水排入大湖(库)的湖水浓度预测，对一、二、三级评价均可采用卡拉乌舍夫湖泊水质扩散模型。污染物守恒模式为：

$$C_r = C_p - (C_p - C_{r0})\left(\frac{r}{r_0}\right)^{Q_p/\phi h D_r} \qquad (6-54)$$

其中，ϕ 可根据湖(库)的岸边形状和水流情况确定，湖心排放取 2π 弧度，平直岸边取 π 弧度。选取离排放口充分远的某点为参照点，以 r_0 表示排放口到该点的距离，C_{r0} 表示该点现状的浓度值。h 表示湖水平均深度，r 表示排放口到考核点的距离，D_r 是径向混合系数，m^2/s。D_r 的确定对不同的评价等级有不同要求，一级可以采用示踪试验法，三级可以采用类比调查法，二级可酌情确定。其他符号含义同前。

对于污染物以时间常数 $K_1(1/d)$ 降解的情况，湖泊推流衰减模式成为：

$$C_r = C_h + C_p \exp\left(-\frac{K_1 \phi h r^2}{2Q_p}\right) \tag{6-55}$$

其中，ϕ 可根据湖（库）岸边形状和水流状况确定，中心排放取 2π 弧度，平直岸边取 π 弧度。C_h 是湖水原有的污染物浓度，在此基础上叠加了一个排入污水经扩散和衰减后的浓度值。

4. 湖泊环流二维稳态混合模式

近岸环流显著的大湖（库）可以使用湖泊环流二维稳态混合模式进行预测评价。污染物守恒的湖泊环流二维稳态模式基本方程如下。

（1）岸边排放：

$$C(x,y) = C_h + \frac{C_p Q_p}{h\sqrt{\pi D_y x u}} \exp\left(-\frac{y^2 u}{4D_y x}\right) \tag{6-56}$$

（2）非岸边排放：

$$C(x,y) = C_h + \frac{C_p Q_p}{2h\sqrt{\pi D_y x u}} \left\{ \exp\left(-\frac{y^2 u}{4D_y x}\right) + \exp\left(-\frac{(2a+y)^2 u}{4D_y x}\right) \right\} \tag{6-57}$$

污染物非守恒的湖泊环流二维稳态衰减模式基本方程如下。

（1）岸边排放：

$$C(x,y) = \left\{ C_h + \frac{C_p Q_p}{h\sqrt{\pi D_y x u}} \exp\left(-\frac{y^2 u}{4D_y x}\right) \right\} \exp\left(-\frac{K_1 x}{u}\right) \tag{6-58}$$

（2）非岸边排放：

$$C(x,y) = \left\{ C_h + \frac{C_p Q_p}{2h\sqrt{\pi D_y x u}} \left[\exp\left(-\frac{y^2 u}{4D_y x}\right) + \exp\left(-\frac{(2a+y)^2 u}{4D_y x}\right) \right] \right\} \exp\left(-\frac{K_1 x}{u}\right)$$

$$\tag{6-59}$$

式中：h 表示湖水平均深度；a 表示排放口到岸边的距离；D_y 是横向混合系数，m^2/s。其他符号含义同前。

6.4　地面水环境影响评价

6.4.1　评价目的、分级及程序

地面水评价的目的在于通过评价从保护地面水环境的角度确定建设项目的可行性，要求提出：

（1）从保护水环境的角度回答拟建项目是否适宜。

（2）对可以进行的建设项目，针对工程可行性研究中提出的保护水环境的对策和措施，进行可行性分析并提出建议。

（3）为整个工程的环境影响评价提供水环境方面的信息和意见。

水环境影响评价工作程序如图 6-9 所示。环境影响评价工作大体分为三个阶段。第一阶

段为准备阶段,主要工作为研究有关文件,进行初步的工程分析和环境现状调查,筛选重点评价项目,确定各单项环境影响评价的工作等级,编制评价大纲;第二阶段主要工作为进一步做工程分析和环境现状调查,并进行环境影响预测和环境影响评价;第三阶段为报告书编制阶段,其主要工作为汇总、分析第二阶段工作所得的各种资料、数据,给出结论,完成环境影响报告书的编制。

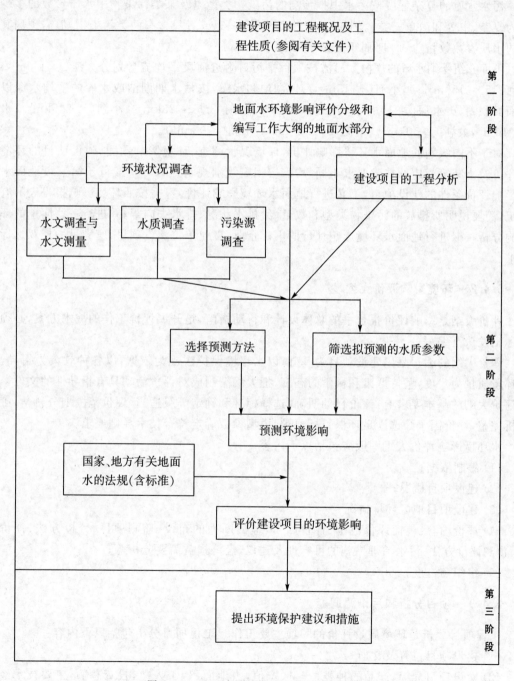

图 6 - 9　地面水环境影响评价的工作程序

地面水环境影响评价工作级别的划分(以后简称地面水环境影响评价分级),根据建设项目的污水排放量,污水水质的复杂程度,各种受纳污水的地面水域(简称受纳水域)的规模以及对它的水质要求,分为三级。

这里所指的污水排放量,不包括间接冷却水、循环水以及其他含污染物极少的清洁水排放量,但包括含热量大的冷却水的排放量。

污水水质的复杂程度按污水中拟预测的污染物类型以及某类污染物中水质参数的多少划分为复杂、中等和简单三类。例如,污染物类型数 ≥ 3,或者只含有两类污染物,但需预测其浓度的水质参数数目 ≥ 10 时属于复杂水质。

下面介绍受纳水域的规模。河流按项目排污口附近河段平均流量划分大河($\geq 150m^3/s$),中河($15 \sim 150m^3/s$),小河($< 15m^3/s$)。湖泊和水库,按枯水期湖泊或水库的平均水深以及水面面积划分:水深($\geq 10m$),大湖($\geq 25km^2$)、中湖($2.5 \sim 25km^2$)、小湖($< 2.5km^2$);水深($< 10m$),大湖($\geq 50km^2$)、中湖($5 \sim 50km^2$)、小湖($< 5km^2$)。

对于不同级别的地面水环境影响评价,环境现状调查、环境影响预测、建设项目的环境影响评价及小结等相应的技术要求不同,均需按相应级别规定执行。一般低于第三级地面水环境影响评价条件的建设项目,不必进行地面水环境影响评价,只需按照环境影响报告表的有关规定,简要说明所排放的污染物类型和数量、给排水状况、排水去向等,并进行一些简单的环境影响分析。拟进行地面水环境影响评价的厂矿企业、事业单位建设项目,应满足一控双达标的要求。

6.4.2　环境影响评价大纲

评价大纲是影响评价报告书的总体设计和行动指南,是开展评价工作的战术方案,必须从实际出发认真编写。

评价大纲的编写是以建设项目为基础,以水环境保护法规为依据,以各种政策为指导,以水环境质量为尺度,坚持严肃和科学的态度,把大纲编制成对评价活动具有指导性的文件。编写评价大纲的基本要求有:评价目的明确,选择标准和确定等级适当,评价范围划分科学,工程分析完整,评价因子筛选满足环保目标要求,模型参数确定符合技术导则要求。

水环境影响评价大纲一般应包括以下内容。

(1) 编制依据;

(2) 建设项目概况;

(3) 建设项目地区环境概况;

(4) 评价内容:包括评价范围、评价因子、监测断面的布设、监测项目、分析方法、评价标准、预测评价方法、污水治理措施的可行性及建议、经济损益简要分析等;

(5) 组织与进度。

6.4.3　项目分析和污染源调查

工程项目分析是环境质量评价的一项主要工作。工程项目分析包括以下内容:

(1) 建设项目位置及交通;

(2) 建设项目规模,产品的种类、产量、产值,占地面积,工人数,投资总额,主要技术经济指标;

（3）产品方案及主要工艺流程；

（4）主要原料、燃料的用量及来源、成分；

（5）项目用水量、用水来源；

（6）项目排水情况，项目排水量（包括生产、生活各类废水量），排水水质（各种废水中污染物的种类，污染物浓度），各种污染物质排放量（日和年的），排水去向，排水口位置和废水排放规律（均匀连续排放还是瞬时间歇排放）；

（7）废水处理设施及投资；

（8）建设项目对水环境影响分析。

除了工程项目的污染源外，对评价目标涉及的其他污染源也需要进行必要的调查，以弄清污染源的类型、数量、分布以及对地面水质的影响。它包括生活污水、工业污水、家畜污水、农业退水等。对于通航河流，要了解船舶排污情况。污染源分析可采用简化方法。污染源简化包括排放形式的简化和排放规律的简化。根据污染源的具体情况，排放规律有连续恒定排放和非连续恒定排放。在地面水环境影响预测中，通常可以把排放规律简化为连续恒定排放。排放形式可简化为点源和面源，排入河流的两排放口的间距较近时，可以简化为一个，其位置假设在两排放口之间，其排放量为两者之和。两排放口间距较远时，可分别单独考虑。排入小湖（库）的所有排放口可以简化为一个，其排放量为所有排放量之和。排入大湖（库）的两排放口间距较近时，可以简化成一个，其位置假设在两排放口之间，其排放量为两者之和。两排放口间距较远时，可分别单独考虑。无组织排放可以简化成面源。从多个间距很近的排放口排水时，也可以简化为面源。

污染源的调查与评价方法已在第四章详细介绍，这里不再赘述。

6.4.4　地区水环境调查

地区水环境调查包括自然环境调查、社会环境调查、水环境的现状调查和简化。

1. 自然环境调查

包括地质构造、地形、地貌、水文地质、土壤、生物及气象等。地形及气象这两个因素对水体的水状况有直接影响，应重点掌握，着重了解的内容有气温、降水量、蒸发量等。

2. 社会环境调查

现有工矿企业分布情况，居民区分布情况，生产废水和生活污水的排放情况。

3. 水环境的现状调查和简化

不难想象，地区水环境调查中，水文资料的收集及观测对水环境影响评价有十分重要的作用。水环境影响评价所需的河流、湖泊的水文资料主要包括水系特征和水力学参数。一般可从当地的水文站获得，也可进行现场实测或用经验公式计算得到。但多数情况下均应进行地面水环境的简化处理。

地面水环境的简化包括边界几何形状的简化和水文、水力要素时空分布的简化等。这种简化应根据水文调查与水文测量的结果和评价等级进行。

（1）河流简化

河流可以简化为矩形平直河流、矩形弯曲河流和非矩形河流。

河流的断面宽深比 $\geqslant 20$ 时，可视为矩形河流。小河可以简化为矩形平直河流。大中河流中,预测河段弯曲较大时,可视为弯曲河流。大中河流断面上水深变化很大且评价等级较高(如一级评价)时,可以视为非矩形河流并应调查其流场,其他情况均可简化为矩形河流。河流水文特征或水质有急剧变化的河段,可在急剧变化之处分段,各段分别进行环境影响预测。河网情况分段进行环境影响预测。

评价等级为三级时,江心洲、浅滩等均可按无江心洲、浅滩的情况对待。江心洲位于充分混合段;评价等级为二级时,可以按无江心洲对待;评价等级为一级且江心洲较大时,可以分段进行环境影响预测。

(2) 河口简化

河口包括河流汇合部、河流感潮段、口外滨海段、河流与湖泊、水库汇合部。

河流感潮段是指受潮汐作用影响较明显的河段。可以将落潮时最大断面平均流速与涨潮时最小断面平均流速之差等于 0.5m/s 的断面作为其与河流的界限,简化为稳态进行预测。河流汇合部可以分为支流、汇合前主流、汇合后主流三段分别进行环境影响预测。小河汇入大河时可以把小河看成点源。河流与湖泊、水库汇合部可以按照河流和湖泊、水库两部分分别预测其环境影响。

(3) 湖泊、水库简化

在预测湖泊、水库环境影响时,可以将湖泊、水库简化为大湖(库)、小湖(库)、分层湖(库)等三种情况进行。评价等级为一级时,中湖(库)可以按大湖(库)对待,停留时间较短时也可以按小湖(库)对待。评价等级为三级时,大湖按中湖(库)对待,停留时间很长时也可以按大湖(库)对待。评价等级为二级时,如何简化可视具体情况而定。水深 > 10m 且分层期较长(如 > 30 天)的湖泊、水库可视为分层湖(库)。不存在大面积回流区和死水区且流速较快、停留时间较短的狭长湖泊可简化为河流,其岸边形状和水文要素变化较大时还可以进行分段。

6.4.5　水环境影响预测及评价

1. 建设项目对水环境可能产生的影响分析

建设项目对水环境可能产生的影响包括直接影响和二次影响两部分。

产生的直接影响有:(1) 对当地水资源供需平衡的影响;(2) 对河水水量时空变化的影响;(3) 建设项目排水对受纳河水水质的影响。

建设项目的二次影响有:(1) 水环境状况的变化对水生生物的影响;(2) 水质变化对用水的影响;(3) 水量变化对河道冲淤的影响;(4) 水循环变化对下游地区环境的影响;(5) 水位变化对上、下游地区的影响;(6) 水量减少,河口咸化。

通过环境影响分析,环境评价工作应回答:(1) 建设项目可能带来的不可接受的水环境影响,要说明其种类、特点、表现、影响程度、影响时间;(2) 从水环境角度确定拟建项目是否适于建设,如不宜建设,说明理由;(3) 如果建设项目有多个选择方案,按照它们对河流水环境影响程度的大小排序,并说明理由。

2. 影响预测

环境评价的环境影响分析来源于环境影响预测工作和对预测结果的整理分析。

环境影响的方法有:根据经验进行的专家判断法,从已兴建的类似工程出发的类推法,模拟方法等。一般在初评中常用专家判断法和类推法,在详评中才用模拟方法。前两种属定性分析方法,后一种属定量预测方法。

(1) 定性分析方法。专家判断法是邀请各方面有经验的专家对可能产生的各种水环境,从不同的方面提出意见和看法,然后采用一定的方法将意见综合,得出项目建设可行的水环境影响的定性结论。类推法是根据建设项目的性质、规模,寻找性质、规模类似的已建项目,并调查已建项目的环境影响,据此推断新建项目的环境影响。定性预测具有方法简便、节省时间、耗资较少等优点。

(2) 定量预测方法。分统计分析法和水质模拟法。统计分析法是通过对已有数据的统计,寻求某一水质参数与影响这一水质参数的主要因素之间的统计关系。当建立这种统计关系之后,输入影响因素的变量,则可得出水质参数的变化值。目前多用回归分析方法。

环境影响预测工作获得的结果必须通过整理分析才能在影响分析中发挥作用。预测结果的整理主要包括三方面内容:

① 水质方面的影响。根据预测结果,列表说明由于建设项目兴建对地面水水质的影响。说明影响类型、影响的水质指标及在不同时期非正常排放时的影响程度。

② 水量方面的影响。说明由于建设项目的兴建将产生水量方面的问题,说明其表现、后果。

③ 其他方面的影响。由于水质或水量变化所带来的对其他环境要素的影响及由此诱发的其他影响。

6.4.6　清洁生产和水污染防治

1. 清洁生产的概念

1990 年,在英国坎特布里召开的第一次国际高级研讨会上,正式定义清洁生产为"将综合性污染预防的环境战略持续地应用于生产过程、产品和服务中,以增加生态效益,减少对人类和环境的风险"。1993 年,第二次全国工业污染防治会提出,工业污染防治要从单纯的末端治理向生产全过程控制转变,实行清洁生产。我国的环境影响评价制度也规定了要对建设项目的清洁生产进行评价分析。

清洁生产,概括地说就是低消耗、低污染、高产出,是实现经济效益、社会效益与环境效益相统一的生产模式。

清洁生产主要体现在以下五个方面:

(1) 尽量用低污染、无污染的原料代替有毒有害原料;

(2) 清洁高效的生产工艺,使物料能源高效率的转化成产品,减少有害废物的排出。对生产过程中排放的废物和能源实行再利用,做到变废为宝,化害为利;

(3) 向社会提供清洁产品,这种产品在使用过程中对人体和环境不产生污染危害或将有害影响降到最低限度;

(4) 在商品使用寿命终结后,能够便于回收利用,不对环境造成污染或潜在污染威胁;

(5) 完善的企业管理,有保障清洁生产的规章制度和操作规程,并监督其实施。同时,建设一个整洁、优美的厂容厂貌。

我国政府规定,在企业技术改造和节能、综合利用等项目贷款中优先安排清洁生产示范项目。同时,还成立了清洁生产中心,向企业提供这方面的信息和技术服务。通过推行清洁生产,废水重复利用率、固体废弃物综合利用率均大大提高,节约了用水、减少了废气排放量,同时获得了经济和环境效益。

2. 水污染综合防治

防治水体污染应综合运用各种措施,将人工处理与自然净化结合起来,将废水处理与综合利用结合起来,推行工业闭路循环用水和区域循环用水系统,发展无废水生产工艺。具体措施有:

(1) 减少废水和污染物的排放量。改革生产工艺和管理制度,采用少用水、少污染的新工艺,减少排污量,不是消极地处理废水,而是积极地消除产生废水的原因。

(2) 发展区域性水污染防治系统,制定管理规划,合理利用自然净化能力,废水处理后可用于灌溉农田,利用土壤的净化能力,可回收水资源,给植物提供营养物质。

(3) 运用系统工程的方法,综合规划,把人类的生产和生活活动对自然资源的需要纳入生物圈的能量和物质转化的总循环中去。根据技术经济、自然环境、卫生要求、污染源状况,制定统一的区域水质管理规划。

3. 污水防治措施建议和项目的可行性

在环境影响报告书中,需要对水环境保护措施进行评述和建议。环保措施建议一般包括污染消减措施建议和环境管理措施建议两部分。

消减措施应尽量具体,主要评述其环境效益(排放物的达标情况),并经简单的技术经济可行性分析,以便对建设项目的环境工程设计起指导作用。环境管理措施建议包括环境监测(含监测点、监测项目和监测次数)的建议、水土保持、防止泄漏事故发生的措施建议、环境管理机构设置的建议等。

建设项目水环境影响的评价将得出该项目在实施过程的不同阶段能否满足预定水环境质量的结论。

可以满足地面水环境保护要求的是指建设项目在实施过程的不同阶段,除排放口附近很小范围外,水域的水质均能达到预定要求,或是在建设项目实施过程的某个阶段,个别水质参数在较大范围内不能达到预定的水质要求,但采取一定的环保措施后可以满足要求。

不能满足地面水环境保护要求的是指地面水现状水质已经超标,或是污染消减量过大以至于消减措施在技术、经济上明显不合理。

思考题与习题

1. 已知河流流速为 0.6m/s,河宽 16m,水深 1.6m,横向扩散系数 $D_y = 0.05m^2/s$;岸边有一连续稳定污染源,污水排口排放量 120g/s,求污水到达对岸的纵向距离 L_b(以浓度达同断面最大浓度的 5% 计)和完全混合的纵向距离 L_m;并求到达对岸的断面浓度 $C(L_b,B)$、$C(L_b,0)$ 和完全混合断面浓度 $C(L_m,B)$、$C(L_m,0)$ 各是多少?

2. 已知河流流速为 0.3m/s,河宽 12m,水深 0.8m,若水温为 25℃,起始断面上 BOD 浓度为 36mg/L,DO 为 5mg/L,BOD 衰减速度常数 $K_d = 0.15(1/d)$,水中的复氧速度常数 $K_a = 0.24(1/d)$,计算临界氧亏点的距离,临界点的 DO、BOD 的值。如果 S—P 模型失效,用改进方法求解,并绘制 X 与 DO、BOD 的函数关系图。

3. 一均匀河段长 10km,上游有污水排入,污水流量为 250m³/d,含 BOD 浓度为 500mg/L,上游的水流量为 20m³/s,BOD 浓度为 3mg/L,河流平均流速为 0.7m/s,BOD 衰减速度常数 $K_d = 1.2(1/d)$,计算排污口下游 1km、2km、5km 处的 BOD 浓度。

4. 某湖泊平均容积为 $V = 2.0 \times 10^9 \, \text{m}^3$，流入支流流量为 $Q_p = 2.4 \times 10^9 \, \text{m}^3/\text{a}$，其中含有难降解污染物，浓度为 $C_p = 0.45 \, \text{mg/L}$，流出支流流量为 $Q_h = 3.5 \times 10^9 \, \text{m}^3/\text{a}$，当前情况下湖水中污染物浓度 $C_0 = 0.04 \, \text{mg/L}$。若湖水为完全混合，湖泊的出流、入流流量及污染物质输入稳定，污染物质无其他途径进入湖泊，求两年后湖水中污染物的浓度。稳定情况下，当时间趋于无穷时，所达到的平衡浓度又是多少？

5. 第 4 题中，如果流入支流的磷含量为 $P = 0.55 \, \text{mg/L}$，现湖水磷含量为 $P_e = 0.015 \, \text{mg/L}$，湖水中磷以一级反应方式降解，降解系数 $K_1 = 0.22(1/\text{d})$，因雨水冲刷进入湖水中的磷的负荷是 4500kg/a。预测两年后湖水中磷的浓度，以及当时间趋于无穷时所达到的平衡浓度。

第七章　　环境噪声影响预测及评价

7.1　　环境噪声基础

7.1.1　声音的产生和基本概念

1.振动和声源

　　机器运转会发出声音，若用手去摸机器的壳体多便会感到壳体在振动。若切断电源，壳体在停止振动的同时，声音也会消失，这说明物体的振动产生了声音。通常，振动发声的物体被称为声源。声源可以为固体，如各种机器，也可以是液体与气体，如流水声是液体振动的结果，风声是气体振动的结果。

　　并非所有物体的振动都能为人耳听见，只有振动频率在 20～20000 Hz 的范围内产生的振动人耳才能听到。这一频率范围的振动称为声振动，声振动属于机械振动。

2.振动的传播

　　物体振动所传出的能量，只有通过介质传到接收器（如人耳等）并显示出来才是声音。因而声音的形成是由振动的发生、振动的传播这两个环节组成的。没有振动就没有声音,同样,没有介质来传播振动,也就没有声音。作为传播声音的介质,必须是具有惯性和弹性的物质,因为只有介质本身有惯性和弹性,才能不断地传递声源的振动。空气正是这样一种介质,人耳平时听到的声音大部分也是通过空气传播的。传播声音的介质可以是气体,也可以是液体与固体。在空气中传播的声音称作空气声,在水中传播的声音称作水声,在固体中传播的声音称作固体声(或结构声)。

声音在介质中传播时,介质的质点本身并不随声音一起传递过去,是质点在其平衡位置附近来回振动,传播出去的是物质运动的能量,而不是物质本身。声音的实质是物质的一种运动形式,这种运动形式称作波动。因此,声音又称作声波。声波是种交变的压力波,属于机械波。

3. 描述声波的基本物理量与概念

(1)波长

振动经过一个周期,声波传播的距离称为波长,记作 λ,单位为米(m)。

(2)频率

每秒钟介质质点振动的次数称作声波的频率,记作 f,单位为赫兹(Hz)。

人耳能听到的声音,其频率一般在 20 ～ 20000Hz 之间。这个范围内的声音称为可听声,高于 20000Hz 的声音称为超声,低于 20Hz 的声音称为次声。蝙蝠、狗等动物可以听到超声,老鼠等动物可以听到次声。

在声频范围内,声波的频率愈高,声音显得愈尖锐,反之显得低沉。通常将频率低于 300Hz 的声音称作低频声;300 ～ 1000Hz 的声音称作中频声;1000Hz 以上的声音称作高频声。

(3)声速

声波在介质中传播的速度称为声速,记作 v,单位为米 / 秒(m/s)。波长、频率和声速是描述声波的三个基本物理量,其相互关系为:

$$\lambda = v/f \tag{7-1}$$

声速的大小主要与介质的性质和温度的高低有关。同一温度下,不同介质中声速不同。在 20℃ 时,空气中声速约为 340m/s,空气的温度每升高 1℃,声速约增加 0.607m/s。

(4)声场

介质中有声波存在的区域称作声场。在均匀且各向同性的介质中,边界影响可以不计的声场称作自由声场。

(5)波前(波阵面)

某一时刻声波波动所到达的各点连成的曲面,称为波前或波阵面。一般按波前的形状将声波划分为平面波、柱面波与球面波。

7.1.2 环境噪声

噪声是声波的一种,具有声波的一切特性。从物理学观点来看,凡是振幅和频率杂乱、断续或统计上无规律的声振动都称为噪声。从人们的感受与影响来讲,凡是人们不需要的声音都称作噪声。

　　按照噪声发生的机理,可将噪声分为空气动力性噪声和机械性噪声两大类。空气动力性噪声是由于气体振动而产生的。当气体中有了涡流或发生了压力突变等情况,就会引起气体的扰动,由于气体的扰动而产生的噪声就称作空气动力性噪声。常见的有风机、空气压缩机、喷射器、喷气式飞机、汽笛等产生的噪声。

　　机械性噪声是由于固体振动而产生的。在撞击、摩擦、交变的机械应力或电磁力作用下,金属板、轴承、齿轮、电气元件或其他固体零部件发生振动,就产生机械性噪声。如轧钢机、球磨机、锻床、冲床、砂轮、织布机等所产生的噪声都属于机械性噪声。

　　环境噪声是户外各种噪声的总称。按照产生的声源类别,环境噪声分为5种。

　　(1)交通噪声

　　凡机动车辆、船舶、航空器等交通运输工具在运行过程中产生的噪声都称作交通噪声。在交通道路上由机动车辆运行发出的噪声称作道路交通噪声,它往往是城市中主要的噪声源。

　　(2)工业噪声

　　凡工矿企业在生产活动中产生的噪声均称作工业噪声。

　　(3)施工噪声

　　凡建筑施工机械运转时,以及各种施工活动中产生的噪声均称作施工噪声。例如打夯机、推土机及施工现场的运输车辆声等。

　　(4)生活噪声

　　凡商业、娱乐、体育、宣传等生活以及家用电器等产生的噪声均称作生活噪声。

　　(5)其他噪声

　　凡是不能列入工业、交通、施工、生活噪声的噪声则称之为其他噪声,如鸟叫、蛙鸣、狗吠等。

7.1.3　环境噪声评价量及其计算

1.计量声音的物理量

(1)声功率

　　声源在单位时间内辐射的总声能量称为声功率,常用 W 表示,单位为瓦(w)。声功率是表示声源特性的一个物理量。声功率越大,表示声源单位时间内发射的声能量越大,引起的噪声越强。声功率的大小只与声源本身有关。

　　必须注意将声源的声功率与设备所消耗的功率相区别。如一台 500kw 的鼓风机在运转中实际消耗功率为 500kw,而这台风机发出的声功率大约为数百瓦。

(2)声强

　　声强是衡量声音强弱的一个物理量。声场中,在垂直于声波传播方向上,单位时间内通过单位面积的声能称作声强。声强常以 I 表示,单位为 w/m^2。声强实质是声场中某点声波能量大小的度量,声场中某点声强的大小与声源的声功率、该点距声源的距离、波阵面的形状及声场的具体情况有关。通常距声源愈远的点声强愈小,若不考虑介质对声能的吸收,点声源在自由声场中向四周均匀辐射声能时,距声源 r 处的声强为:

$$I = \frac{W}{4\pi r^2} \tag{7-2}$$

式中：I 为距点声源为 r 处的声强，w/m^2；W 为点声源功率，w。

若 S 表示包围声源的封闭面面积，声功率 W 和声强 I 的关系为：

$$W = \oint_s I_n \, dS \tag{7-3}$$

式中：I_n 是声强在微元面积 dS 法线方向的分量。

（3）声压

目前，在声学测量中，直接测量声强较为困难，故常用声压来衡量声音的强弱。声波在大气中传播时，引起空气质点的振动，从而使空气密度发生变化。在声波所达到的各点上，气压时而比无声时的压强高，时而比无声时的压强低，某一瞬间介质中的压强相对于无声波时压强的改变量称为声压，记为 $p(t)$，单位是 Pa。

声音在振动过程中，声压是随时间迅速起伏变化的，人耳感受到的实际只是一个平均效应，因为瞬时声压有正负值之分，所以有效声压取瞬时声压的均方根值：

$$P_T = \sqrt{\frac{1}{T} \int_0^T P^2(t) \, dt} \tag{7-4}$$

式中：P_T 是 T 时间内的有效声压（Pa）；$p(t)$ 为某一时刻的瞬时声压（Pa）。

若未加说明，通常所说的声压即指有效声压，若 P_1、P_2 分别表示两列声波在某一点所引起的有效声压，该点叠加后的有效声压可由波动方程导出为：

$$P_T = \sqrt{P_1^2 + P_2^2} \tag{7-5}$$

声压是声场中某点声波压力的量度，影响它的因素与声强相同。并且，在自由声场中多声波传播方向上某点声强与声压、介质密度 ρ 存在如下关系：

$$I = \frac{P^2}{\rho v} \tag{7-6}$$

2. 声压级、声强级与声功率级

正常人耳刚刚能听到的最低声压称听阈声压。对于频率为 1000Hz 的声音，听阈声压约为 2×10^{-5} Pa。刚刚使人耳产生疼痛感觉的声压称痛阈声压。对于频率为 1000Hz 的声音，正常人耳的痛阈声压为 20Pa。从听阈到痛阈，声压的绝对值之比为 $1 : 10^6$，即相差一百万倍，而从听阈到痛阈相应声强的变化为 $10^{-12} \sim 1w/m^2$，其绝对值之比为 $1 : 10^{12}$，即相差一万亿倍。因此用声压或用声强的绝对值表示声音的强弱都很不方便。加之人耳对声音大小的感觉，近似与声压、声强呈对数关系，所以通常用对数值来度量声音，分别称为声压级与声强级。

声压级：
$$L_p = 20 \lg \frac{P}{P_0} \quad (dB) \tag{7-7}$$

声强级：
$$L_I = 10 \lg \frac{I}{I_0} \quad (dB) \tag{7-8}$$

式中：P_0 为基准声压（听阈声压），为 2×10^{-5} Pa；I_0 为基准声强，为 $1 \times 10^{-12} w/m^2$。

与上式类似，某声源的声功率级定义为：

$$L_w = 10\lg\frac{W}{W_0} \quad (\text{dB}) \tag{7-9}$$

声功率级式中，W_0 表示基准声功率，为 10^{-12} w。

声压级、声强级和声功率级的单位都是分贝。分贝是"级"的单位，是无量纲的量。由声压与声强的关系可以得出，以空气为介质的自由声场中，常温常压下某一点的声压级与声强级近似相等。

3. 分贝的运算

由声压级、声强级、声功率级的定义式可知，级的分贝数的运算不能按算术法则进行，而应按对数运算的法则进行。

几个不同的噪声源同时作用在声场中同一点上，这点的总声压级如何计算呢？从声压级的定义出发，则有：

$$L_{PT} = 20\lg\frac{P_T}{P_0} = 10\lg\left(\frac{P_T}{P_0}\right)^2 = 10\lg\frac{\sum_1^n P_i^2}{P_0^2} = 10\lg\sum_1^n\left(\frac{P_i}{P_0}\right)^2 \quad (\text{dB})$$

即

$$L_{PT} = 10\lg\left[\sum_1^n\left(10^{\frac{L_{pi}}{10}}\right)\right] \quad (\text{dB}) \tag{7-10}$$

当两个不同的噪声源同时作用在声场中同一点上，如果两个声源单独作用产生的声压级分别为 L_{p1} 和 L_{p2}，且 $L_{p1} \geqslant L_{p2}$；为计算方便，列出 $L_{p1} - L_{p2}$ 差值相对应的增值 ΔL（如表 7-1 所示），这点的总声压级 L_{PT} 为：

$$L_{PT} = L_{P1} + \Delta L \quad (\text{dB}) \tag{7-11}$$

表 7-1　两个声源 $L_{p1} - L_{p2}$ 差值与增值 ΔL 的对应关系

$L_{p1} - L_{p2}$	ΔL	$L_{p1} - L_{p2}$	ΔL
0	3	6	1.0
1	2.5	7	0.8
2	2.1	8	0.6
3	1.8	9	0.5
4	1.5	10	0.4
5	1.2	11	0.3

4. 频谱图及倍频程

(1) 频谱图

除音叉等之外，各种声源发出的声音很少是单一频率的纯音，大多是由许多不同强度、不同频率的声音复合而成，统称复音。在复音中，不同频率（或频段）成分的声波具有不同的能量，这种频率成分与能量分布的关系称为声的频谱。

描述一个复音中各频率成分与能量分布关系的图形称为频谱图。通常是先测定出该噪声的各频率成分与相应的声压级或声功率级,然后以频率为横坐标,以声压级(声功率级)为纵坐标进行绘图,如图7-1所示。

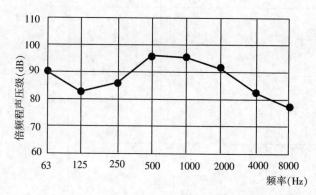

图7-1　AK1300-III汽轮鼓风机频谱图

(2)倍频程

由于一般噪声的频率分布宽阔,在实际的频谱分析中,不需要也不可能对每个频率成分进行具体分析。为了方便,人们把20～20000Hz的声频范围分为几个段落,划分的每一个具有一定频率范围的段落称作频带或频程。

频程的划分方法通常有两种。一种是恒定带宽,即每个频程的上、下限频率之差为常数。另一种是恒定相对带宽的划分方法,即保持频带的上、下限之比为一常数。实验证明,当声音的声压级不变而频率提高一倍时,听起来音调也提高一倍(音乐上称提高八度音程)。为此,将声频范围划分为这样的频带:使每一频带的上限频率比下限频率高一倍,即频率之比为2,这样划分的每一个频程称为1倍频程,简称倍频程。为了简明起见,每个倍频程用其中心频率 f_c 来表示:

$$f_c = \sqrt{f_u \cdot f_d} \qquad (\text{Hz}) \qquad (7-12)$$

式中: f_u 和 f_d 分别为该频程的上限和下限频率。

我国规定的倍频程频率范围及中心频率见表7-2。由该表可见,相邻两个倍频程的中心频率之比也是2:1。

表7-2　倍频程及中心频率的频率范围(Hz)

倍频程			1/3 倍频程		
下限频率	上限频率	中心频率	下限频率	上限频率	中心频率
			56.2	70.8	63
45	90	63	70.8	89.1	80
			89.1	112	100
			112	141	125
90	180	125	141	178	160
			178	224	200

（续表）

倍频程			1/3 倍频程		
下限频率	上限频率	中心频率	下限频率	上限频率	中心频率
180	355	250	224	282	250
			282	355	315
			355	447	400
355	710	500	447	562	500
			562	708	630
			708	891	800
710	1400	1000	891	1122	1000
			1122	1413	1250
			1413	1778	1600
1400	2800	2000	1778	2239	2000
			2239	2818	2500
			2818	3548	3150
2800	5600	4000	3548	4467	4000
			4467	5623	5000
			5623	7079	6300
5600	11200	8000	7079	8913	8000
			8913	11220	10000
			11220	14130	12500

　　如果在一个倍频程的上、下限频率之间再插入两个频率，使 4 个频率之间的比值由小到大依次排列。这样将一个倍频程划分为 3 个频程，称这种频程为 1/3 倍频程，每一个 1/3 倍频程也用其中心频率来表示。按照 1/3 倍频程的方法，可将声频范围分为更多的频带，便于更仔细地研究。图 7 - 2 是按照 1/3 倍频程的方法绘制的频谱图。

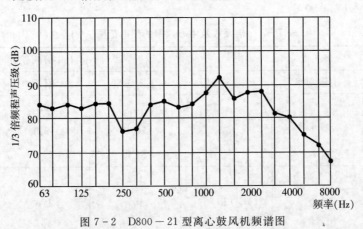

图 7 - 2   D800 - 21 型离心鼓风机频谱图

5.噪声的主观评价

噪声危害的大小,不仅与声音的强度、频率成分有关,而且与噪声的作用时间、起伏变化的程度以及人们工作或者生活的状态、情绪有关。为此,需要根据人们对噪声的感受程度,即人对噪声的心理效应,对噪声做出主观评价。

现在介绍几种常用的噪声主观评价量。

(1)等响曲线与响度级

通常,声音愈响,对人的干扰愈大。实践证明,人耳对高频声较低频声敏感,同样声压级的声音,中、高频声显得比低频声更响一些,这是由人耳的听觉特性所决定的。为此人们提出响度级这一概念,用以定量描述声音在人主观上引起的"响"的感觉。

所谓响度级,就是以1000Hz的纯音作标准,使其和某个声音听起来一样响,那么1000Hz纯音的声压级就定义为该声音的响度级,记作L_N,单位为方(Phone)。

用实验的方法可以得到整个声频范围内纯音的响度级。将频率不同、响度级却相同的点连成曲线,便可得到一簇曲线,如图7-3所示。因为每一条曲线上各点的声音都一样响,所以这种曲线称作等响曲线。每条曲线上的数字表示声音的响度级(方值),即与此声音同样响的1000Hz纯音的声压级。

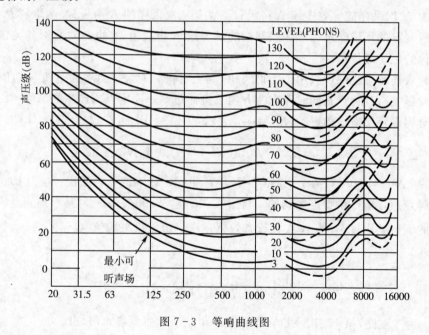

图7-3 等响曲线图

(2)A、B、C计权声级

用响度级反映人们对声音的主观感觉过于复杂,若能通过一种仪器使直接测得的噪声强度值与人耳的主观感受近似取得一致,则将大为简便,这种仪器称为声级计。国际电工委员会标准规定,一般声级计可分别模拟40方、70方、100方三条等响曲线设置三套网络,分别称作A、B、C网络,用以分别测定低、中、高三种强度的声音。声压级低于55dB的声音用A网络;55~85dB之间的声音用B网络;85dB以上的声音用C网络。

由等响曲线可知,同样声压级的声音,不同频率时并不等响。因此,声音讯号输入A、B、C网络后,输出讯号并不与输入信号相对等,而是有一定的修正。通常,高频声显得更响些,信号输出时得到增强，修正量为正；低频声显得不那么响，信号输出时被衰减，修正量为负。衰减与增强的量称作响应。响应因频率而异，故称作频率响应。

（3）噪声评价量

噪声源评价量可用声压级或倍频带声压级、声功率级、A 声级、A 计权声功率级。

噪声的影响还同其持续的时间有关，即和人们接收的噪声能量有关。在更多情况下，环境噪声往往是起伏的，因此又提出了等效 A 声级的评价量，以弥补 A 声级的不足。

声场中某点在一段时间内 A 计权能量的平均值，即该点在这段时间的等效 A 声级，表达式为：

$$L_{eqT} = 10\lg\left[\frac{1}{T}\int_0^T 10^{\frac{L_{A(t)}}{10}}\,\mathrm{d}t\right] \qquad (\mathrm{dB}) \qquad\qquad (7-13)$$

式中：T 为规定的测量时间；$L_{A(t)}$ 为某时刻 t 的瞬时 A 声级，dB(A)；L_{eqT} 为规定测量时间 T 内的等效 A 声级。

实际噪声测量常采取等时间间隔采样，等效 A 声级 L_{eq} 也可按式（7-14）计算。

$$L_{eq} = 10\lg\left[\frac{1}{N}\sum_{i=1}^n (10^{\frac{L_{Ai}}{10}})\right] \qquad\qquad (7-14)$$

式中，L_{eq} 为 N 次采样的等效连续 A 声级；L_{Ai} 为第 i 次采样的 A 声级；N 为取样总数。

各国所制定的环境噪声标准一般都指的是等效 A 声级值，它也是对我国各类区域环境噪声进行评价的主要评价量。

计权等效连续感觉噪声级用于评价飞机（起飞、降落、低空飞越）通过机场周围区域时造成的声环境影响。其特点是同时考虑 24h 内飞机通过某一固定点所产生的总噪声级和不同时间内飞机对周围环境造成的影响，用 L_{WECPN} 表示，单位为 dB，可按式（7-15）计算。

$$L_{WECPN} = \overline{L_{EPN}} + 10\lg(N_1 + 3N_2 + 10N_3) - 39.4 \qquad\qquad (7-15)$$

式中，N_1 为 7:00—19:00 对某个预测点声环境产生噪声影响的飞行架次；N_2 为 19:00—22:00 对某个预测点声环境产生噪声影响的飞行架次；N_3 为 22:00—7:00 对某个预测点声环境产生噪声影响的飞行架次；$\overline{L_{EPN}}$ 为 N 次飞行有效感觉噪声级能量平均值（$N = N_1 + N_2 + N_3$），dB，其计算公式：

$$\overline{L_{EPN}} = 10\lg\left(\frac{1}{N_1 + N_2 + N_3}\sum_i\sum_j 10^{0.1L_{EPNij}}\right) \qquad\qquad (7-16)$$

式中，L_{EPNij} 为 j 航路，第 i 架次飞机在预测点产生的有效感觉噪声级，dB。

某测点在规定的测量时间 T 内有 $N\%$ 时间的声级超过某一声级值 L_A 时，这个声级值 L_A 称作累积百分声级 L_N，单位为 dB(A)。例如 L_{10} 为 70dB(A)，即表示在整个测量时间内，有 10% 时间的噪声都超过 70dB(A)。常用的累积百分声级有 L_{10}、L_{50}、L_{90}，其中 L_{10} 表示监测时间内的噪声平均峰值、L_{50} 表示监测时间内噪声的中值、L_{90} 表示监测时间内噪声的背景值。

对于稳态噪声（如工业噪声），一般以 A 声级为评价量；对于声级起伏较大（非稳态噪声）或间歇性噪声（如公路噪声、铁路噪声、港口噪声、建筑施工噪声）以等效连续 A 声级（L_{eq}，dB(A)）为评价量。累积百分声级用以表示随时间起伏的无规则噪声的声级分布特性，在城市各类环境噪声评价中常用作分析的依据。

7.2　声环境现状调查和评价

7.2.1　现状调查

声环境现状调查的基本方法是收集资料法、现场调查法和现场测量法。评价时，应根据评价工作等级的要求确定需采用的具体方法。主要的调查内容包含以下几个方面：

（1）影响声波传播的环境要素。要求调查建设项目所在区域的主要气象特征：年平均风速和主导风向，年平均气温，年平均相对湿度等。从相关部门获取评价范围内（1∶2000）～（1∶50000）的地理地形图，说明评价范围内声源与敏感目标之间的地貌特征、地形高差及影响声波传播的环境要素。

（2）声环境功能区划。从相关部门获取不同区域的声环境功能区划情况，调查各声环境功能区的声环境质量现状。

（3）敏感目标。声环境的敏感目标是指医院、学校、机关、科研单位、住宅、自然保护区等对噪声敏感的建筑物区域。调查评价范围内敏感目标的名称、规模、人口分布情况，并以图表相结合的方式说明敏感目标与建设项目之间在方位、距离、高差等方面的关系。

（4）现状声源。建设项目所在区域的声环境质量现状超过相应标准要求或噪声值相对较高时，需对区域内现有的主要声源的名称、数量、位置、声源源强等相关情况进行调查。含有厂界（或场界、边界）噪声排放的改、扩建项目，应说明现有建设项目厂界（或场界、边界）噪声的达标情况、超标情况及超标原因。

声环境的监测应按有关的国家标准执行：声环境质量标准执行《声环境质量标准》（GB3096—2008）；机场周围飞机噪声测量方法执行《机场周围飞机噪声测量方法》（GB 9661—88）；建筑施工场界噪声测量方法执行《建筑施工场界噪声测量方法》（GB 12524—90）；工业企业厂界环境噪声排放标准执行《工业企业厂界环境噪声排放标准》（GB12348—2008）；社会生活环境噪声排放标准执行《社会生活环境噪声排放标准》（GB22337—2008）；铁路边界噪声限值及其测量方法执行《铁路边界噪声限值及测量方法》（GB12525—90）的修改方案。

声环境布点原则应满足：

（1）布点应覆盖整个评价范围，包括厂界（或场界、边界）和敏感目标。当敏感目标高于（含）三层建筑时，还应选取有代表性的不同楼层设置测点。

（2）评价范围内没有明显的声源，如工业噪声、交通运输噪声、建设施工噪声、社会生活噪声等，且声级较低时，可选择有代表性的区域布设测点。

（3）评价范围内有明显的声源，并对敏感目标的声环境质量有影响，或建设项目为改扩建工程，应根据声源种类采取不同的监测布点原则。

（4）对固定声源，应重点布设在可能受到现有声源影响，又受到建设项目声源影响的敏感目标处以及有代表性的敏感目标处；同时为满足预测需要，也可在距离现有声源不同距离处设衰减测点。

（5）对呈现线声源特点的流动声源，现状测点位置选取应兼顾敏感目标的分布状况、工程特点及线声源噪声影响随距离衰减的特点，布设在具有代表性的敏感目标处。同时为满足预测需要，也可在若干线声源的垂线上距声源不同距离处布设监测点。

(6) 对改、扩建机场工程,测点一般布设在主要敏感目标处,测点数量可根据机场飞行量及周围敏感目标情况确定,现有单条跑道、二条跑道或三条跑道的机场可分别布设 3～9,9～14 或 12～18 个飞机噪声测点,跑道增多可进一步增加测点。

为了便于绘制等声级线图,需要用网格法确定测点。网格的大小应根据具体情况确定,对于建设项目包含呈线状声源特征的情况,平行于线状声源走向的网格间距可大些(如 100～300m),垂直于线状声源走向的网格间距应小些(如 20～60m);对于建设项目包含呈点声源特征的情况,网格的大小一般在 20m×20m～100m×100m 范围。

7.2.2　现状评价

现状噪声评价的主要内容如下:

(1) 以图、表结合的方式给出评价范围内的声环境功能区及其划分情况,以及现有敏感目标的分布情况。

(2) 分析评价范围内现有主要声源种类、数量及相应的噪声级、噪声特性等,明确主要声源分布。

(3) 分别评价不同类型的声环境功能区内各敏感目标的超、达标情况,说明其受到现有主要声源的影响状况。

(4) 给出不同类别的声环境功能区噪声超标范围内的人口数及分布情况。

7.3　环境噪声预测模型

为了了解一个建设项目建成后对周围声学环境的影响,必须进行建设项目的环境噪声预测。

7.3.1　声源声级 A 的确定

对于单个机器设备,其 A 声级(声压级和声功率级)可以通过以下途径确定。对于现有声源可以通过现场测定确定。对于拟增新声源,可通过查阅厂家提供的设备说明书获取;若是设备说明书中无此资料,可按经验公式估算,或是通过在其他工厂等单位进行类比调查获取。

除背景噪声的影响外,倘若室内仅有一个声源时,则室内任一点的声音由直达声与混响声组成,该点声压级可按式(7-17)计算:

$$L_p = L_w + 10\lg\left(\frac{Q}{4\pi r^2} + \frac{4}{R}\right) \qquad (\text{dB}) \qquad\qquad (7-17)$$

式中:L_w 为按声源设备估计的 A 声级,dB;r 为接收点与声源的距离,m;Q 为声源的指向性因数,无量纲;R 为房间常数,$R = \dfrac{S\alpha}{I-\alpha}$;$S$ 为房间总内表面积,m²;α 为房间内表面平均吸声系数,一般工业房间或机械间为矩形时可取 0.15,为非矩形时可取 0.2。

声源的指向性因数 Q 值与点声源所在空间有关。当点声源位于房间的空间中心时,$Q=1$;在地面或墙面上中间放置时,$Q=2$;在两墙交线或地面与一墙交线的中间放置时,$Q=4$;在三个面的交点上,$Q=8$。

若室内有多个声源时,可先分别求出各声源在该点引起的声压级,而后依据分贝的加法计算出该点总声压级(忽略室内各种障碍物对室内声场的影响)。

对于一般机械工厂,由于车间内围护结构、建筑材料类似,车间形状一般都是长条形或扁平形,当车间内有单个声源时,室内距外墙内侧1m处受声点声压级为:

$$L_p = L_w - K \lg r - 8 \qquad (dB) \tag{7-18}$$

式中:K 为修正系数,$K = 8.7 \times 10^{-6} V^{1.01} + 1.9$;$r$ 为接收点与声源的距离,m;V 为房间总容积,m³。

7.3.2 户外噪声传播衰减计算

在环境影响评价中,经常是根据靠近声源某一位置(参考位置)处的已知声级(如实测得到)来计算距声源较远处预测点的声级。声波在室外传播过程中将发生衰减,衰减的原因包括传播距离的增加、介质的吸收及障碍物的屏蔽作用等。环境影响评价中,遇到的声源往往是复杂的,需根据其分布形式简化处理。经常把声源简化成二类声源,即点声源和线状声源。

当声波波长比声源尺寸大得多或是预测点离开声源的距离比声源本身尺寸大得多时,声源可当作点声源处理,等效点声源位置在声源本身的中心。各种机械设备、单辆汽车、单架飞机等均可简化为点声源。当许多点声源连续分布在一条直线上时,可认为该声源是线状声源。公路上的汽车流、铁路可作为线状声源处理。

1.距离衰减(A_{div})

(1)点声源的距离衰减

在自由与半自由声场中,点声源的声压级与声功率级的关系式分别为:

$$L_p = L_w - 20 \lg r - 11 \qquad (dB) \tag{7-19}$$

$$L_p = L_w - 20 \lg r - 8 \qquad (dB) \tag{7-20}$$

若测点1、2与声源的距离分别为 r_1、r_2,则由 r_1 至 r_2 的声压级衰减量即为距离每增加一倍,声压级衰减6dB。

$$\Delta L_p = L_{p1} - L_{p2} = 20 \lg \frac{r_2}{r_1} \qquad (dB) \tag{7-21}$$

当点声源与预测点在反射体同侧附近时,到达预测点的声级是直达声与反射声叠加,使预测点声级增高,此时要考虑反射体引起的修正量。

(2)线声源的距离衰减

工厂里横架的长管道、一列火车或一长串汽车在运行时,均辐射出噪声,可以看成是线声源。通常,其长度远远大于宽度和厚度的声源即可视为线声源。线声源辐射的是柱面波。在自由声场中,一个无限长的线声源,其声压级随距离的衰减计算式为:

$$\Delta L_p = L_{p1} - L_{p2} = 10 \lg \frac{r_2}{r_1} \qquad (dB) \tag{7-22}$$

即离开线声源的距离增加 1 倍,声压级衰减 3dB。

如图 7-4 所示的有限长线声源,设线声源长为 l_0,在线声源垂直平分线上距声源 r 处的声级可简化为以下三种情况。

① 当 $r > l_0$ 且 $r_0 > l_0$ 时,在有限长线声源的远场,有限长线声源可当作点声源处理,即:

$$L_P(r) = L_P(r_0) - 20\lg(r/r_0) \tag{7-23}$$

② 当 $r < l_0/3$ 且 $r_0 < l_0/3$ 时,在近场区,有限长线声源可当作无限长线声源,即:

$$L_P(r) = L_P(r_0) - 10\lg(r/r_0) \tag{7-24}$$

③ 当 $l_0/3 < r < l_0$,且 $l_0/3 < r_0 < l_0$ 时,有限长线声源的声压级可做近似计算:

$$L_P(r) = L_P(r_0) - 15\lg(r/r_0) \tag{7-25}$$

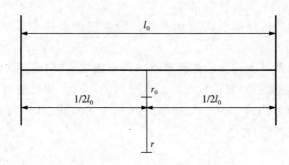

图 7-4　有限长线声源

(3) 面声源的距离衰减

一个大型设备的振动表面,车间透声的墙壁,均可以认为是面声源。如果已知面声源单位面积的声功率为 W,各面积元噪声的位相是随机的,面声源可看作由无数点声源连续分布组合而成,其合成声级可按能量叠加法求出。

作为一个整体的长方形面声源($b > a$),中心轴线上的声衰减可近似如下:预测点和面声源中心距离 $r < a/\pi$ 时,衰减 $A_{div} \approx 0$;当 $a/\pi < r < b/\pi$,距离加倍衰减 3dB 左右,类似线声源衰减,$A_{div} \approx 10\lg(r/r_0)$;当 $r > b/\pi$ 时,距离加倍衰减趋近于 6dB,类似点声源衰减,$A_{div} \approx 20\lg(r/r_0)$,其中面声源的 $b > a$。图 7-5 为长方形面声源中心轴线上的声衰减曲线。

2. 大气吸收引起的衰减(A_{atm})

大气吸收引起的衰减量为:

$$A_{atm} = \frac{\alpha(r - r_0)}{1000} \tag{7-26}$$

式中:A_{atm} 为空气吸收引起的 A 声级衰减量,dB(A);r 为预测点距声源的距离;r_0 为参照点距声源的距离。α 为温度、湿度和声波频率的函数,预测计算中一般根据建设项目所处区域常年平均气温和湿度选择相应的大气吸收衰减系数,见表 7-3。

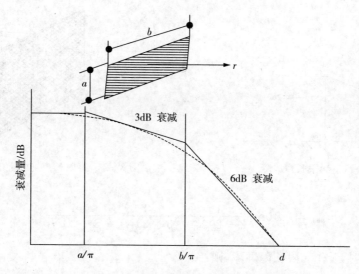

图 7-5　长方形面声源中心轴线上的衰减特性

表 7-3　倍频带噪声的大气吸收衰减系数 α

温度 /℃	相对湿度 /%	大气衰减系数 α/(dB/km)							
		倍频带中心频率 /Hz							
		63	125	250	500	1000	2000	4000	8000
10	70	0.1	0.4	1.0	1.9	3.7	9.7	32.8	117.0
20	70	0.1	0.3	1.1	2.8	5.0	9.0	22.9	76.6
30	70	0.1	0.3	1.0	3.1	7.4	12.7	23.1	59.3
15	20	0.3	0.6	1.2	2.7	8.2	28.2	28.8	202.0
15	50	0.1	0.2	1.2	2.2	4.2	10.8	36.2	129.0
15	80	0.1	0.3	1.1	2.4	4.1	8.3	23.7	82.8

3. 声屏障衰减（A_{bar}）

位于声源与预测点之间的实体障碍物,如围墙、建筑物、土坡或地堑等起声屏障作用,从而引起声能量的较大衰减。在环境影响评价中,可将各种形式的屏障简化为具有一定高度的薄屏障。

如图 7-6 所示,S、O、P 三点在同一平面内且垂直地面。定义 $\delta = SO + OP - SP$ 为声程差,$N = 2\delta/\lambda$ 为菲涅尔数,其中 λ 为声波波长。

（1）薄屏障衰减

对于有限长薄屏障,其在点声源声场中引起的衰减量计算过程是:首先计算如图 7-7 所示三种传播途径的声程差 δ_1、δ_2、δ_3 和相应的菲涅尔数 N_1、N_2、N_3,再由式(7-27)计算声屏障引起的衰减。

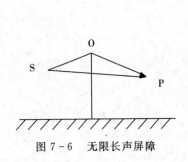

图 7-6　无限长声屏障

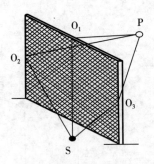

图 7-7　有限长声屏障上不同的传播途径

$$A_{\text{bar}} = -10\lg\left(\frac{1}{3+20N_1} + \frac{1}{3+20N_2} + \frac{1}{3+20N_3}\right) \tag{7-27}$$

当屏障很长时,看作无限长薄屏障,则:

$$A_{\text{bar}} = -10\lg\left(\frac{1}{3+20N_1}\right) \tag{7-28}$$

在任何频带上,薄屏障引起的衰减量最大取 20dB。

(2)绿化林带衰减

在声源附近的绿化林带,或在预测点附近的绿化林带,或两者均有的情况都可以使声波衰减。绿化林带的附加衰减与树种、林带结构和密度等因素有关,最大衰减量一般不超过 10dB。

表 7-4 中的第一行给出当通过总长度为 10m 到 20m 之间的密叶时所期望的由密叶引起的衰减;第二行为 20m 到 200m 之间的密叶时的衰减系数;当通过密叶的路径长度大于 200m 时,可使用 200m 的衰减值。

表 7-4　倍频带噪声通过密叶距离 d_f 传播时的衰减

项目	传播距离 d_f/m	倍频带中心频率,Hz							
		63	125	250	500	1000	2000	4000	8000
衰减 /dB	$10 \leqslant d_f < 20$	0	0	1	1	1	1	2	3
衰减系数 / (dB/m)	$20 \leqslant d_f < 200$	0.02	0.03	0.04	0.05	0.06	0.08	0.09	0.12

计算声屏障衰减后,不再考虑地面效应衰减。

4.地面效应衰减(A_{gr})

地面效应是指声波在地面附近传播时由于地面的反射和吸收而引起的声衰减现象。地面效应引起的衰减与地面类型(铺设或夯实的坚实地面、被草或作物覆盖的疏松地面、坚实地面和疏松地面组成的混合地面)有关。声波越过疏松地面传播时,或大部分为疏松地面的混合地面,在预测点仅计算 A 声级的前提下,地面效应引起的倍频带衰减可用公式(7-29)

计算。

$$A_{gr} = 4.8 - \left(\frac{2h_m}{r}\right)\left[17 + \left(\frac{300}{r}\right)\right] \qquad (7-29)$$

式中:r 为声源到预测点的距离,m;h_m 为传播路径的平均离地高度,可按图 7-8 计算,$h_m = F/r$;F 为面积,m²;若 A_{gr} 计算出负值,则 A_{gr} 用 0 代替。

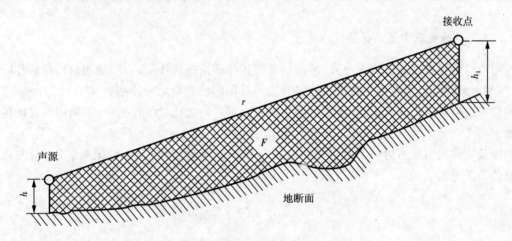

图 7-8　估计平均高度 h_m 的方法

5. 其他多方面原因引起的衰减(A_{misc})

指通过工业场所的衰减、通过房屋群的衰减等。在声环境影响评价中,一般不考虑自然条件(风、温度梯度、雾)引起的附加修正。

6. 倍频带声压级的计算

已知距离无指性点声源参照点 r_0 处的第 i 个倍频带(63 ～ 8000Hz 的 8 个倍频带中心频率)的声压级 $L_{Pi}(r_0)$,同时计算出参照点(r_0)和预测点(r)之间的各种户外声波传播衰减,则预测点的第 i 个倍频带声压级可按照公式(7-30)计算。

$$L_{Pi}(r) = L_{Pi}(r_0) - (A_{div} + A_{atm} + A_{bar} + A_{gr} + A_{misc}) \qquad (7-30)$$

式中,$L_{Pi}(r)$ 为预测点的第 i 个倍频带声压级;$L_{Pi}(r_0)$ 为参照点的第 i 个倍频带声压级;A_{div} 为距离引起的倍频带衰减;A_{bar} 为声屏障引起的倍频带衰减;A_{atm} 为空气吸收引起的倍频带衰减;A_{gr} 为地面效应引起的倍频带衰减;A_{misc} 为其他多方面引起的倍频带衰减。

若只考虑声源的距离衰减,则式(7-30)可简化为

$$L_{Pi}(r) = L_{Pi}(r_0) - A_{div} \qquad (7-31)$$

公式(7-30)和(7-31)同样适用于只有一个频率的声源在预测点处声压级的计算。

将 8 个倍频带声压级进行叠加,则可按照式(7-32)计算出预测点的 A 声级 $L_{A(r)}$。

$$L_A(r) = 10\lg\left\{\sum_{i=1}^{8} 10^{0.1[L_{Pi}(r) - \Delta L_i]}\right\} \qquad (7-32)$$

式中，$L_{Pi}(r)$ 为预测点 r 的第 i 个倍频带声压级；ΔL_i 为第 i 个倍频带的 A 计权网络修正值。具体修正值见表 7-5。

表 7-5　不同倍频带的 A 计权网络修正值单位：dB

频率 /Hz	63	125	250	500	1000	2000	4000	8000	16000
ΔL_i	-26.2	-16.1	-8.6	-3.2	0	1.2	1.0	-1.1	-6.6

7.3.3　墙壁隔声量的计算

用构件将噪声源与接收者分开，阻断空气声传播的措施称作隔声，所使用的构件称作隔声构件，如墙壁、玻璃、木板等。衡量构件隔声能力常用的物理量之一是透声系数，记为 τ。它表示构件透过声音能力的大小，等于透射的声能与入射声能之比，无量纲。一般隔声构件的透声系数多在 $10^{-5} \sim 10^{-1}$ 之间。

衡量构件隔声能力另一个常用的物理量是隔声量，或称透声损失，常记为 TL。它与透声系数的关系是：

$$TL = 10\lg \frac{1}{\tau} \quad (dB) \tag{7-33}$$

墙体隔声量的大小主要与构件的面密度、入射声波的频率和方向有关。面密度是指单位面积的墙体所具有的质量。在声波入射频率与方向一定的情况下，单层墙体的面密度愈大，隔声量愈大。这个规律称为质量定律。

单层密实均匀构件的隔声量可用经验公式计算：

$$TL = 18\lg m + 12\lg f - 25 \quad (dB) \tag{7-34}$$

式中：m 为墙体的面密度，kg/m^2；f 为入射声波的频率，Hz。

若墙体由多种隔声构件（或材料）组成，如一面墙上开有门或窗，则称为组合墙。组合墙隔声量的计算通过求平均透声系数获得：

$$\bar{\tau} = \frac{\sum_i \tau_i S_i}{S} \tag{7-35}$$

式中：τ_i 为第 i 种隔声构件（材料）的透声系数；S_i 为第 i 种隔声构件（材料）所占据的面积；S 为组合墙总面积，m^2。

【例 7-1】　某车间东墙为一砖、双面粉刷墙（面密度 $530kg/m^2$），上面共开有 5 个普通玻璃窗（面密度 $10kg/m^2$）及一个钢板（6mm 厚）门（面密度 $45kg/m^2$）。墙体总面积为 $6 \times 30 m^2$，每个窗面积为 $5m^2$，门面积为 $9m^2$，计算该墙体隔声量。

【解】　在 Excel 中，根据式（7-34）建立单层密实均匀构件的隔声量计算模板，如表 7-6 所示。求出 TL 后由 τ 的定义式解出单层构件的透声系数。按组合墙隔声量的计算方法获得平均透声系数。这里需要注意的是，计算门窗透声系数时，开启部分的透声系数是 1，因此 $\tau_i S_i$

包含关闭面积与构件透声系数乘积和开启面积与 1 的乘积。最后再由平均透声系数求出组合墙最终隔声量。Excel 模板的算式如表 7-7 所示。

表 7-6　组合墙隔声量计算的 Excel 模板

A	B	C	D	E	F	G	
							1
频率 Hz	τ_i			TL(dB)			2
	砖、双面粉刷墙	钢板门（6mm 厚）	普通玻璃窗（4mm）	砖、双面粉刷墙	钢板门（6mm 厚）	普通玻璃窗（4mm）	3
125	1.2E−05	0.001018	0.015265	49.19989	29.9207	18.16292	4
250	5.23E−06	0.000443	0.006645	52.81225	33.5331	21.77528	5
500	2.28E−06	0.000193	0.002892	56.42461	37.1455	25.38764	6
1000	9.92E−07	8.4E−05	0.001259	60.03697	40.7578	29	7
2000	4.32E−07	3.66E−05	0.000548	63.64933	44.3702	32.61236	8
4000	1.88E−07	1.59E−05	0.000239	67.26169	47.9825	36.22472	9
Ave.	3.52E−06	0.000299	0.004475	58.23079	38.9516	27.19382	10
面密度（kg/m²）	530	45	10	530	45	10	11
面积（m²）	146	9	25	146	9	25	12
开启度	0	0.5	0.3	0	0.5	0.3	13
$\tau_i S_i$	0.00051	4.50134	7.57831				14
组合墙	0.06711			11.732			15

表 7-7　组合墙隔声量计算 Excel 模板的算式

单元坐标	算　式
E4	$= 18 * \mathrm{LOG}(E\$11) + 12 * \mathrm{LOG}(\$A4) - 25$
E4···G9	从区域 E4 复制到区域 E4:G9
B4	$= 10\hat{}(- E4/10)$
B4···D9	从区域 B4 复制到区域 B4:D9
B10	$= \mathrm{AVERAGE}(B4:B9)$
B10······G10	从区域 B10 复制到区域 B10:G10
B14	$= B10 * B12 * (1 - B13) + B12 * B13$
B14···D14	从区域 B14 复制到区域 B14:D14
B15	$= \mathrm{SUM}(B14:D14)/\mathrm{SUM}(B12:D12)$
E15	$= 10 * \mathrm{LOG}(1/B15)$

7.4 噪声环境影响评价

7.4.1 噪声评价工作程序和等级

《环境影响评价技术导则 —— 声环境》(HJ2.4—2009) 说明,声环境评价的基本任务是评价建设项目实施引起的声环境质量的变化和外界噪声对需要安静建设项目的影响程度;提出合理可行的防治措施,把噪声污染降低到允许水平;从声环境影响角度评价建设项目实施的可能性;为建设项目优化选址、选线、合理布局以及城市规划提供科学依据。

声环境影响评价工作等级一般分为三级,一级最为详细,二级为一般性评价,三级为简要评价。声环境评价工作等级划分依据包括:(1) 建设项目所在区域的声环境功能区类别;(2) 建设项目建设前后所在区域的声环境质量变化程度;(3) 受建设项目影响人口的数量。

评价范围内有适用于 GB3096 规定的 0 类声环境功能区域,以及对噪声有特别限制要求的保护区等敏感目标,或建设项目建设前后评价范围内敏感目标噪声级增高量达 5dB(A) 以上(不含 5dB(A)),或受影响人口数量显著增多时,按一级评价。

建设项目所在的声环境功能区为 GB3096 规定的 1 类、2 类地区,或建设项目建设前后评价范围敏感目标噪声级增高量达 3dB(A) - 5dB(A)(含 5dB(A)),或受噪声影响人口数量增加较多时,按二级评价。

建设项目所在的声环境功能区为 GB3096 规定的 3 类、4 类地区,或建设项目建设前后评价

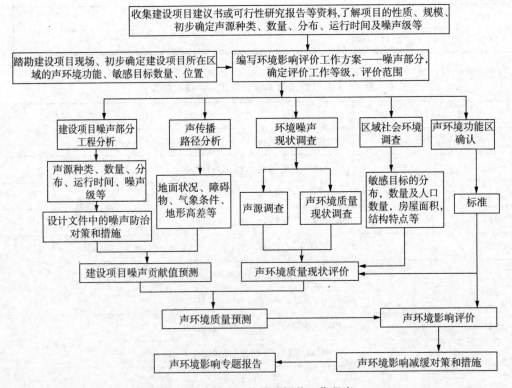

图 7-9 噪声环境影响评价工作程序

范围敏感目标噪声级增高量达 3dB(A) 以下（不含 3dB(A)），且受影响人口数量变化不大时，按三级评价。

在确定评价工作等级时，如建设项目符合两个以上级别的划分原则，按较高级别的评价等级评价。

7.4.2　噪声环境影响报告内容

专题报告应做到提供的资料齐全，可靠、论据清楚、结论明确；文字简洁、准确，图文并茂；既能全面、概括地表述声环境影响评价的全部工作，又利于阅读和审查。专题报告书应说明建设项目声环境影响的范围和程度；明确建设项目在不同实施阶段能否满足声环境保护要求的结论；同时提出噪声防治措施。

专题报告主要内容：

（1）总论。提出编制依据；评价工作等级、评价范围；执行的声环境质量标准及厂（场、边）界噪声排放标准；声环境敏感目标。

（2）工程分析。重点明确建设项目主要声源数量、位置、源强、拟采取的噪声控制措施。

（3）声环境现状调查与评价。说明评价范围内主要声源、声环境功能区划分情况；以图表的形式给出监测点位的名称和数量；说明监测仪器、监测时间、监测方法及监测结果；分析敏感目标现状噪声超标情况、受噪声的人口数量和超标原因。改扩建项目应对已有工程噪声现状进行重点分析评价。

（4）声环境影响预测和评价。明确预测时段、预测基础资料、预测方法、声源数量、源强；给出建设项目在不同时段下厂界（场界、边界）噪声达标、超标情况及超标原因；敏感目标超标情况及影响的人数。

（5）提出需要增加的、适用于建设项目的噪声防治对策，给出各项措施的降噪效果及投资估算，并分析其经济、技术的可行性。提出建设项目的有关噪声污染管理、监测及跟踪评价要求等方面的建议。

（6）声环境影响评价结论。

（7）附件。给出引用资料的来源时间、类比条件等。给出声源和敏感点位置关系图及敏感点图片等。

思考题与习题

1. 什么是一台设备的频谱图？绘制频谱图时的横坐标如何表示？

2. 说明声压级和声功率级的定义，为什么要用 dB 作为它们的声压级计量单位？

3. 鼓风机房的三台风机单独开动时产生的噪声分别为 72dB、74dB 和 68dB，试计算三台风机同时开动时的噪声声级。

4. 第 3 题中对三台风机分别加罩隔声，隔声罩用 3mm 钢板制造，并保留 5% 面积的通风孔，试计算隔声后三台风机同时开动时的噪声声级。

第八章　　环境系统最优化

╔═══════ 学 习 指 导 ═══════════════════╗

　　本章主要讲述环境系统最优化方法、环境问题的线性规划求解算法等内容。学习要点为：

　　(1)应用系统分析方法解决环境问题的显著特点是通过模型化和最优化来协调环境系统中各要素之间的关系，实现经济效益、环境效益和社会效益的统一。常用的最优化方法有线性规划、动态规划与网络分析等。

　　(2)认识线性规划问题的一般形式、典型形式和标准形式。掌握线性规划问题的基本概念：目标函数、约束条件、可行域、目标线、灵敏度、搜索策略、方案和目标值等。

　　(3)掌握线性规划问题的图解法、单纯形法等基本解法。

　　(4)掌握线性规划问题的对偶模型和灵敏度分析，并能利用影子价格认识其在原线性规划问题中所具有的意义。

　　(5)掌握运用 Excel 求解规划问题的方法。根据规划问题的基本概念，正确解读出用 Excel 生成的运算结果报告、敏感性报告和极限值报告等。熟练使用 Excel 规划求解解决大气污染控制的排污问题和污染物扩散问题。

╚═══════════════════════════════════════╝

　　通常人们为了规划、管理和控制某个系统，需要建立一个能反映该系统主要规律的数学模型，然后求解该数学模型。实际上人们在进行上述活动时都要用一种标准衡量一下，是否达到了最优。环境系统最优化是从所有可能的方案中选择最佳方案，以达到最优目标的科学。这种技术在科学实验、工程设计、环境规划与管理等问题中进行应用，使得在有限资源或规定的约束条件下，能够达到经济发展和环境保护的最佳效果。

8.1　　环境规划和系统最优化

8.1.1　城市环境规划

　　城市环境规划，又称城市环境保护规划，它与城市总体规划、经济社会发展计划紧密结合，相互渗透。它是协调城市发展建设与环境保护的重要手段。城市的发展建设不但要有经济发展目标、城市建设目标，同时也必须有明确的环境目标。

　　城市环境规划的主要任务是协调发展与环境的关系，促进生产，保护环境，使经济发展目标与环境目标统一，经济效益与环境效益统一。制定城市环境规划既要遵守生态规律，也要遵守经济规律，要研究城市生态系统的结构、功能、调节能力和环境容量。研究城市的代谢作用和城市化对生态的影响。

城市环境目标是城市环境规划的重要组成部分。它的确定要以城市的性质、功能和总的建设目标为依据,考虑居民的要求以及环境容量和技术经济水平,全面分析经济效益。

城市环境规划包括生态规划与污染综合防治规划两方面。其主要内容有:

1. 城市开发规划

(1) 工业规划:工程、投产时间、主要产品品种,年产量;

(2) 自然环境改变:挖掘、填筑、整理、采伐等引起的形状、面积和土方量变化;

(3) 人口变化:组成、分布等变化(年别,地区别)。

2. 土地利用规划

(1) 总体规划:城市总体布局、土地总体利用规划;

(2) 工业区划:各专门工业区、工业区和准工业区面积和人口;

(3) 居住区和商业区划:一等专门居住区、二等专门居住区、居住区、邻近商业和商业区的面积人口;

(4) 农业、林业和畜牧业等区划:面积、位置、人口、户数;

(5) 其他:港口、沿江河等城市的其他区划。

3. 水资源管理规划

(1) 用水规划:总体用水规划,水的收支、分配,主要取水水源等。

工业用水:工业用水量增长预测、水资源的平衡、供水量及来源。

生活用水(包括饮用水):生活用水增长预测,供水量及来源。

(2) 水资源保护规划(水质、水量):规划、地面水保护规划、地下水保护规划。

(3) 水面利用规划:渔业、其他水生生物的养殖等。

4. 城市能源规划

(1) 能源利用规划:能源大气污染预测,热污染预测。

(2) 能源环境影响预测:能源消费预测、能源规划、能源构成。

(3) 能源环境管理规划:分配规划、城市能源政策、控制能源造成的污染所采取的措施。

5. 工业污染源控制规划

(1) 工业污染源环境影响预测。骨干工业:生产工艺、生产技术水平、能源、资源消耗预测、单位产品或单位产值的排污量、污染增长趋势;中、小工业:按行业调查分析其经济效果与环境效果,预测其对环境的影响和对经济发展的作用。

(2) 控制规划:分区控制规划、工业结构、布局调整规划。

6. 大气污染预测综合防治规划及其他

(1) 大气环境质量预测:大气气象条件、主要污染物的浓度分布、大气质量预测。

(2) 大气污染防治:大气污染综合防治措施(包括环境目标、工程及管理措施)。

(3) 固体废物、化学品、噪声污染预测及防治:固体废物增长及环境影响预测、噪声环境影响预测、化学品增长及环境影响预测;制定综合防治规划(包括环境管理措施)。

7. 城市交通规划

城市交通与环境规划:城市道路、城市车辆类型、数量的发展规划及其对环境影响;铁路、公路、航空水运规划及其对环境影响；改善环境的措施、交通管理及环境设计。

8.城市绿化和建立生态调节区特殊保护区

城市绿化和生态：树种选择、郊区森林及城市各种绿地的规划、绿地指标；城市周围建立自然保护区，生态调节区的规划；特殊保护区（文物、古迹等）的规划。

8.1.2　环境系统最优化

目前，人类所面临的环境问题是由于工业化所造成的空气、水体和土壤的污染。环境的污染，既直接危害着人体的健康、威胁着人类的生存，又妨碍、限制了人类社会的进一步发展，环境已经成为人类社会前进发展的制约因素。

研究环境系统内部各组成部分之间的对立统一关系，寻求最佳的污染防治体系，研究环境质量和社会经济发展的对立统一关系，建立最佳的经济结构和经济布局是环境工作者面临的重大任务。在实现这两大任务的过程中，系统分析可以成为有力的工具。

应用系统分析方法解决上述环境问题的显著特点是通过模型化和最优化来协调环境系统中各要素之间的关系，实现经济效益、环境效益和社会效益的统一。系统最优化通常是通过最优化数学模型实现的。最优化的方法很多，要根据问题的性质选用适当的方法，对于过于复杂的系统，要作适当的简化，通过突出主要因素，忽略次要因素，或改变模型的形式，使最优化方法的应用成为可能。目前最常用的最优化方法有线性规划、动态规划与网络分析等。

一个最优化模型通常是由状态方程和目标函数构成。状态方程往往反映周围环境条件的约束，最优化模型可以用向量形式表示为：

$$\mathrm{Min}Z = f(\pmb{X}, \pmb{U}, \pmb{\Theta})$$

$$\mathrm{S.\,t.}\ \mathrm{G}(\pmb{X}, \pmb{U}, \pmb{\Theta}) = 0$$

式中：$\pmb{X}$ 为系统的状态向量，由描述系统的状态组成；$\pmb{U}$ 为系统的决策向量，由系统的可控变量组成；$\pmb{\Theta}$ 为系统的参数向量，由系统中的各类参数组成。

符号 S. t. 是 Such that 或 Subject to 的缩写，表示系统的约束条件。目标函数 $\mathrm{Min}Z = f(\pmb{X}, \pmb{U}, \pmb{\Theta})$ 表示以取得函数的最小值为目标。将决策向量和参数向量赋予具体内容，最优化模型可以写成更易于理解的一般形式：

$$\mathrm{Max(Min)}Z = F(\pmb{X}_1, \pmb{X}_2 \cdots, \pmb{X}_n) \tag{8-1}$$

$$\mathrm{S.\,t.}\begin{cases} g_1(\pmb{X}_1, \pmb{X}_2, \cdots, \pmb{X}_n) \leqslant, =, \text{或} \geqslant b_1 \\ g_2(\pmb{X}_1, \pmb{X}_2, \cdots, \pmb{X}_n) \leqslant, =, \text{或} \geqslant b_2 \\ \qquad\qquad \vdots \\ g_m(\pmb{X}_1, \pmb{X}_2, \cdots, \pmb{X}_n) \leqslant, =, \text{或} \geqslant b_m \end{cases} \tag{8-2}$$

状态向量 $X(\pmb{X}_1, \pmb{X}_2, \cdots, \pmb{X}_n)$ 中包含了决策选择；目标函数是 $Z = F(\pmb{X}_1, \pmb{X}_2, \cdots, \pmb{X}_n)$；$m$ 个约束条件 $g_1(\pmb{X}_1, \pmb{X}_2, \cdots, \pmb{X}_n), \cdots, g_m(\pmb{X}_1, \pmb{X}_2, \cdots, \pmb{X}_n)$ 被逐项列出。约束条件方程组确定了决策变量的可行值，它可以是等式或不等式。式(8-2)右端的 $b_1, b_2, \cdots, b_m$ 是相应的参数，决策应使目标函数 Z 最大化或最小化。满足约束条件式(8-2)的 $(\pmb{X}_1, \pmb{X}_2, \cdots, \pmb{X}_n)$ 的任何组合都是

最优化模型的可行解,使 Z 最大或最小的可行解是模型的最优解。最优模型的模型化是系统分析过程中重要的也是难度较大的步骤,需要将实体系统各要素及要素间的相互关系通过适当的筛选,用适当的数学方程来描述。

以某城市污水排水系统为例,所建立的模型如下:

$$Z = \text{Min}\{(C_p + A_p) + (C_{pu} + A_{pu}) + (C_{pp} + A_{pp}) + (C_t + A_t)\} \qquad (8-3)$$

S. t.

$$\begin{cases} \sum Q_i = Q_t \\ Q_i \geqslant 0 \\ \eta_i^{(1)} \leqslant \eta_i \leqslant \eta_i^{(2)} \end{cases}$$

污水处理厂约束条件(总流量为各分流量之和,处理效率在工艺相应限制下)。

$$C_i \leqslant C_{Si}$$

水质约束条件(控制水质符合环境标准)。

$$\begin{cases} H_p = H_{p'} + h' \\ D \in \Omega_{D'} \\ D' \geqslant D'_{min} \\ V'_{max} \geqslant V' \geqslant V'_{min} \end{cases}$$

压力输水管约束条件(输水总扬程＝输水净扬程＋水头损失,设计管径属于标准管径系列,最小管径限制,管中水流流速在最小允许流速和最大允许流速之间)。

$$\begin{cases} A(Q+q) = 0 \\ Z_{max} \geqslant E_1 - H_1 \geqslant Z_{min} \\ Z_{max} \geqslant E_2 - H_2 \geqslant Z_{min} \\ F_0 \geqslant F_u \geqslant 0 \\ H_u - D_u \geqslant H_i - D_i \\ D \in \Omega_D \\ D \geqslant D_{min} \\ V_{max} \geqslant V \geqslant V_{min} \end{cases}$$

重力流污水管约束条件:(1) 水量连续方程,Q 为各管的设计流量,g 本段流量;(2)、(3) 管段的上下游地面标高与管顶标高的差,在允许最大管顶覆土和最小覆土厚度之间;(4) 水流最大充盈度限制;(5) 相邻的上游管段的管底高程高于下游。其余同压力输水管相应约束条件。

目标函数是一个费用分析,总费用是由四大部分组成。其中,C_p、A_p 表示排水管渠的年折算费和年经营费用;C_{pu}、A_{pu} 表示提升泵站的年折算费和年经营费用;C_{pp}、A_{pp} 表示压力输水管的年折算费和年经营费用;C_t、A_t 表示排水管的年折算费和年经营费用。优化模型应使总费用最小。

环境系统最优化模型所处理的具体内容有:大气污染控制系统的模拟、规划和控制;水污染控制系统的模拟、规划和控制;固体废弃物的运输与处理、处置规划;城市生态系统的规划与管理等。一般说来,环境系统最优化问题的求解有相当的难度,这里仅介绍相应的概念和线性规划求解方法。

【例8-1】 某金属冶炼厂,每生产 1kg 金属产生 0.3kg 废物,这些废物随废水排放,浓度为 $2kg/m^3$,废水经部分处理,排入附近河流。政府对废物实行总量控制,为 10kg/d。工厂最大生产能力为 5500kg/d,售价为 13\$/kg,生产成本为 9\$/kg,废水处理设施的废水处理能力为 $700m^3/d$,处理费用是 $2\$/m^3$,废水处理效率与污染物的负荷有关,以 Q 表示废水处理量,单位为 $(\times 100m^3/d)$,处理效率为 $\eta = 1 - 0.06Q$,试对该问题建立最优化模型,并求解。

【解】 (1)确定状态变量

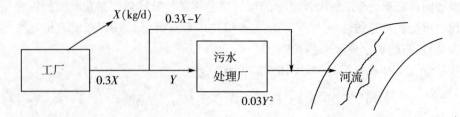

图 8-1　污染物的产生与产量、处理量的关系

设 X:工厂的金属产量($\times 100$kg/d);

　　Y:送往废水处理设施处理的污染物量($\times 100$kg/d)。

（2）建立最优化模型

污染物的质量 $Y(\times 100$kg/d$) =$ 流量 $Q(\times 100$m³/d$) \times$ 浓度(kg/m³)。已知浓度是 2kg/m³,废水处理流量 $Q=Y/2$,因此废水处理效率 $\eta=1-0.06Q=1-0.03Y$,处理厂排出污染物量是 $Y(1-\eta)=0.03Y^2$。

以满足排放标准和获得最大利润为目标,每日利润以 Z 表示:

$$Z=(13-9)X\times 100-2\times 100\times Y/2(\$/d)$$

最后获得的最优化模型为:

$$\text{Max}Z=400X-100Y \qquad (8-4)$$

$$\text{S.t.}\begin{cases}0.3X-Y+0.03Y^2\leqslant 10;\\ X\leqslant 55;\\ Y\leqslant 14;\\ 0.3X-Y\geqslant 0,X\geqslant 0,Y\geqslant 0\end{cases} \qquad (8-5)$$

（3）解最优化模型

最优化模型的求解过程是通过逐个评价可能的选择,从中选出最佳值的解。该过程随模型结构的性能和复杂程度而有所不同。最简单的方法是非正规搜索法(informalsearch),它依靠直观检验模型的可行域,用大体上合理的方法,逐步舍去劣解。许多定型的技术可以用来求解最优化模型,它们包括拉格朗日乘子法、搜索算法和数学规划法,这些方法通常比非正规搜索法更准确有效。然而,每种方法仅适用于一定类型的优化模型。非正规搜索法也有其重要意义,因为它适应范围广。

求解最优化的主要困难是要处理大量的可行解。本例中我们设定了 2 个状态变量,是一个二维问题。$X-Y$ 平面称为它的状态平面,画出其可行域,如图 8-2 所示。它们是由约束条件表示的直线和曲线围成,满足所有约束条件的点的全体,叫作可行域。在可行域内的 X 和 Y 的任何组合,都是一个可行解。可行解数量无限多,若想靠试差法求得最优解,就必须掌握选择试验方案的方法。在可行域内随意选择方案显然不是个好方法。要得到质量高的近似解,与方案的选择关系极大。如果确信实际的最优解是可行域中一部分,那么几乎没有必要再去检验可行域的其他部分。对评价方案进行谨慎的选择,可看做是搜索策略(searchstrategy),要迅速获得最佳目标值,需要借助一定的搜索策略。由于检验的方案有限,搜索成功与否决定于策略的质量。搜索策略的提出是经验和创造力的结合。每个模型均有其独特性,而没有一个统一的模式确定大多数策略的起点是检验最优化模型的目标函数。

考察本例中最优化模型的目标函数:

$$Max Z = 400X - 100Y$$

式中:X的系数是正值,Y的系数是负值,所以理想的解是X的值尽量大,Y的值尽量小。经搜索策略的分析,由于可行域右边界上的X值大于可行域内其余部分,所以可行域右边界上的解均优于可行域内其余部分的解。而从右边界直线部分A和B比较,B点Y值小于A点,所以右边界曲线部分的解一定优于右边界直线部分的解。因此,模型的最优解一定在右边界的曲线上。对曲线上的点,很难用搜索策略进行分析比较,作为一个普遍的方法,可以用试差法选择一些方案,实际计算其目标值并进行比较。例如可包括两个端点,共列出5个方案(如表8-1所示),分别计算各点利润值进行比较,从中选择可获得最大利润的方案。结果为$X=55,Y=9$时获得大利润,$Z=21193(\$/d)$。

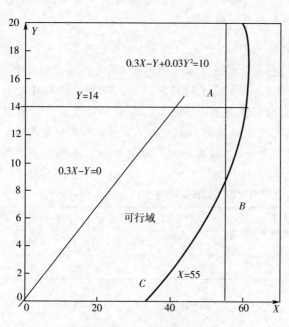

图 8-2　废水管理问题的可行域

表 8-1　可行域曲线上的目标值

X	Y	$Z(\$)$
33	0	13333
40	2	15640
45	4	17627
50	6	19293
55	9	21193

8.2　线性规划的概念

线性规划是运筹学中研究较早、应用较广、比较成熟的一个重要分支。它所研究的问题主要有两个方面:一是确定一项任务,如何统筹安排,以尽量做到用最少的资源来完成它;二是如何利用一定量的人力、物力和资金等资源来完成最多的任务。线性规划的模型可以叙述为在满足一组线性约束和变量为非负的限制条件下,求多变量线性函数的最优值(求最大值和最小值)。

8.2.1　线性规划问题

下面首先通过简单例子说明什么是线性规划问题,它的数学模型是怎样的。

【例 8-2】　在上节讨论优化问题时,以水处理方案为例建立了最优化模型。在该例中,污水处理效率与负荷有关,所以可行域边界线有一段为曲线。将例 8-1 的问题稍作修改,如果污水处理厂的处理效率与废水处理量无关,始终为 $\eta = 0.85$,其他条件仍相同,该如何进行选择。

【解】　按例 8-1 解法,设 X 为工厂的金属产量($\times 100kg/d$);Y 为送往废水处理设施处理的污染物量($\times 100kg/d$)。

建立的最优化模型为:

$$\text{Max} Z = 400X - 100Y$$

$$\text{S.t.} \begin{cases} 0.3X - Y + (1 - 0.85)Y \leqslant 10; & (8-6) \\ X \leqslant 55; & (8-7) \\ Y \leqslant 14; & (8-8) \\ 0.3X - Y \geqslant 0, X \geqslant 0, Y \geqslant 0; \end{cases}$$

这样,进行工厂生产和排污规划设计,需待解决问题的数学描述就是在满足限制条件式(8-6)～式(8-8)的要求下,求使 Z 值最大的未知量 X, Y。

【例 8-3】　农药管理问题。一个容积为 $100000m^3$ 的湖泊,湖水的平均停留时间为 6 个月,周围有 1000ha 农田,农作物上施用的一部分农药会流失到湖中,并危害到吃鱼的鹰。环保部门想知道如何管理农田才不致对鹰造成危害,生物学的研究证明湖水中的农药在食物链中被富集,并按几何级数增长。设湖水中的农药浓度为 C^1(ppm),湖水中的藻类中的农药浓度为 C^2(ppm),食藻鱼体内浓度为 C^3(ppm),食鱼的鹰体内浓度为 C^4(ppm),鹰的最大耐药浓度为 100ppm。在 1000ha 农田上种植两种农作物,它们具有不同的收益和农药施用量具体数据如下表 8-2 所示:

表 8-2　农作物农药施用量及收益

作物	农药施用量(kg/ha)	农药流失率(%)	作物收入($/ha)	作物费用($/ha)
蔬菜	6	15	300	160
粮食	2.5	20	150	50

【解】　建立模型,设种植蔬菜面积为 X_1 公顷,种植粮食面积为 X_2 公顷

净收益:

$$Z = (300 - 160)X_1 + (150 - 50)X_2$$

湖水中的农药浓度:为全年农药流失量除以全年湖水水量

$$(6 \times 0.15 \times X_1 + 2.5 \times 0.2 \times X_2)/(2 \times 100000) \quad (kg/m^3)$$

换算成 ppm,环保目标为:

$$C^4 = \left(\frac{0.9X_1 + 0.5X_2}{200}\right)^4 \leqslant 100$$

种植总面积约束:

$$X_1 + X_2 \leqslant 1000$$

完整的模型为:

$$\text{Max} Z = 140X_1 + 100X_2 \quad (8-9)$$

$$\text{S. t.} \begin{cases} 0.9X_1 + 0.5X_2 \leqslant 632.5 \\ X_1 + X_2 \leqslant 1000 \\ X_1, X_2 \geqslant 0 \end{cases} \tag{8-10}$$

8.2.2　线性规划问题的标准形式

由以上两例可以看出,线性规划问题是一类求极值的优化问题,它具有以下特征:

(1) 在问题中,用一组未知量(决策变量)表示某一方案,这组未知量的一组定值就代表了一个具体方案,通常要求这些未知量取值非负;

(2) 存在一定的限制条件,这些限制条件都可以以一组关于未知量的线性等式或不等式来表达;

(3) 存在一个目标要求,并且这个目标可表示成上述未知量的线性函数,按所研究的问题意义不同,要求目标函数实现最大化或最小化。

所谓线性规划问题,就是在一组相互关联的多变量线性等式和不等式约束,以及变量为非负的限制条件下,去解决和规划一个对象的线性目标函数的最优化问题。本质上,它是一类特殊的条件极值问题。

一般来讲,这类问题可用数学语言概括如下:

$$\text{Max(Min)} Z = c_1 X_1 + c_2 X_2 + \cdots + c_n X_n \tag{8-11}$$

$$\text{S. t. (LP)} \begin{cases} a_{11} X_1 + a_{12} X_2 + \cdots + a_{1n} X_n \leqslant, =, \geqslant b_1 \\ a_{21} X_1 + a_{22} X_2 + \cdots + a_{2n} X_n \leqslant, =, \geqslant b_2 \\ \vdots \\ a_{m1} X_1 + a_{m2} X_2 + \cdots + a_{mn} X_n \leqslant, =, \geqslant b_m \end{cases} \tag{8-12}$$

$$X_1, X_2, \cdots, X_n \geqslant 0 \tag{8-13}$$

这就是线性规划问题的一般数学模型,简称 LP 模型,式(8-11)为目标函数,式(8-12)与式(8-13)为约束条件,其中式(8-13)又称为非负条件。这里所给出的线性规划问题数学模型有各种具体不同的表达形式。为讨论问题方便,如果将不等式约束条件全部使用"≤"表示,称为线性规划问题的典型形式。我们还可以将一般形式转化为线性规划问题的标准形式。线性规划问题的标准形式可采用如下的矩阵表达式:

$$\text{Max} Z = \boldsymbol{CX} \tag{8-14}$$

$$\text{S. t.} \begin{cases} \boldsymbol{AX} = \boldsymbol{B} \\ \boldsymbol{X} \geqslant \boldsymbol{0} \end{cases}$$

其中:

$$\begin{cases} \boldsymbol{C} = (c_1, c_2, \cdots, c_n) \\ \boldsymbol{X} = (X_1, X_2, \cdots, X_n)^{\text{T}} \\ \boldsymbol{B} = (b_1, b_2, \cdots, b_m)^{\text{T}} \end{cases} \tag{8-15}$$

$$A = \begin{bmatrix} a_{11} & a_{12} & \cdots & a_{1n} \\ a_{21} & a_{22} & \cdots & a_{2n} \\ \vdots & & & \vdots \\ a_{m1} & a_{m2} & \cdots & a_{mn} \end{bmatrix} \qquad (8-16)$$

这里要求 $b_i \geqslant 0$。给出任意非标准形式的 LP 问题,总可以经过以下的步骤化为 LP 的标准形式模型。

(1) 若为极小值问题,只需将目标函数乘以 -1,则转化为 Max 问题。求得原问题的最优解后,再对求得的目标函数值取负号。

(2) 当某些 b_i 不满足"$\geqslant 0$"条件,可对相应的约束条件两端同乘以 -1 来得到。

(3) 约束条件若是不等式,这里有两种情况:当为"$\leqslant$"形式的不等式时,可在左端加入新的非负变量(称为松弛变量);当为"$\geqslant$"形式的不等式时,则在"$\geqslant$"号左端减去非负变量(称为剩余变量)。如此处理,即可将不等式约束变为等式约束。

8.3 图解法解二维线性规划问题

在线性规划问题中,如果只含有两个变量时,称为二维线性规划问题,此时可以用图解法求解。虽然,大多数规划问题变量个数大于 2,图解法应用不多,但该方法简单直观,有助于理解线性规划求解的基本原理。

8.3.1 可行域和目标线

在以 X、Y 为坐标轴的直角坐标系中,非负条件 $X \geqslant 0$ 就代表包括 Y 轴和它的右侧半平面;$Y \geqslant 0$ 就代表包括 X 轴和它以上的半平面。同理,例 8-2 的每一个约束条件都代表一个半平面,例如 $0.3X - Y \geqslant 0$ 是代表直线 $0.3X - Y = 0$ 右边的半平面,如图 8-3 所示。

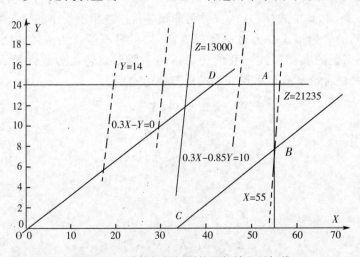

图 8-3 线性规划问题的可行域和目标线

现在我们再来分析目标函数：

$$\text{Max}Z = 400X - 100Y$$

在坐标平面上，它表示以 Z 为参数的一簇平行线，位于同一直线上的点具有相同的目标函数值，因而也称它为等值线。当 X 值由小变大时，直线 $Z = 400X - 100Y$ 沿其法线方向向右移动，当恰好移动到右下角 B 点时，既满足问题解的限制要求，又使目标值 z 的取值最大，这就得到例 8-2 的最优解，解的坐标为（55,7.65），于是由计算得 $Z = 21235$（\$/d）。

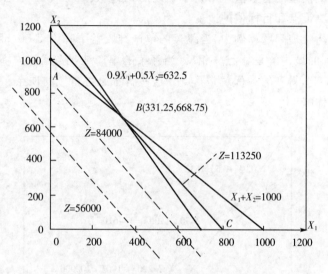

图 8-4　图解法解农药管理问题

概括线性规划问题图解法过程，就是：

（1）根据线性规划问题的每个约束条件，画出满足此约束条件的半平面，然后表示出满足全部约束条件的解的可行域；

（2）根据线性规划问题的目标函数，对确定的 Z 值（目标值可任意给定），画出目标函数的投影线。变动 Z 值，确定目标函数增大或减小的方向；

（3）根据线性规划问题目标函数极大化或极小化要求，在线性规划问题解的可行域上平行移动目标函数投影线，找到平行线与可行域相接的最终边际点，确定问题的最优解。

通过例 8-3 图解法的过程可以看到，该问题的可行域 $ODABC$ 是一凸多边形，其最优解位于可行域的顶点 B 上。

再让我们用图解法解另一个算例，例 8-3 的农药管理问题。根据已经获得的 LP 完整的模型：

$$\text{Max}Z = 140X_1 + 100X_2$$

$$\text{S. t.}\begin{cases} 0.9X_1 + 0.5X_2 \leqslant 632.5 \\ X_1 + X_2 \leqslant 1000 \\ X_1, X_2 \geqslant 0 \end{cases}$$

首先在 X_1、X_2 二维平面上，由 X_1、X_2 坐标轴与直线 $X_1 + X_2 = 1000$、$0.9X_1 + 0.5X_2 = 632.5$ 围

成可行域 $OABC$；以参数 $Z=102500(X_1=400)$，$Z=110500(X_1=600)$ 画出目标函数的投影线，说明目标线右移时 Z 值增大。目标线右移与可行域 $OABC$ 的最后接触点是 B 点。

解出 B 点的坐标是 $(331.25,668.75)$，因此该问题的解是：种植蔬菜面积为 331.25 公顷，种植粮食面积为 668.75 公顷，能够获得最大净收益 ＄113250。

8.3.2　灵敏度分析

由于实际问题中模型的参数值经常是不确定的，当参数改变后，一般会对结果产生影响。例如引起最优解的决策点和目标值的改变。

在图解法解农药管理问题算例中，当蔬菜的单产纯收益下降为 ＄50/ha 时，目标函数 $Z''=50X_1+100X_2$，得到的最优解是 A 点。相反，当蔬菜的单产纯收益增加为 ＄220/ha 时，目标函数 $Z'=220X_1+100X_2$，得到的最优解是 C 点。这些解都是可行域的顶点。图 8-5 是这两种情况下的目标线和最优解。

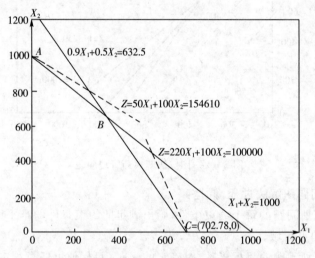

图 8-5　图解法解农药管理问题的灵敏度分析

回顾图解法解 LP 问题获得最优解的过程，可以看到最优化模型的最优解是由目标函数和两个约束条件的相对斜率所确定的。本例中，两个约束条件的斜率分别为 -1 和 -1.8，若蔬菜和粮食的单产纯收益分别为 P_1 和 P_2（＄/ha），当 $P_1/P_2>1.8$ 时，得到的最优解是 C 点；当 $P_1/P_2<1$ 时，得到的最优解是 A 点；当 P_1/P_2 取在 1 和 1.8 之间的任意值时，得到的最优解都是 B 点，这表明此解对两种作物的单产纯收益是不灵敏的。当 $P_1/P_2=1$ 时，目标线与 AB 重合，得到无数个有相同目标值的最优解。P_1 和 P_2 的任何微小改变均会破坏这一平衡，这表明两种作物的单产纯收益对解是灵敏的。

由于实际问题中模型参数的不确定性，系统分析关心模型中选择的参数将会对最优解产生影响的灵敏程度，即参数在何等范围内变化时，原解仍然是合理的。灵敏度分析能够了解参数估计的误差对最优解的影响，如果解对参数可能出现的误差是灵敏的，则必须精心收集和分析资料，以便得到更可靠的最优解。相反，如果可能的误差不影响最优解，则不必进行更精确的参数估计。灵敏度分析还有许多其他用途，通过灵敏度分析，可以预测最优决策是否应该随经济条件变化而改变。修改约束条件的参数也很重要，如在农药的管理问题中，决策时可能关心环境标准限制的宽或严对农作物收益造成的影响。

上面的讨论中,可以看到线性规划问题最优解会出现下列几种情况:

(1) 如果约束条件无共同区域,不可能有解;

(2) 可有一个有限最优解;

(3) 约束条件划出的半平面无界可有无限大最优解(无界解);

(4) 目标线与约束条件边际线平行,可有无穷多个最优解。

但是,若线性规划问题存在有限最优解,则它一定会在可行域的顶点上取得。线性规划问题的图解法虽然有着直观、简便等优点,但很明显,在变量增多的高维情况下就无能为力了,因而在实际中更为普遍的求解方法是单纯形法。

8.4　单纯形法解 LP 问题

由前面的叙述可知,一个 LP 问题如果具有有限个解,则一定是出现在可行域的顶点上。对二维问题可用图解法求解,高维时识别极点则很困难,即使一个中型问题顶点的数量也很多。单纯形法(SimplexMethod)是 1947 年由丹塞(GeofeB. Dantzig)提出的。它是一种通过检验顶点求解线性规划问题的实用算法。单纯形法实质上是一个迭代过程。这个迭代过程通过固定、程式化的步骤,在改善目标函数的前提下进行极点的转换,在诸顶点中搜索最优点。这样经过有限次迭代步骤便获得了 LP 的解。这种算法很容易通过计算机实行。

现仍使用例 8-3 农药管理问题之例,来说明单纯形法的解题步骤和相关概念。

1. 化 LP 问题为线性规划问题的标准形式(LP′)

$$LP: Max Z = 140X_1 + 100X_2$$

$$S.t. \begin{cases} 0.9X_1 + 0.5X_2 \leqslant 632.5 \\ X_1 + X_2 \leqslant 1000 \\ X_1, X_2 \geqslant 0 \end{cases}$$

引入松弛变量 S_1、S_2,得 LP′ 如下:

$$Max Z = 140X_1 + 100X_2 + 0S_1 + 0S_2 \tag{8-17}$$

$$0.9X_1 + 0.5X_2 + S_1 + 0S_2 \tag{8-18}$$

$$X_1 + X_2 + 0S_1 + S_2 \tag{8-19}$$

$$X_1, X_2, S_1, S_2 \geqslant 0 \tag{8-20}$$

考察式(8-18) 和式(8-19),两个方程中包含有 4 个未知数,有无穷多个解。

2. 选择初始顶点,写出未经迭代的单纯形表(零级单纯形表)

将 Z 和非零的变量写在方程左边,右边首先写出常数项,再接着写出其他变量,便成为单纯形表的一种可能形式,由于该表是未经迭代获得,故称为零级单纯形表。

$$Z = 0 + 140X_1 + 100X_2 \tag{8-21}$$

$$S_1 = 632.5 - 0.9X_1 - 0.5X_2 \tag{8-22}$$

$$S_2 = 1000 - X_1 - X_2 \tag{8-23}$$

当其余变量均为零时,Z、S_1、S_2 就等于右边的常数项,即 $Z=0$,$S_1=632.5$,$S_2=1000$,相应于顶点 $X_1=0$,$X_2=0$。

3. 迭代

使零级单纯形表中的一个零变量增值,以改进目标函数,变量的选择以高效为原则,即该变量的增值会使目标函数得到最迅速的增加。式(8-21)中 X_1 的系数(140)大于 X_2 的系数(100),所以选择 X_1。

接下来的问题是 X_1 可以增加到多大。由式(8-22),当 $S_1=0$,$X_2=0$ 时,X_1 可取得最大值 $X_1=632.5/0.9=702.78$;由式(8-23),当 $S_2=0$,$X_2=0$ 时,X_1 可取得最大值 $X_1=1000$;为了保证结果的可行性,选择其中较小者(否则,$X_1=1000$,$S_1=-267.5$,不可行),故有 $X_1=702.78$,$S_1=0$。为了获得新的单纯形表,因为 X_1 的新值是由式(8-22)求得,所以仍由式(8-22)解出 X_1:

$$X_1=(632.5-S_1-0.5X_2)/0.9 \qquad (8-24)$$

将式(8-24)代入式(8-21)和式(8-23),得一次迭代的单纯形表:

$$Z=0+140(632.5-S_1-0.5X_2)/0.9+100X_2$$

$$S_2=1000-0.9(632.5-S_1-0.5X_2)/0.9-X_2$$

在迭代过程中,为了防止计算产生的积累误差,有必要保留多位有效数字,否则将获得差别很大的最优解。经整理,有一级单纯形表:

$$Z=98388.8889-155.555556S_1+22.22222X_2 \qquad (8-25)$$

$$X_1=702.77778-1.111111S_1-0.555556X_2 \qquad (8-26)$$

$$S_2=297.22222+1.111111S_1-0.444444X_2 \qquad (8-27)$$

根据一级单纯形表提供的LP新解,X_2 和 S_1 为零,$X_1=702.78$、$S_2=297.22$、$Z=98388.89$;这个解对应于图8-4中的顶点 C。

4. 重复迭代过程

(1)目标函数的系数判别:X_2 系数大于零,说明 X_2 增大会改善 Z 值。因此目标函数关系式中的变量系数又称为检验数。

(2)由式(8-26)和式(8-27)选 X_2 的较小增值并解出 X_2。

由式(8-26),X_2 最大为 $X_2=702.77778/0.55556=1265$;由式(8-27),$X_2$ 最大为 $X_2=297.22222/0.44444=669$;较小增值为669。由式(8-27)解出

$$X_2=668.75668+2.50002S_1-2.25002S_2$$

(3)将结果代入式(8-25)和式(8-26),写出新的单纯形表:

$$Z=113250.147-99.99957S_1-50.00044S_2 \qquad (8-28)$$

$$X_1=668.75668+2.50002S_1-2.25002S_2 \qquad (8-29)$$

$$X_2=331.24332-2.50002S_1+1.25002S_2 \qquad (8-30)$$

（4）根据新一级单纯形表得出 LP 新解，S_2 和 S_1 为零，$X_1 = 331.24, X_2 = 668.76, Z = 113250.15$；这个解对应于图 8-4 中的极点 B。

5.判别新解是否为最优解

由目标函数的系数进行判别：S_1 和 S_2 的系数均小于零，说明这些变量的增大不会改善 Z 值，目标函数已经是最优解。因此，对于单纯形表，如果目标函数关系式中的全部变量系数（检验数）均小于或等于零时，目标函数已经是最优解，整个迭代过程结束。本例经过二次迭代就已收敛于最优解，结果以二级单纯形表式（8-28）～式（8-30）表示。从单纯形表可求出 LP 的解，$S_2 = 0, S_1 = 0, X_1 = 331.24, X_2 = 668.76$ 和 $Z = 113250.15$。

实际上，我们在学习单纯形法时，计算过程已经不是关键，因为这些运算大多已由计算机完成。但只有认识了单纯形法的解题步骤和学会解读单纯形表，才能够正确领会 LP 问题的求解方法和从单纯形表获得关于 LP 问题解的丰富信息。

用单纯形法求解 LP 问题具有以下特点：

（1）收敛快，如例 8-3 经过二次迭代就已收敛于最优解。

（2）每次迭代对应一个极点，如例 8-4 中每个极点有两个零变量和两个非零变量。

（3）步骤机械化，易于使用计算机操作。整个程序包括产生初始解、检查检验数和迭代等过程。

8.5　对偶线性规划模型

LP 模型有一个对灵敏度分析非常实用的特性，就是存在对偶模型。每个 LP 模型都有其对偶模型，在用单纯形法求解原模型的同时，也已获得了对偶模型的解。对单纯形表的详细解读，向我们提供了在系统分析中十分有用的丰富信息。

8.5.1　由算例认识对偶问题

我们由对农药管理之例（例 8-3）的分析入手，来认识一下对偶问题。

1.原模型

$$\text{LP: } Max\, Z = 140X_1 + 100X_2 \tag{8-9}$$

$$\text{S. t.} \begin{cases} 0.9X_1 + 0.5X_2 \leqslant 632.5 \\ X_1 + X_2 \leqslant 1000 \\ X_1, X_2 \geqslant 0 \end{cases} \tag{8-10}$$

2.用边际值定义新变量

在第四章中，我们已经认识到环境容量是一种资源。通过消耗环境的纳污容量，获得了经济的发展。设 Y_1 为改变农药限制条件的边际值（\$/kg），其含义是允许农药流失的单位增加量（减少）引起经济收益的增加（减少）。若约束条件式（8-10）右边的值增加为 633.5，则最优净收入将增加 Y_1。相反，如果约束条件式（8-10）右边的值减少为 631.5，则最优净收入将减少 Y_1。同理，定义 Y_2 为总种植面积的边际值（\$/ha），含义是种植面积每增加（减少）单位量引起最优解 Z 的增加（减少）。

3. 农药管理问题的对偶问题

为了推导由边际值新变量构成的 LP 问题的新模型，可将环境对污染物的容纳量和土地一样作为资源考虑，看如何优化利用资源。农药管理问题的对偶模型是：

$$\mathrm{Min}Z = 632.5Y_1 + 1000Y_2$$

$$0.9Y_1 + 1.0Y_2 \geqslant 140$$

$$0.5Y_1 + 1.0Y_2 \geqslant 100$$

$$Y_1, Y_2 \geqslant 0$$

上述模型可理解为两个约束条件给出了通过资源消耗，希望两种作物获取较高的单产收益。由于总资源价值是有限的，所以用最小化来防止对资源价值的过高估计。

4. 农药管理对偶问题的图解

图 8-6 表示上述农药管理对偶问题的目标线和可行域。

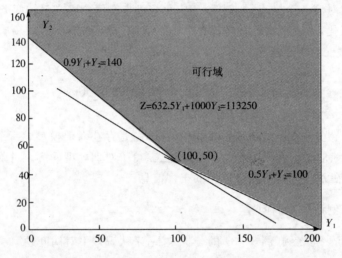

图 8-6　农药管理对偶问题的目标线和可行域

考察农药管理原问题的最终单纯形表：

$$Z = 113250 - 100S_1 - 50S_2$$

$$X_1 = 668.75 + 2.5S_1 - 2.25S_2$$

$$X_2 = 331.25 - 2.5S_1 + 1.25S_2$$

从原模型的约束条件可以看出，松弛变量 S_1 的含义是未加使用的环境容量，S_2 的含义是未加耕种的土地面积。最优解中，S_1 和 S_2 都为零，说明有关资源均已得到完全的利用。松弛变量 S_1 和 S_2 的系数说明了资源对目标值的影响。因此在最终单纯形表的目标函数式中，松弛变量系数的负值是非零对偶变量的最优解。那么，不需要另外的计算，在用单纯形法求解原模型的同时，也已获得了对偶模型的解。

5. 对偶模型的灵敏度分析

在对本 LP 模型进行灵敏度分析的过程中，得到两种方案目标函数的解，如图 8-5 所示。

$(1)Z = 220X_1 + 100X_2$;

$(2)Z = 50X_1 + 100X_2$。

将所得到两种方案目标函数的解列入表8-3表示。比较这两个相关的LP模型,来讨论对偶问题的一般特性。由表8-3可见:方案一,$X_1 + X_2 = 702.78$ 未达到约束条件 $X_1 + X_2 \leqslant 1000$ 的上限;方案二,未达到约束条件 $0.9X_1 + 0.5X_2 \leqslant 632.5$ 的上限。每个约束条件都伴随一个对偶变量。最优对偶解表明,自由约束(没有达到约束条件上限)的边际值是零,这时约束条件右边值的变化不会影响目标函数的最优值。

表8-3 两种不同目标函数下的原始和对偶模型

方案	原始模型	对偶模型
1	$MaxZ = 220X_1 + 100X_2$ S. t. $0.9X_1 + 0.5X_2 \leqslant 632.5$ $X_1 + X_2 \leqslant 1000$ $X_1, X_2 \geqslant 0$ $Z' = 154610$ $X_1' = 702.78, X_2' = 0$	$MinZ = 632.5Y_1 + 1000Y_2$ $0.9Y_1 + 1.0Y_2 \geqslant 220$ $0.5Y_1 + 1.0Y_2 \geqslant 100$ $Y_1, Y_2 \geqslant 0$ $Z' = 154610$ $Y_1' = 244.44, Y_2' = 0$
2	$MaxZ = 50X_1 + 100X_2$ S. t. $0.9X_1 + 0.5X_2 \leqslant 632.5$ $X_1 + X_2 \leqslant 1000$ $X_1, X_2 \geqslant 0$ $Z' = 100000$ $X_1' = 0, X_2' = 1000$	$MinZ = 632.5Y_1 + 1000Y_2$ $0.9Y_1 + 1.0Y_2 \geqslant 50$ $0.5Y_1 + 1.0Y_2 \geqslant 100$ $Y_1, Y_2 \geqslant 0$ $Z' = 100000$ $Y_1' = 0, Y_2' = 100$

8.5.2 线性规划的对偶模型

线性规划对偶模型中所谓的“对偶”就是等价的意思。对于任一线性规划问题都有一个与之密切相关的另一个线性规划问题,称为它的对偶问题(DualityPrograms)。如果原线性规划问题包括 n 个变量和 m 个约束,那么对偶则包括 n 个约束和 m 个变量。两者之中任一个解都容易得到其对偶模型的另一个解。

原LP问题与对偶问题具有以下定义和性质。

1.原问题是典型形式的对偶问题

假定原问题是:

$$MaxZ = \sum_{j=1}^{n} C_j X_j$$

$$S. t. \quad \sum_{j=1}^{n} a_{ij} \leqslant b_j \tag{8-31}$$

$$i = 1, 2, \cdots, m$$

$$X_j \geqslant 0, \quad j = 1, 2, \cdots, n$$

则相应的对偶问题是：

$$\text{Min } Y_D = \sum_{i=1}^{m} b_i Y_i$$

$$\text{S. t.} \quad \sum_{i=1}^{m} a_{ij} Y_i \geqslant C_j \tag{8-32}$$

$$j = 1, 2, \cdots, n$$

$$Y_i \geqslant 0, \quad i = 1, 2, \cdots, m$$

其中，$Y_1, Y_2, \cdots, Y_m$ 称为对偶变量。

2. 原问题是标准形式的对偶问题

假定原问题是：

$$\text{Max } Z = \sum_{j=1}^{n} C_j X_j$$

$$\text{S. t.} \quad \sum_{j=1}^{n} a_{ij} X_j = b_j \tag{8-33}$$

$$i = 1, 2, \cdots, m$$

$$X_j \geqslant 0, \quad j = 1, 2, \cdots, n$$

首先，将等式约束条件分解成两个不等式的条件，即：

$$\text{Max } Z = \sum_{j=1}^{n} C_j X_j$$

$$\text{S. t.} \quad \sum_{j=1}^{n} a_{ij} X_j \leqslant b_i \tag{8-34}$$

$$-\left[\sum_{j=1}^{n} a_{ij} X_j\right] \leqslant -b_i$$

$$i = 1, 2, \cdots, m$$

$$X_j \geqslant 0, \quad j = 1, 2, \cdots, n$$

则相应的对偶问题是：

$$\text{Min } Y_D = \sum_{i=1}^{m} b_i Y_i' + \sum_{i=1}^{m} (-b_i) Y_i''$$

$$\text{S. t.} \quad \sum_{i=1}^{m} a_{ij} Y_i' + \sum_{i=1}^{m} (-a_{ij}) Y_i'' \geqslant C_j \tag{8-35}$$

$$j = 1, 2, \cdots, n$$

再令 $y = y' + y''$，则式(8-35)化简为：

$$\text{Min } Y_D = \sum_{i=1}^{m} b_i Y_i$$

$$\text{S. t.} \qquad \sum_{i=1}^{m} a_{ij} Y_i \geqslant C_j \qquad\qquad (8-36)$$

$$j = 1, 2, \cdots, n$$

其中 $Y_i (i=1,2,\cdots,m)$ 是自由变量。

【例 8-4】

$$\text{Max } Z = 5X_1 + 12X_2 + 4X_3 + 0S_1$$

$$\text{S. t.} \qquad X_1 + 2X_2 + X_3 + S_1 = 5$$

$$2X_1 - X_2 + 3X_3 = 2$$

$$X_1, X_2, X_3 \geqslant 0$$

【解】　其对偶模型是

$$\text{Min } Y_D = 5Y_1 + 2Y_2$$

$$\text{S. t.} \qquad Y_1 + 2Y_2 \geqslant 5$$

$$2Y_1 - Y_2 \geqslant 12$$

$$Y_1 + 3Y_2 \geqslant 4$$

$$Y_1 \geqslant 0; Y_2 \text{ 是自由变量。}$$

3. 线性规划原问题和对偶问题的基本性质

线性规划中的原问题与对偶问题之间有下述性质：

(1) 原型问题是一个极大化规划,则对偶问题是一个极小化规划。

(2) 在典型形式中,若极大化的原型问题是"$\leqslant$"约束条件,则在极小化对偶规划中是"$\geqslant$"约束条件。

(3) 如果原型的约束方程是等式,则相应的对偶变量是自由变量(不遵守非负约束)。

(4) 原型问题约束方程的个数等于对偶变量的个数,反之亦然。

(5) 原型问题约束方程右边的常数分别为对偶问题目标函数的系数,反之亦然。

(6) 线性规划对偶问题的对偶是原问题。

(7) 若 X 是线性规划原问题的可行解,Y 是对偶问题的可行解,则 $CX \leqslant YB$,等于的情况出现在原问题和对偶问题的最优解。

(8) 对偶问题的最优解可由原设问题获得时,此最优解可在单纯形表的松弛变量中的检验数中得到;反之,原问题的最优解可由对偶问题的剩余变量各列中的检验数中得到。

(9) 对偶定理:若原问题有最优解,那么对偶问题也有最优解,且目标函数值相等。

研究线性规划的对偶问题具有实用意义。通过线性规划对偶问题的研究,能够更加深入认识线性规划问题变量和约束的内容;对变量少但约束多的线性规划问题可通过对偶转换简化求解;应用对偶模型还可以讨论线性规划问题中参数的灵敏度。

8.5.3 影子价格

在典型形式的对偶问题中，对偶 LP 模型的变量 $Y_1,Y_2,\cdots,Y_m \geqslant 0$，称为对偶变量。对偶变量有其经济解释，被称为影子价格。

对照 8.5.1 中对农药管理对偶问题的分析，目标函数的 b_i 值可以解释为可供利用的环境容量资源和土地资源。对偶变量 Y_i 是相应于第 Y_1 个原始约束条件的边际值，它是第 i 种资源每一个单位对目标值的贡献。该问题的最优解是 $Y_1=100$，$Y_2=50$，说明如果环境容量资源增加一个单位，收益将增加 $\$100$；同样，如果土地资源增加一个单位，收益将增加 $\$50$。

影子价格并不是市场价格，它是在特定最优解条件下某一资源的潜在价格，反映这种资源在实现最优解中的作用和紧迫程度。其大小与资源的稀缺程度，即与供求关系有很大关系，也与目标函数等的选择有关。影子价格的含义和作用可概括为：

（1）影子价格值愈大，说明它对目标函数的影响、作用愈大。影子价格为 0，说明此项资源在实现最优解时尚有剩余，对目标函数变化不发生影响。这样，影子价格的值就为本系统进一步改善目标函数值提供了依据。

（2）影子价格也可以为政府的环境管理和企业经营决策提供依据，寻求经济建设和环境保护的协调发展。

8.6 Excel 的规划求解

我们在掌握规划问题，特别是线性规划的概念后，面临的首要任务就是如何将它们应用到实际工作中去。事实上，规划问题的求解运算现在大多由计算机完成。特别是由于计算机技术的发展，使规划问题的求解变得十分快捷和简单。我们不需要进行计算机的编程，而只要简单应用 Excel 的规划求解工具，基本上能够满足我们的解题要求。

【例 8-5】 用 Excel 的规划求解，解农药管理问题。

【解】 （1）由原模型

$$\text{LP:}\qquad \text{Max } Z = 140X_1 + 100X_2$$
$$\text{S. t.}\qquad 0.9X_1 + 0.5X_2 \leqslant 632.5$$
$$X_1 + X_2 \leqslant 1000$$
$$X_1,X_2 \geqslant 0$$

建立 Excel 工作表，表格形式和对应算式如表 8-4 所示。

表 8-4 规划求解的 Excel 工作表和算式

(1)Excel 工作表

A	B	C	D	E	F	G	
					总收入	24000	2
	蔬菜	粮食	污染物	总面积	污染容量	土地资源	3
单价	140	100					4
方案	100	100	140	200	632.5	1000	5

(2) 算式或说明

单元格坐标	算式或说明
B4,C4	确定常数,表示单产收益的原始条件
F5,G5	确定常数,表示资源数量的原始条件
B5,C5	可变单元格,计算开始时的初始值可以是任意常数
D5	$= 0.9 * B5 + 0.5 * C5$　是约束条件 1
E5	$= B5 + C5$　是约束条件 2
G2	$= B4 * B5 + C4 * C5$　是目标函数值

(2) 进行操作:工具 → 规划求解 → 填写对话框,如图 8-7 所示。

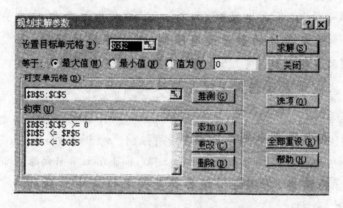

图 8-7　Excel 的规划求解对话框

(3) 求解和产生报告。Excel 的规划求解提供了三种形式的报告,它们是运算结果报告、敏感性报告和极限值报告。我们可按需要,提出生成何种报告。在此列出了敏感性报告和极限值报告。我们看到敏感性报告约束项有拉格朗日乘数一栏,这就是对偶问题的解。

Excel 敏感性报告如表 8-5 所示:

表 8-5　Excel 敏感性报告

(1) 可变单元格

单元格	名字	终值	递减梯度
$B$5	方案 蔬菜	331.25	0
$C$5	方案 粮食	668.75	0

(2) 约束

单元格	名字	终值	拉格朗日乘数
$E$5	方案 总面积	1000	50
$D$5	方案 污染物	632.5	100

(3)Excel 极限值报告

单元格	变量名字	值	上限极限	目标式结果
$G$2	总收入			113250
$B$5	方案 蔬菜	331.25	331.25	113250
$C$5	方案 粮食	668.75	668.75	113250

一般而言,Excel 的规划求解操作过程可概括如下:

(1)在"工具"菜单中,单击"规划求解"命令。如果"规划求解"命令没有出现在"工具"菜单中,则需要安装"规划求解"加载宏。

(2)在"目标单元格"编辑框中,键入单元格引用或目标单元格的名称。目标单元格必须包含公式。

(3)如果要使目标单元格中数值最大,请单击"最大值"选项。如果要使目标单元格中数值最小,请单击"最小值"选项。如果要使目标单元格中数值为确定值,请单击"目标值"复选框,然后在右侧的编辑框中输入数值。

(4)在"可变单元格"编辑框中,键入每个可变单元格的名称或引用,用逗号分隔不相邻的引用。可变单元格必须直接或间接与目标单元格相联系,最多可以指定 200 个单元格。

(5)在"约束"列表框中,输入相应的约束条件。约束条件是指"规划求解"问题中设置的限制条件。约束条件可以应用于可变单元格、目标单元格或其他与目标单元格直接或间接相关的单元格。对于线性问题,约束条件的数量没有限制。对于非线性问题,每个可变单元格可具有下列约束条件:二进制约束;整数约束附加上限、下限或上下限约束;上限、下限或上下限约束;并且可以为最多 100 个其他单元格指定上限或下限。

(6)单击"求解"按钮。

(7)如果要在工作表中保存求解后的数值,请在"规划求解结果"对话框中,单击"保存规划求解结果"。

(8)创建指定类型的报告,并将每份报告存放到工作簿中单独的一张工作表上。

① 运算结果报告

列出目标单元格和可变单元格以及它们的初始值、最终结果、约束条件和有关约束条件的信息。

② 敏感性报告

在"规划求解参数"对话框的"目标单元格"编辑框中所指定的公式的微小变化,以及约束条件的微小变化对求解结果都会有一定的影响。此报告提供关于求解结果对这些微小变化的敏感性的信息。对于线性模型,此报告中将包含缩减成本、影子价格、目标系数(允许有少量增减额)的影响。

③ 极限值报告

列出目标单元格和可变单元格以及它们的数值、上下限和目标值。含有整数约束条件的模型不能生成本报告。下限是在满足约束条件和保持其他可变单元格数值不变的情况下,某个可变单元格可以取到的最小值。上限是在这种情况下可以取到的最大值。

由上述关于 Excel 规划求解的操作要求可以看出,Excel 不仅能用于求解线性问题,也能够用于求解非线性问题和整数规划问题。

【例8-6】　用 Excel 的规划求解,解下列非线性问题。

$$MaxZ = 8X_1 + 12X_2 + 4X_3$$

$$S.t. \quad X_1^3 + 4X_2 + 3X_3 = 32$$

$$7X_1 - X_2^2 + 3X_3 = 2$$

$$X_1, X_2, X_3 \geqslant 0$$

【解】　与例8-5相比,本例有两个显著不同:一是约束条件中包含 X_1 的3次方和 X_2 的平方项,是一个非线性问题;二是约束条件采用等式表示。尽管如此,两者在 Excel 的规划求解操作中却毫无二致。

在 Excel 建立工作表,运行规划求解的表格形式、运行结果和对应算式如表8-6所示。

表8-6　非线性问题规划求解的 Excel 工作表和算式

(1)Excel 工作表

A	B	C	D	E	
	目标值	X_1	X_2	X_3	2
Z	79.6088	1.45	4.411	3.776	3
约束1	32				4
约束2	2				5

(2)算式或说明

单元格坐标	算式或说明
C3,D3,E3	可变单元格,计算开始时的初始值可以是任意常数
B3	= C3 * 8 + 12 * D3 + 4 * E3　　是目标函数值
B4	= C3^3 + D3 * 4 + E3 * 3　　是约束条件1
B5	= C3 * 7 - D3^2 + 3 * E3　　是约束条件2

【例8-7】　有九头鸟、鸡、兔同笼,上有152个头,下有374只脚,问笼中九头鸟、鸡、兔各多少?

【解】　本例特点在于九头鸟、鸡、兔个数必须是整数。建立 Excel 工作表,运行规划求解的表格形式、运行结果和对应算式如表8-7,相应的规划求解运行对话框如图8-8所示。

表8-7　整数问题规划求解的 Excel 工作表和算式

A	B	C	D	E	
九头鸟	鸡	兔子	头	脚	2
6	15	83	152	374	3
104					4
D3 = A3 * 9 + B3 + C3					5
E3 = A3 * 2 + B3 * 2 + C3 * 4					6
A4 = SUM(A3:C3)					7

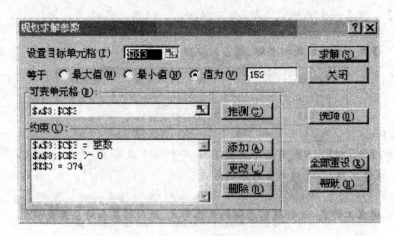

图 8-8　Excel 的整数规划求解对话框

这里使用了头数为目标函数，脚数为约束条件，其他约束条件还有整数条件（\$A\$3：\$C\$3＝整数）和非负条件。如果在 A3:C3 使用初始值 1、1、1，得到九头鸟 4 只、鸡 49 只、兔子 67 只的结果；如果在 A3:C3 使用初始值 25、5、5，得到九头鸟 5 只、鸡 32 只、兔子 75 只的结果，说明问题的解不是唯一的，而且解与初值的选择有关。在 A4 单元输入"SUM"函数，并把目标单元格选定为 A4，等于最小值。用了头数＝152 为新增约束条件，重新求解，得到九头鸟 6 只、鸡 15 只、兔子 83 只的结果，该结果与初值的选择无关。

【例 8-8】　某城市有 3 个工厂排放污水，拟集中于处理厂进行污水处理。已知工厂的污水排放量，输送每立方污水的每千米费用为 C_i（如表 8-8 所示），试决定污水处理厂的位置，使总输水投资最小。

表 8-8　工厂排污情况

项　　目	食品厂	酿造厂	造纸厂
Q_i 污水量（m³/d）	420	350	750
X_i	20	80	90
Y_i	30	100	10
C_i（\$/km·m³）	1.2	1.5	0.8

【解】　设污水处理厂位置坐标为 (x, y)，根据使总输水投资为最小来建立目标函数。如果没有什么其他约束，这是无约束非线性规划问题。由各工厂到污水处理厂的路程可由各工厂和污水处理厂的坐标求出：

$$MinW = \sum_{i=1}^{3} Q_i C_i \sqrt{(x - X_i)^2 + (y - Y_i)^2}$$

使用 Excel 的规划求解，单元格坐标及其相应的算式或说明如表 8-9 所示。列出运行规划求解的表格形式和结果如表 8-10 所示。由于没有其他约束，只需要在规划求解对话框指定可变单元格是 B4:B5 和使目标函数最小化即可。求解结果表明，选择污水处理厂位置的坐标为（6.7108，3.6036）时，使总输水投资为最小，折算年输水费 7899 元。

表 8-9　污水厂位置问题的算式或说明

单元格坐标	算式或说明
E4,E5	可变单元格,计算开始时的初始值可以是任意常数
B7	=((\$E\$4-B4)^2+(\$E\$5-B5)^2)^0.5 求距离
B8	=B3*B6*B7 是各工厂输水费
B7-D8	Copy from B7,B8
E8	=SUM(B8:D8)

表 8-10　污水处理厂位置求解的表格形式和结果

A		B	C	D	E	1
项　　目		食品厂	酿造厂	造纸厂	污水厂	2
Q_i 污水量(m³/d)		420	350	750		3
X_i		2	8	9	6.7108	4
Y_i		3	10	1	3.6036	5
C_j($/km·m³)		1.2	1.5	0.8		6
d_i(km)		4.7493	6.525	3.467		7
W_i($)		2393.7	3425.6	2080	7899	8

8.7　规划求解在大气污染控制中的应用

8.7.1　污染物排放控制

本节举例说明运用线性规划模型进行大气污染物排放控制的一般方法。

【例8-9】　某区域内有三个排放总悬浮颗粒物(TSP)的点源,其中两个是燃煤发电厂,另一个是水泥厂的窑炉。发电厂每烧一吨煤排放 95kg 的 TSP,水泥厂每生产一吨水泥排放 85kg 的 TSP。水泥厂的产量为 250000t/a 水泥,两个燃煤发电厂的燃煤量分别是 400000t/a 和 300000t/a。目前三个点源均无控制措施,环保机构希望将该地区的 TSP 削减 80%。点源去除 TSP 的可行方法中去除效率和相应费用列于表 8-11,现需通过成本—效果分析,以最小费用达到环境目标。

表 8-11　污染控制方法和费用

控制方法	去除效率 %	电厂1($/t)	电厂2($/t)	水泥厂($/t)
隔板沉淀槽	59	1.0	1.4	1.1
多级除尘器	74	—	—	1.2
长锥除尘器	84			1.5

（续表）

控制方法	去除效率%	电厂1($/t)	电厂2($/t)	水泥厂($/t)
喷雾洗涤器	94	2.0	2.2	3.0
静电除尘器	97	2.8	3.0	—

对决策变量的选取可从两个不同的角度考虑。一种方法是以每个点源排放 TSP 的量为决策变量,但本例中,费用的数据都是以特定处理方法下的燃煤或水泥生产吨数表示,所以更便利的决策变量选取方案是以 X_{ij} 表示第 i 个点源,采用第 j 种方案的燃煤量或水泥生产量。i 和 j 对应的含义如表 8-12 所示。

表 8-12　决策变量定义方法("—"表示不可行)

j 控制方法	1.电厂1	2.电厂2	3.水泥厂
0.不控制	X_{10}	X_{20}	X_{30}
1.隔板沉淀槽	X_{11}	X_{21}	X_{31}
2.多级除尘器	—	—	X_{32}
3.长锥除尘器	—	—	X_{33}
4.喷雾洗涤器	X_{14}	X_{24}	X_{34}
5.静电除尘器	X_{15}	X_{25}	—

用质量平衡和目标的数学表达式表示决策变量之间的关系,采用年总费用为经济目标函数:

$$Z=1.0X_{11}+2.0X_{14}+2.8X_{15}+1.4X_{21}+2.2X_{24}+3.0X_{25}$$
$$+1.1X_{31}+1.2X_{32}+1.5X_{33}+3.0X_{34}$$

大气污染控制的目的是使 TSP 总排放量削减 80%,用燃煤生产排放 TSP 系数 95kg/t 和水泥生产排放 TSP 系数 85kg/t,求出各污染源未加控制的 TSP 的总排放量。

污染源 1:　$400000×95=38000000$kg/a

污染源 2:　$300000×95=28500000$kg/a

污染源 3:　$250000×85=21250000$kg/a

总　　计:　87750000kg/a

最终限量:　17550000kg/a

考虑了污染控制设备后,用排放系数和去除效率计算实际的 TSP 总排放量。

对污染源 1:

$$95X_{10}+95(0.41)X_{11}+95(0.06)X_{14}+95(0.03)X_{15}$$

$$=95X_{10}+39X_{11}+5.7X_{14}+2.9X_{15}$$

类似地,可对其他污染源计算 TSP 排放量,则大气污染控制目标为:

$$95X_{10} + 39X_{11} + 5.7X_{14} + 2.9X_{15} + 95X_{20} + 39X_{21} + 5.7X_{24} + 2.9X_{25}$$
$$+ 85X_{30} + 34.9X_{31} + 22.1X_{32} + 13.6X_{33} + 5.1X_{34} \leqslant 17600000$$

不考虑生产水平的改变:

$$X_{10} + X_{11} + X_{14} + X_{15} = 400000$$

$$X_{20} + X_{21} + X_{24} + X_{25} = 300000$$

$$X_{30} + X_{31} + X_{32} + X_{33} + X_{34} = 250000$$

现可列出如下最优化模型:

$$\mathrm{Min}Z = 1.0X_{11} + 2.0X_{14} + 2.8X_{15} + 1.4X_{21} + 2.2X_{24} + 3.0X_{25} + 1.1X_{31}$$
$$+ 1.2X_{32} + 1.5X_{33} + 3.0X_{34}$$
$$\mathrm{S.\,t.} \qquad X_{10} + X_{11} + X_{14} + X_{15} = 400000$$
$$X_{20} + X_{21} + X_{24} + X_{25} = 300000$$
$$X_{30} + X_{31} + X_{32} + X_{33} + X_{34} = 250000$$

$$95X_{10} + 39X_{11} + 5.7X_{14} + 2.9X_{15} + 95X_{20} + 39X_{21} + 5.7X_{24} + 2.9X_{25}$$
$$+ 85X_{30} + 34.9X_{31} + 22.1X_{32} + 13.6X_{33} + 5.1X_{34} \leqslant 17600000$$
$$X_{ij} \geqslant 0, \qquad i = 1,2,3; j = 0,1,2,3,4,5$$

使用 Excel 的规划求解,列出运行规划求解的表格形式如表 8-13 所示。单元格坐标及其相应的算式或说明如表 8-14。大气污染控制的 Excel 规划求解对话框如图 8-9 所示。

表 8-13　大气污染控制的 Excel 规划求解

A	B	C	D	E	F	G	H	I	J	K	L	M	N	O	P	1
	X_{10}	X_{11}	X_{14}	X_{15}	X_{20}	X_{21}	X_{24}	X_{25}	X_{30}	X_{31}	X_{32}	X_{33}	X_{34}		$\times 10^4$	2
可变量	0	24	16	0	0	1	29	0	0	0	22	3	0	Z		3
目标值	0	24	32	0	0	1.4	63.8	0	0	0	26.4	4.5	0	152		4
源 1	0	24	16	0	0	0	0	0	0	0	0	0	0	40	40	5
源 2	0	0	0	0	0	1	29	0	0	0	0	0	0	30	30	6
源 3	0	0	0	0	0	0	0	0	0	0	22	3	0	25	25	7
TSP 控	0	936	91	0	0	39	165	0	0	0	486	40.8	0	1759	1760	8
目标值	0	1	2	2.8	0	1.4	2.2	3	0	1.1	1.2	1.5	3			9
源 1	1	1	1	1	0	0	0	0	0	0	0	0	0		系	10
源 2	0	0	0	0	1	1	1	1	0	0	0	0	0		数	11
源 3	0	0	0	0	0	0	0	0	1	1	1	1	1		矩 阵	12
TSP 控	95	39	5.7	2.9	95	39	5.7	2.9	85	35	22.1	13.6	5.1			13

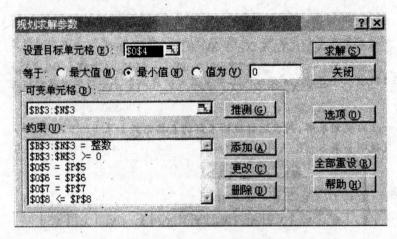

图 8-9　　大气污染控制的规划求解对话框

模型的最优解为(t/a)：

$$X_{11} = 240000; X_{21} = 10000; X_{32} = 220000;$$

$$X_{14} = 160000; X_{24} = 290000; X_{33} = 30000。$$

表 8-14　　单元格坐标及相应算式或说明

单元格坐标	算式或说明
B3 — N3	可变单元格,是决策变量的取值,作为初值设它们均为 1
B9 — N13	是根据 LP 模型的目标函数和四个约束条件产生的系数矩阵
B4	= B9 * B$3　　单项系数和决策变量乘积,获得单项值
B4 — N8	Copyfrom B4,获得每个单项的分项值,注意公式中的 $ 号
Q4	= SUM(B4:N4),对分项值求和
O4 — O8	Copy from O4,获得每个单项的分项值

该结果可对源 2 和源 3 进一步取整为：

$$X_{24} = 300000; X_{32} = 250000$$

这个解表明：发电厂 1 的 TSP 排放大部分采用沉淀槽处理,其余小部分采用洗涤器处理；发电厂 2 的 TSP 排放采用洗涤器处理,水泥厂则采用多级除尘器处理。污染物总排放量为 17600000kg/a,TSP 控制总费用为 Z = $1520000/a。

$$\text{Min} Z = \sum_{i=1}^{m} \sum_{j=1}^{n} C_{ij} X_{ij}$$

$$\text{S. t.} \quad \sum_{j=1}^{n} a_{ij} X_{ij} = S_i; \quad i = 1, 2, \cdots, m; \tag{8-37}$$

$$\sum_{i=1}^{m}\sum_{j=1}^{n}b_{ijp}X_{ij} \leqslant A_p; \quad p=1,2,\cdots,q \tag{8-38}$$

$$X_{ij} \geqslant 0; \quad \forall i,j$$

该模型含有 m 个污染源，n 个排放控制方法，q 种大气污染物。决策变量 X_{ij} 是在污染源 i，采用控制方法 j 的产品或燃煤的数量(例如燃煤 t/a)。

模型中的目标函数和约束条件与例题 8-8 是类似的。目标函数 Z 是污染物排放控制的年均费用，式中的 C_{ij} 是在污染源 i 采用控制方法 j 的单位费用(元/单位产品)。要求在污染源 i 总产量达到 S_i 个单位。假如对污染源 i 控制方法 j 是可行的，则式(8-35)中系数 $a_{ij}=1$，否则为零。约束条件式(8-36)给出了污染物排放控制目标，这 n 个约束条件适用于所有 q 种大气污染物，它要求大气污染物 p 的总排放量必须小于某一个最大值 A_p。当采用控制方法 j，自污染源 i 的污染物 p 的排放量为 b_{ijp}，假如对污染源 i 控制方法 j 不可行，则 $b_{ijp}=0$。

用通用模型解具体问题时，必须确定各个系数 C_{ij}、a_{ij} 和 b_{ijp} 以及总产量要求 S_i 和排放控制标准 A_p。如果将此模型用于解决市区的大气污染问题，则模型会有很多的变量和约束条件。例如在研究美国圣路易斯市的大气污染问题时，考虑了 94 个污染源和 5 种大气污染物(TSP, SO_2, CO, NO_2, HC)。

8.7.2　大气质量管理的污染物迁移模型

根据第五章推导的大气扩散高斯模式，可按下列方程估计污染源下风向任一点的大气污染物地面浓度：

$$C(x,y,0) = \frac{Q}{\pi \overline{u}\sigma_y\sigma_z}\exp\left[-\left(\frac{y^2}{2\sigma_y^2}+\frac{H^2}{2\sigma_z^2}\right)\right]$$

式中：$C(x,y,0)$ 为点 (x,y) 的大气污染物地面浓度，g/m³；Q 为污染源源强，g/s；σ_y 为水平方向上(Y)烟羽浓度的标准差，m；u 为平均风速，m/s；σ_z 为垂直方向上(Z)烟羽浓度的标准差，m；H 为有效烟囱高度，m。

这一类问题是对于使用不同控制方法的多个大气污染源，要做到经济有效地控制多种污染物，使得在多个环保考核地点的污染物地面浓度在环境保护的标准允许范围之内。为此选择与上例相似的控制变量和参量体系，即在控制方法 j 下，自污染源 i 排放污染物 p 的量为 $b_{ijp}X_{ij}$，b_{ijp} 为排放系数、X_{ij} 为对应的产量或燃料量，总排放量以 g/s 计，构成相应源强。

对于单位源强，大气污染物的地面浓度仅仅是位置关系和气象条件的函数。污染源 i 在下风向任一点 K 处造成的大气污染物的地面浓度可写作：

$$t_{ik} = \frac{1}{\pi \overline{u}\sigma_y\sigma_z}\exp\left[-\left(\frac{y_{ik}^2}{2\sigma_y^2}+\frac{H_i^2}{2\sigma_z^2}\right)\right] \tag{8-39}$$

当气象条件已知，污染源和采样考核点的位置相对固定时，t_{ik} 成为常数。

多源情况下，在接受点 K 处的最终污染物浓度是每个污染源单独作用情况的叠加。由 m

个污染源采用 n 种控制方法,在接受器 K 处形成的污染物总浓度为:

$$C_{pk} \sum_{i=1}^{m} \sum_{j=1}^{n} t_{ik} b_{ijp} X_{ij} \qquad (8-40)$$

因此,以污染物的大气质量浓度标准为约束条件,构成通用大气质量管理的污染迁移模型的完整形式是:

$$\text{Min} Z = \sum_{i=1}^{m} \sum_{j=1}^{n} C_{ij} X_{ij} \qquad (8-41)$$

$$\text{S. t.} \qquad \sum_{j=1}^{n} a_{ij} X_{ij} = S_i; \quad i = 1, 2, \cdots m$$

$$\sum_{i=1}^{m} \sum_{j=1}^{n} t_{ik} b_{ijk} X_{ij} \leqslant C_{0pk}; p = 1, 2, \cdots, q; k = 1, 2, \cdots r \qquad (8-42)$$

$$X_{ij} \geqslant 0; \quad \forall i, j$$

模型中,X_{ij} 为污染源 i 采用控制方法 j 的产量或燃料量;C_{ij} 为污染源 i 采用控制方法 j 的年费用;a_{ij} 为一时表示控制方法 j 对污染源 i 可行,否则为零;S_i 为污染源 i 应达到的总产量或燃料量;b_{ijp} 为污染源 i,采用控制方法 j 时,污染物 p 的排放系数;t_{ik} 为污染源 i 达到接受器 k 处的污染物迁移因子(单位源强浓度系数);C_{0pk} 为接受器 K 处,污染物 p 的大气环境质量浓度标准。

这是一个线性规划模型,共具有 m 个污染源,n 种控制方法,q 种污染物,且在 r 个接受器处应达到大气环境质量浓度标准。

【例 8 - 10】 污染源的生产与污染物的排放数据与例 8 - 9 相同。给定污染源和接受点 $(R1 \sim R4)$ 的坐标位置如下表,假定风向与 x 轴平行,平均风速为 $u_x = 3\text{m/s}$,计算大气稳定度为中性。烟羽中心线高度和接受点的 TSP 大气环境质量标准亦示于表 8 - 15。试形成一个地面浓度控制的规划模型。

表 8 - 15　烟羽中心线高度和接受点的 TSP 大气环境质量标准

	电厂 A	电厂 B	水泥厂	$R1$	$R2$	$R3$	$R4$
坐标 x(m)	2000	2500	7500	1000	9000	5000	9000
坐标 y(m)	4000	8200	2200	1000	1000	5000	9000
烟羽有效高度(m)	110	95	80	—	—	—	—
TSP 标准(mg/m³)	—	—	—	0.5	0.5	0.3	0.3

【解】 本例的目标函数和生产量约束与例 8 - 9 完全相同,主要问题在于确定大气环境质量约束。因为有 4 个接受点,只考虑 TSP 一种污染物,共有 4 个大气环境质量约束。

(1) 计算污染源和接受点之间的相对位置 x_{ik}, y_{ik}(如表 8 - 16 所示)。

表 8-16　污染源和接受点之间的相对位置

污染源		x_{ik}(m) y_{ik}(m)	R1	R2	R3	R4
1	发电厂 A	x_{1k}	−1000	7000	3000	7000
		y_{1k}	−3000	−3000	1000	5000
2	发电厂 B	x_{2k}	−1500	6500	2500	6500
		y_{2k}	−7200	−7200	−3200	800
3	水泥厂	x_{3k}	−6500	1500	−2500	1500
		y_{3k}	−1200	−1200	2800	7800

（2）计算各污染源排放的污染物烟羽在各接受点分布的标准差 σ_{yik}(m) 和 σ_{zik}(m)（如表 8-17 所示）。

表 8-17　各污染源排放的污染物烟羽在各接受点分布的标准差

污染源		σ_{yik}(m) σ_{zik}(m)	R1	R2	R3	R4
1	发电厂 A	σ_{y1k}	—	384.15	179.9	384.15
		σ_{z1k}	—	153.76	76.52	153.76
2	发电厂 B	σ_{y2k}	—	359.6	113.5	359.6
		σ_{z2k}	—	144.65	65.87	144.65
3	水泥厂	σ_{y3k}	—	96.18	—	96.18
		σ_{z3k}	—	43.32	—	43.43

标准差用下述公式计算：

$$\sigma_y = (a_2 \ln x + a_2)x$$

$$\sigma_z = 0.465\exp(b_1 + b_2 \ln x + b_3 \ln^2 x)$$

式中：$a_1 = -0.006, a_2 = 0.108, b_1 = -1.35, b_2 = 0.79, b_3 = 0.002$。

在计算标准差时，$x < 0$ 时不予计算，因为此时接受点处于污染源的上风向，不受其影响。

（3）计算污染因子 t_{ik}（如表 8-18 所示）。

表 8-18　污染因子

污染源		t_{ik}(m³/s)	R1	R2	R3	R4
1	发电厂 A	t_{1k}	0	7.95×10^{-20}	5.35×10^{-13}	2.27×10^{-43}
2	发电厂 B	t_{2k}	0	1.49×10^{-93}	0	1.38×10^{-7}
3	水泥厂	t_{3k}	0	6.95×10^{-40}	0	0

由式（8-39）：

$$t_{ik} = \frac{1}{\pi \, \overline{u} \sigma_y \sigma_z} \exp\left[-\left(\frac{y_{ik}^2}{2\sigma_y^2} + \frac{H_i^2}{2\sigma_z^2} \right) \right]$$

（4）根据例 8-9 提供的各种处理方法和 t_{ik} 计算表可以写出各接受点的约束方程。

对接受点 1：由于三个污染源都处在上风向，不构成对它的污染，即污染源的影响为 0。

对接受点 2：

$$t_{12}(X_{10} + X_{11} + X_{14} + X_{15}) + t_{22}(X_{20} + X_{21} + X_{24} + X_{25})$$
$$+ t_{32}(X_{30} + X_{31} + X_{32} + X_{33} + X_{34})$$
$$= 7.95 \times 10^{-20}(X_{10} + X_{11} + X_{14} + X_{15}) + 1.49$$
$$\times 10^{-93}(X_{20} + X_{21} + X_{24} + X_{25})$$
$$+ 6.95 \times 10^{-40}(X_{30} + X_{31} + X_{32} + X_{33} + X_{34}) \leqslant 0.5$$

对接受点 3：

$$t_{13}(X_{10} + X_{11} + X_{14} + X_{15}) + t_{23}(X_{20} + X_{21} + X_{24} + X_{25})$$
$$+ t_{33}(X_{30} + X_{31} + X_{32} + X_{33} + X_{34})$$
$$= 5.35 \times 10^{-13}(X_{10} + X_{11} + X_{14} + X_{15}) \leqslant 0.5$$

对接受点 4：

$$t_{14}(X_{10} + X_{11} + X_{14} + X_{15}) + t_{24}(X_{20} + X_{21} + X_{24} + X_{25})$$
$$+ t_{34}(X_{30} + X_{31} + X_{32} + X_{33} + X_{34})$$
$$= 2.27 \times 10^{-43}(X_{10} + X_{11} + X_{14} + X_{15}) + 1.38 \times 10^{-7}(X_{20} + X_{21} + X_{24} + X_{25})$$
$$\leqslant 0.3$$

综合例 8-9 的目标函数，生产力约束和本例的地面浓度约束，可以得到地面浓度控制规划模型：

$$\text{Min}Z = 1.0X_{11} + 2.0X_{14} + 2.8X_{15} + 1.4X_{21} + 2.2X_{24} + 3.0X_{25} + 1.1X_{31}$$
$$+ 1.2X_{32} + 1.5X_{33} + 3.0X_{34}$$

$$\text{S. t.} \begin{cases} X_{10} + X_{11} + X_{14} + X_{15} = 400000 \\ X_{20} + X_{21} + X_{24} + X_{25} = 300000 \\ X_{30} + X_{31} + X_{32} + X_{33} + X_{34} = 250000 \\ 7.95 \times 10^{-20}(X_{10} + X_{11} + X_{14} + X_{15}) + 1.49 \times 10^{-93}(X_{20} + X_{21} + X_{24} + X_{25}) \\ \quad + 6.95 \times 10^{-40}(X_{30} + X_{31} + X_{32} + X_{33} + X_{34}) \leqslant 0.5 \\ 5.35 \times 10^{-13}(X_{10} + X_{11} + X_{14} + X_{15}) \leqslant 0.5 \\ 2.27 \times 10^{-43}(X_{10} + X_{11} + X_{14} + X_{15}) \\ \quad + 1.38 \times 10^{-7}(X_{20} + X_{21} + X_{24} + X_{25}) \leqslant 0.3 \\ X_{ij} \geqslant 0, \quad i = 1,2,3; j = 0,1,2,3,4,5 \end{cases}$$

它是一个线性规划模型,其求解方法与例 8-9 完全相同,可以使用 Excel 的规划求解工具求解。

思考题与习题

1. 太湖流域有 5000ha 农田,用以种植棉花和粮食。为农作物施用的一部分磷肥会流失到湖中,为了防止太湖的富营养化,要求每年流入湖中的磷肥总量不超过 60000kg,其他参数见下表。

作物	磷肥用量 (kg/ha)	流失率 (%)	单产价格 (元/ha)	单产成本 (元/ha)
棉花	100	15	12000	4000
粮食	45	20	7000	2000

试求:(1)建立线性规划模型;(2)作图绘出可行域和目标线;(3)用单纯形法求解;(4)写出原问题的对偶模型和标准型。

2. 不使用计算机,求解下列线性规划问题,并写出它们的标准形式和对偶模型。

$$(1) \quad \text{Max} Z = 6x + 7y$$
$$\text{S. t.} \ 3x - y \leqslant 9$$
$$9x + 17y \leqslant 45$$
$$4x + 12y \leqslant 17$$
$$x, y \geqslant 0$$

$$(2) \quad \text{Max} W = 5x + 12y + 4z$$
$$\text{S. t.} \ x + 2y + z \leqslant 5$$
$$2x - y + 3z \leqslant 2$$
$$x, y, z \geqslant 0$$

3. 有九头鸟、鸡、兔同笼,上有 358 个头,下有 488 只脚,问笼中九头鸟、鸡、兔各多少时,三种动物的总数最多?

4. 某钢铁厂有三个主要总悬浮颗粒物(TSP)的排放点源,它们是烧结厂、炼钢厂和焦化厂,各厂按每生产一吨产品排放的 TSP 分别为 125kg/t、86kg/t 和 78kg/t。烧结的产量为 350000t/a,炼钢和焦化厂的产量分别为 250000t/a 和 500000t/a。目前三个点源均无控制措施,环保机构希望将该厂的 TSP 削减 85%,点源去除 TSP 的可行方法,去除效率和相应费用列下表,现需通过成本-效果分析,以最小费用达到环保目标。

控制方法	去除效率 %	烧结(千元/t)	炼铁(千元/t)	焦化(千元/t)
隔板沉淀槽	40	1.0	1.4	—
多级除尘器	70	1.4	—	1.4
长锥除尘器	80	—	2.5	1.9
喷雾洗涤器	94	3.2	2.8	
静电除尘器	97	3.5		

试求:(1)建立污染物控制的线性规划模型;(2)使用 Excel 的规划求解工具求解;(3)取得规划求解的灵敏度分析报告,并对其含义做出解释。

5.某城市开发区新建 4 个工厂(排放污水),拟集中于污水处理厂进行污水处理。已知工厂的污水排放量和输送每立方污水的每千米费用如下表所示,试决定污水处理厂的位置,以使总输水投资最小。

项目	食品厂	屠宰厂	印染厂	制管厂
Q_i 污水量(m³/d)	120	150	450	250
X_i	20	23	50	70
Y_i	30	40	80	90
C_i($/km·m³)	1.5	1.5	1.1	0.8

附　　录

下面列出一些环境保护法律名录,并节选了部分环境标准的内容,仅供读者学习参考。正式引用时请使用相关文件。

附录 1　环境评价的法规与条例名录

1. 环境保护法律

中华人民共和国环境保护法

中华人民共和国环境影响评价法

中华人民共和国水污染防治法

中华人民共和国大气污染防治法

中华人民共和国环境噪声污染防治法

中华人民共和国固体废物污染环境防治法

中华人民共和国海洋环境保护法

2. 环境保护行政法规和法规性文件

建设项目环境保护管理条例

关于公布《建设项目环境保护分类管理名录》的通知(第一批)

关于严格执行建设项目环境保护管理审批程序的通知

关于执行建设项目环境影响评价制度有关问题的通知

建设项目环境保护管理程序

建设项目环境保护设计规定

关于建设项目环境影响报告书审批权限问题的通知

关于重申建设项目环境影响报告书审批权限的通知

建设项目环境影响评价资格证书管理办法

建设项目环境影响评价收费标准的原则与方法(试行)

关于环境影响评价大纲的编制和技术审评收费的解释

关于发布建设项目环境影响评价收费项目和标准的通知

关于加强外商投资建设项目环境保护管理的通知

关于加强国际金融组织贷款建设项目环境影响评价管理工作的通知

建设项目环境影响登记表(试行)

建设项目环境影响报告表(试行)

建设项目环境保护审批登记表

建设项目环境保护"三同时"竣工验收登记表

建设项目(工程)竣工验收办法

建设项目环境保护设施竣工验收管理规定

关于建设项目环境保护设施竣工验收监测管理有关问题的通知

中华人民共和国水污染防治法实施细则

饮用水水资源保护区污染防治管理规定

淮河流域水污染防治暂行条例

污水处理设施环境保护监督管理办法

建设部国家环境保护总局科技部关于印发《城市污水处理及污染防治科技政策》的通知

建设部国家环境保护总局科技部关于印发《城市生活垃圾处理及污染防治技术政策》的通知

关于发布《草浆造纸工业废水污染防治技术政策》的通知

中华人民共和国大气污染防治法实施细则

国务院关于酸雨控制区和二氧化硫污染控制区有关问题的批复

中华人民共和国自然保护区条例

水声动植物自然保护区管理办法

关于加强生态保护工作的意见

关于加强湿地生态保护工作的通知

关于加强自然资源开发建设项目的生态环境管理的通知

关于涉及自然保护区的开发建设项目环境管理工作有关问题的通知

近岸海域环境功能区管理办法

中华人民共和国防治陆源污染物污染损害海洋环境管理条例

中华人民共和国防治海岸工程建设项目污染损害海洋环境管理条例

中华人民共和国海洋石油勘探开发环境保护管理条例

中华人民共和国防止船舶污染海域管理条例

中华人民共和国海洋倾废管理条例

防止拆船污染环境管理条例

防治尾矿污染环境管理规定

城市放射性废物管理办法

电磁辐射环境保护管理办法

放射环境管理办法

环境保护行政处罚办法

中国人民解放军环境保护条例

国务院关于结合技术改造防治工业污染的几项规定

关于加强乡镇企业环境保护工作的规定

铁路环境保护规定

铁路建设项目环境保护设施竣工验收规定(试行)

关于推行清洁生产的若干意见

关于加强饮食娱乐服务企业环境管理的通知

3. 相关法律和法规

中华人民共和国森林法

中华人民共和国森林法实施细则

中华人民共和国草原法

中华人民共和国渔业法

中华人民共和国渔业法实施细则

中华人民共和国矿产资源法

中华人民共和国矿产资源法实施细则

中华人民共和国土地管理法

中华人民共和国土地管理法实施条例

中华人民共和国水法

中华人民共和国水土保持法

中华人民共和国水土保持法实施条例

中华人民共和国野生动物保护法

中华人民共和国陆生野生动物保护实施条例

中华人民共和国水生野生动物保护实施条例

中华人民共和国野生植物保护条例

中华人民共和国煤炭法

中华人民共和国防洪法（摘录）

中华人民共和国城市规划法

中华人民共和国文物保护法

中华人民共和国河道管理条例

4. 强制淘汰制度

关于公布第一批严重污染环境（大气）的淘汰工艺与设备名录的通知

关于印发国家有关部门关于工商投资领域制止重复建设项目，淘汰落后生产能力、工艺和产品及禁止外商投资产业的名录的通知

5. 名录

国家重点保护野生植物名录（第一批）

国家重点保护野生动物名录

国家危险废物名录

电磁辐射建设项目和设备名录

关于禁止和限制支持的乡镇工业污染控制的重点企业名录

附录 2　中华人民共和国环境影响评价法

（2002 年 10 月 28 日第九届全国人民代表大会常务委员会第三十次会议通过）

第一章　总则

第一条　为了实施可持续发展战略，预防因规划和建设项目实施后对环境造成不良影响，促进经济、社会和环境的协调发展，制定本法。

第二条　本法所称环境影响评价，是指对规划和建设项目实施后可能造成的环境影响进行分析、预测和评估，提出预防或者减轻不良环境影响的对策和措施，进行跟踪监测的方法与制度。

第三条　编制本法第九条所规定的范围内的规划，在中华人民共和国领域和中华人民共和国管辖的其他海域内建设对环境有影响的项目，应当依照本法进行环境影响评价。

第四条　环境影响评价必须客观、公开、公正，综合考虑规划或者建设项目实施后对各种环境因素及其所构成的生态系统可能造成的影响，为决策提供科学依据。

第五条　国家鼓励有关单位、专家和公众以适当方式参与环境影响评价。

第六条　国家加强环境影响评价的基础数据库和评价指标体系建设，鼓励和支持对环境影响评价的方法、技术规范进行科学研究，建立必要的环境影响评价信息共享制度，提高环境影响评价的科学性。

国务院环境保护行政主管部门应当会同国务院有关部门，组织建立和完善环境影响评价的基础数据库和评价指标体系。

第二章　规划的环境影响评价

第七条　国务院有关部门、设区的市级以上地方人民政府及其有关部门，对其组织编制的土地利用的有关规划，区域、流域、海域的建设、开发利用规划，应当在规划编制过程中组织进行环境影响评价，编写该规划有关环境影响的篇章或者说明。

规划有关环境影响的篇章或者说明，应当对规划实施后可能造成的环境影响作出分析、预测和评估，提出预防或者减轻不良环境影响的对策和措施，作为规划草案的组成部分一并报送规划审批机关。

未编写有关环境影响的篇章或者说明的规划草案，审批机关不予审批。

第八条　国务院有关部门、设区的市级以上地方人民政府及其有关部门，对其组织编制的工业、农业、畜牧业、林业、能源、水利、交通、城市建设、旅游、自然资源开发的有关专项规划（以下简称专项规划），应当在该专项规划草案上报审批前，组织进行环境影响评价，并向审批该专项规划的机关提出环境影响报告书。

前款所列专项规划中的指导性规划，按照本法第七条的规定进行环境影响评价。

第九条　依照本法第七条、第八条的规定进行环境影响评价的规划的具体范围，由国务院环境保护行政主管部门会同国务院有关部门规定，报国务院批准。

第十条　专项规划的环境影响报告书应当包括下列内容：

（一）实施该规划对环境可能造成影响的分析、预测和评估；

（二）预防或者减轻不良环境影响的对策和措施；

（三）环境影响评价的结论。

第十一条　专项规划的编制机关对可能造成不良环境影响并直接涉及公众环境权益的规划，应当在该规划草案报送审批前，举行论证会、听证会，或者采取其他形式，征求有关单位、专家和公众对环境影响报告书草案的意见。但是，国家规定需要保密的情形除外。

编制机关应当认真考虑有关单位、专家和公众对环境影响报告书草案的意见，并应当在报送审查的环境影响报告书中附具对意见采纳或者不采纳的说明。

第十二条　专项规划的编制机关在报批规划草案时，应当将环境影响报告书一并附送审批机关审查；未附送环境影响报告书的，审批机关不予审批。

第十三条　设区的市级以上人民政府在审批专项规划草案，作出决策前，应当先由人民政府指定的环境保护行政主管部门或者其他部门召集有关部门代表和专家组成审查小组，对环境影响报告书进行审查。审查小组应当提出书面审查意见。

参加前款规定的审查小组的专家，应当从按照国务院环境保护行政主管部门的规定设立的专家库内的相关专业的专家名单中，以随机抽取的方式确定。

由省级以上人民政府有关部门负责审批的专项规划，其环境影响报告书的审查办法，由国务院环境保护行政主管部门会同国务院有关部门制定。

第十四条　设区的市级以上人民政府或者省级以上人民政府有关部门在审批专项规划草案时，应当将环境影响报告书结论以及审查意见作为决策的重要依据。

在审批中未采纳环境影响报告书结论以及审查意见的，应当作出说明，并存档备查。

第十五条　对环境有重大影响的规划实施后，编制机关应当及时组织环境影响的跟踪评价，并将评价结果报告审批机关；发现有明显不良环境影响的，应当及时提出改进措施。

第三章　建设项目的环境影响评价

第十六条　国家根据建设项目对环境的影响程度，对建设项目的环境影响评价实行分类管理。

建设单位应当按照下列规定组织编制环境影响报告书、环境影响报告表或者填报环境影响登记表（以下统称环境影响评价文件）：

（一）可能造成重大环境影响的，应当编制环境影响报告书，对产生的环境影响进行全面评价；

（二）可能造成轻度环境影响的，应当编制环境影响报告表，对产生的环境影响进行分析或者专项评价；

（三）对环境影响很小、不需要进行环境影响评价的，应当填报环境影响登记表。

建设项目的环境影响评价分类管理名录，由国务院环境保护行政主管部门制定并公布。

第十七条　建设项目的环境影响报告书应当包括下列内容：

（一）建设项目概况；

（二）建设项目周围环境现状；

（三）建设项目对环境可能造成影响的分析、预测和评估；

（四）建设项目环境保护措施及其技术、经济论证；

（五）建设项目对环境影响的经济损益分析；

（六）对建设项目实施环境监测的建议；

（七）环境影响评价的结论。

涉及水土保持的建设项目，还必须有经水行政主管部门审查同意的水土保持方案。

环境影响报告表和环境影响登记表的内容和格式，由国务院环境保护行政主管部门制定。

第十八条　建设项目的环境影响评价，应当避免与规划的环境影响评价相重复。

作为一项整体建设项目的规划，按照建设项目进行环境影响评价，不进行规划的环境影响评价。

已经进行了环境影响评价的规划所包含的具体建设项目，其环境影响评价内容建设单位可以简化。

第十九条　接受委托为建设项目环境影响评价提供技术服务的机构，应当经国务院环境保护行政主管部门考核审查合格后，颁发资质证书，按照资质证书规定的等级和评价范围，从事环境影响评价服务，并对评价结论负责。为建设项目环境影响评价提供技术服务的机构的资质条件和管理办法，由国务院环境保护行政主管部门制定。

国务院环境保护行政主管部门对已取得资质证书的为建设项目环境影响评价提供技术服务的机构的名单，应当予以公布。

为建设项目环境影响评价提供技术服务的机构，不得与负责审批建设项目环境影响评价文件的环境保护行政主管部门或者其他有关审批部门存在任何利益关系。

第二十条　环境影响评价文件中的环境影响报告书或者环境影响报告表，应当由具有相应环境影响评价资质的机构编制。

任何单位和个人不得为建设单位指定对其建设项目进行环境影响评价的机构。

第二十一条　除国家规定需要保密的情形外，对环境可能造成重大影响、应当编制环境影响报告书的建设项目，建设单位应当在报批建设项目环境影响报告书前，举行论证会、听证会，或者采取其他形式，征求有关单位、专家和公众的意见。

建设单位报批的环境影响报告书应当附具对有关单位、专家和公众的意见采纳或者不采纳的说明。

第二十二条　建设项目的环境影响评价文件，由建设单位按照国务院的规定报有审批权的环境保护行政主管部门审批；建设项目有行业主管部门的，其环境影响报告书或者环境影响报告表应当经行业主管部门预审后，报有审批权的环境保护行政主管部门审批。

海洋工程建设项目的海洋环境影响报告书的审批，依照《中华人民共和国海洋环境保护法》的规定办理。

审批部门应当自收到环境影响报告书之日起六十日内，收到环境影响报告表之日起三十日内,收到环境影响登记表之日起十五日内,分别作出审批决定并书面通知建设单位。

预审、审核、审批建设项目环境影响评价文件,不得收取任何费用。

第二十三条 国务院环境保护行政主管部门负责审批下列建设项目的环境影响评价文件:

(一)核设施、绝密工程等特殊性质的建设项目;

(二)跨省、自治区、直辖市行政区域的建设项目;

(三)由国务院审批的或者由国务院授权有关部门审批的建设项目。

前款规定以外的建设项目的环境影响评价文件的审批权限,由省、自治区、直辖市人民政府规定。

建设项目可能造成跨行政区域的不良环境影响,有关环境保护行政主管部门对该项目的环境影响评价结论有争议的,其环境影响评价文件由共同的上一级环境保护行政主管部门审批。

第二十四条 建设项目的环境影响评价文件经批准后,建设项目的性质、规模、地点、采用的生产工艺或者防治污染、防止生态破坏的措施发生重大变动的,建设单位应当重新报批建设项目的环境影响评价文件。

建设项目的环境影响评价文件自批准之日起超过五年,方决定该项目开工建设的,其环境影响评价文件应当报原审批部门重新审核;原审批部门应当自收到建设项目环境影响评价文件之日起十日内,将审核意见书面通知建设单位。

第二十五条 建设项目的环境影响评价文件未经法律规定的审批部门审查或者审查后未予批准的,该项目审批部门不得批准其建设,建设单位不得开工建设。

第二十六条 建设项目建设过程中,建设单位应当同时实施环境影响报告书、环境影响报告表以及环境影响评价文件审批部门审批意见中提出的环境保护对策措施。

第二十七条 在项目建设、运行过程中产生不符合经审批的环境影响评价文件的情形的,建设单位应当组织环境影响的后评价,采取改进措施,并报原环境影响评价文件审批部门和建设项目审批部门备案;原环境影响评价文件审批部门也可以责成建设单位进行环境影响的后评价,采取改进措施。

第二十八条 环境保护行政主管部门应当对建设项目投入生产或者使用后所产生的环境影响进行跟踪检查,对造成严重环境污染或者生态破坏的,应当查清原因、查明责任。对属于为建设项目环境影响评价提供技术服务的机构编制不实的环境影响评价文件的,依照本法第三十三条的规定追究其法律责任;属于审批部门工作人员失职、渎职,对依法不应批准的建设项目环境影响评价文件予以批准的,依照本法第三十五条的规定追究其法律责任。

第四章　法律责任

第二十九条 规划编制机关违反本法规定,组织环境影响评价时弄虚作假或者有失职行为,造成环境影响评价严重失实的,对直接负责的主管人员和其他直接责任人员,由上级机关或者监察机关依法给予行政处分。

第三十条 规划审批机关对依法应当编写有关环境影响的篇章或者说明而未编写的规划草案,依法应当附送环境影响报告书而未附送的专项规划草案,违法予以批准的,对直接负责的主管人员和其他直接责任人员,由上级机关或者监察机关依法给予行政处分。

第三十一条 建设单位未依法报批建设项目环境影响评价文件,或者未依照本法第二十四条的规定重新报批或者报请重新审核环境影响评价文件,擅自开工建设的,由有权审批该项目环境影响评价文件的环境保护行政主管部门责令停止建设,限期补办手续;逾期不补办手续的,可以处五万元以上二十万元以下的罚款,对建设单位直接负责的主管人员和其他直接责任人员,依法给予行政处分。

建设项目环境影响评价文件未经批准或者未经原审批部门重新审核同意,建设单位擅自开工建设的,由有权审批该项目环境影响评价文件的环境保护行政主管部门责令停止建设,可以处五万元以上二十万元以下的罚款,对建设单位直接负责的主管人员和其他直接责任人员,依法给予行政处分。

海洋工程建设项目的建设单位有前两款所列违法行为的,依照《中华人民共和国海洋环境保护法》的规定处罚。

第三十二条 建设项目依法应当进行环境影响评价而未评价,或者环境影响评价文件未经依法批准,审批部门擅自批准该项目建设的,对直接负责的主管人员和其他直接责任人员,由上级机关或者监察机关依法给予行政处分;构成犯罪的,依法追究刑事责任。

第三十三条 接受委托为建设项目环境影响评价提供技术服务的机构在环境影响评价工作中不负责任或者弄虚作假,致使环境影响评价文件失实的,由授予环境影响评价资质的环境保护行政主管部门降低其资质等级或者吊销其资质证书,并处所收费用一倍以上三倍以下的罚款;构成犯罪的,依法追究刑事责任。

第三十四条 负责预审、审核、审批建设项目环境影响评价文件的部门在审批中收取费用的,由其上级机关或者监察机关责令退还;情节严重的,对直接负责的主管人员和其他直接责任人员依法给予行政处分。

第三十五条 环境保护行政主管部门或者其他部门的工作人员徇私舞弊,滥用职权,玩忽职守,违法批准建设项目环境影响评价文件的,依法给予行政处分;构成犯罪的,依法追究刑事责任。

第五章 附则

第三十六条 省、自治区、直辖市人民政府可以根据本地的实际情况,要求对本辖区的县级人民政府编制的规划进行环境影响评价。具体办法由省、自治区、直辖市参照本法第二章的规定制定。

第三十七条 军事设施建设项目的环境影响评价办法,由中央军事委员会依照本法的原则制定。

第三十八条 本法自 2003 年 9 月 1 日起施行。

附录3　环境影响评价文件的编制要求

一、建设项目环境影响报告书的编制要求

1　专项设置内容

根据工程特点、环境特征、评价级别、国家和地方的环境保护要求,选择下列但不限于下列全部或部分专项评价。

污染影响为主的建设项目一般应包括工程分析,周围地区的环境现状调查与评价,环境影响预测与评价,清洁生产分析,环境风险评价,环境保护措施及其经济、技术论证,污染物排放总量控制,环境影响经济损益分析,环境管理与监测计划,公众参与,评价结论和建议等专题。生态影响为主的建设项目还应设置施工期、环境敏感区、珍稀动植物、社会等影响专题。

2　编制内容

（1）前言

简要说明建设项目的特点、环境影响评价的工作过程、关注的主要环境问题及环境影响报告书的主要结论。

（2）总则

① 编制依据

须包括建设项目应执行的相关法律法规、相关政策及规划、相关导则及技术规范、有关技术文件和工作文件,以及环境影响报告书编制中引用的资料等。

② 评价因子与评价标准

分列现状评价因子和预测评价因子,给出各评价因子所执行的环境质量标准、排放标准、其他有关标准及具体限值。

③ 评价工作等级和评价重点

说明各专项评价工作等级,明确重点评价内容。

④ 评价范围及环境敏感区

以图表形式说明评价范围和各环境要素的环境功能类别或级别,各环境要素环境敏感区和功能及其与建设项目的相对位置关系等。

⑤ 相关规划及环境功能区划

附图列表说明建设项目所在城镇、区域或流域发展总体规划、环境保护规划、生态保护规划、环境功能区划或保护区规划等。

（3）建设项目概况与工程分析

采用图表及文字结合方式,概要说明建设项目的基本情况、组成、主要工艺路线、工程布置及与原有、在建工程的关系。

对建设项目的全部组成和施工期、运营期、服务期满后所有时段的全部行为过程的环境影响因素及其影响特征、程度、方式等进行分析与说明,突出重点;并从保护周围环境、景观及环境保护目标要求出发,分析总图及规划布置方案的合理性。

(4)环境现状调查与评价

根据当地环境特征、建设项目特点和专项评价设置情况,从自然环境、社会环境、环境质量和区域污染源等方面选择相应内容进行现状调查与评价。

(5)环境影响预测与评价

给出预测时段、预测内容、预测范围、预测方法及预测结果,并根据环境质量标准或评价指标对建设项目的环境影响进行评价。

(6)社会环境影响评价

明确建设项目可能产生的社会环境影响,定量预测或定性描述社会环境影响评价因子的变化情况,提出降低影响的对策与措施。

(7)环境风险评价

根据建设项目环境风险识别、分析情况,给出环境风险评估后果、环境风险的可接受程度,从环境风险角度论证建设项目的可行性,提出具体可行的风险防范措施和应急预案。

(8)环境保护措施及其经济、技术论证

明确建设项目拟采取的具体环境保护措施。结合环境影响评价结果,论证建设项目拟采取环境保护措施的可行性,并按技术先进、适用、有效的原则,进行多方案比选,推荐最佳方案。

按工程实施不同时段,分别列出其环境保护投资额,并分析其合理性。给出各项措施及投资估算一览表。

(9)清洁生产分析和循环经济

量化分析建设项目清洁生产水平,提高资源利用率、优化废物处置途径,提出节能、降耗、提高清洁生产水平的改进措施与建议。

(10)污染物排放总量控制

根据国家和地方总量控制要求、区域总量控制的实际情况及建设项目主要污染物排放指标分析情况,提出污染物排放总量控制指标建议和满足指标要求的环境保护措施。

(11)环境影响经济损益分析

根据建设项目环境影响所造成的经济损失与效益分析结果,提出补偿措施与建议。

(12)环境管理与环境监测

根据建设项目环境影响情况,提出设计、施工期、运营期的环境管理及监测计划要求,包括环境管理制度、机构、人员、监测点位、监测时间、监测频次、监测因子等。

(13)公众意见调查

给出采取的调查方式、调查对象、建设项目的环境影响信息、拟采取的环境保护措施、公众对环境保护的主要意见、公众意见的采纳情况等。

(14)方案比选

建设项目的选址、选线和规模,应从是否与规划相协调、是否符合法规要求、是否满足环境功能区要求、是否影响环境敏感区或造成重大资源、经济和社会文化损失等方面进行环境合理性论证。如要进行多个厂址或选线方案的优选时,应对各选址或选线方案的环境影响进行全面比较,从环境保护角度提出选址、选线意见。

(15)环境影响评价结论

环境影响评价结论是全部评价工作的结论,应在概括全部评价工作的基础上,简洁、准确、客观地总结建设项目实施过程各阶段的生产和生活活动与当地环境的关系,明确一般情况下和特定情况下的环境影响,规定采取的环境保护措施,从环境保护角度分析,得出建设项目是否可行的结论。

环境影响评价的结论一般应包括建设项目的建设概况、环境现状与主要环境问题、环境影响预测与评价结论、建设项目建设的环境可行性、结论与建议等内容,可有针对性地选择其中的全部或部分内容进行编写。环境可行性结论应从与法规政策及相关规划一致性、清洁生产和污染物排放水平、环境保护措施可靠性和合理性、达标排放稳定性、公众参与接受性等方面分析得出。

(16)附录和附件

将建设项目依据文件、评价标准和污染物排放总量批复文件、引用文献资料、原燃料品质等必要的有关文件、资料附在环境影响报告书后。

二、建设项目环境影响报告表的编制要求

(1)建设项目基本情况

建设项目基本情况包括项目名称、建设单位、建设地点、建设性质、行业类别、占地面积、总投资、环境保护投资、评价经费、预期投产日期、工程内容及规模、与本项目有关的原有污染情况及主要环境问题等。

(2)建设项目所在地自然环境、社会环境简况

① 自然环境简况:地形、地貌、地质、气候、气象、水文、植被、生物多样性等。

② 社会环境简况:社会经济结构、教育、文化、文物保护等。

(3)环境质量状况

① 建设项目所在地区域环境质量现状及主要环境问题(环境空气、地表水、地下水、声环境、生态环境等)。

② 主要环境保护目标是指项目区周围一定范围内集中居民住宅区、学校、医院、保护文物、风景名胜区、水源地和生态敏感点等,应列出名单及保护级别。

(4)评价适用标准

评价适用标准包括环境质量标准、污染物排放标准和总量控制指标。

(5)建设项目工程分析

建设项目工程分析包括工艺流程简述、主要污染工序等。

(6)项目主要污染物产生及预计排放情况

项目主要污染物产生及预计排放情况主要包括大气、水、固体废物、噪声等的污染源、污染物名称、处理前产生的浓度及产生量、排放浓度及排放量,以及主要生态影响。

(7)环境影响分析

环境影响分析包括施工期和运营期环境影响简要分析。

(8)建设项目拟采取的防治措施及预期治理效果

建设项目拟采取的防治措施主要包括大气、水、固体废物、噪声等的排放源、污染物名称、防治措施、预期处理效果,以及生态保护措施及预期效果。

(9)结论与建议

给出本项目清洁生产、达标排放和总量控制的分析结论,确定污染物防治措施的有效性,说明本项目对环境造成的影响,给出建设项目环境可行性的明确结论,同时提出减少环境影响

的其他建议。

三、建设项目环境影响登记表的编制要求

(1)项目概况

项目名称、建设单位、建设地点、建设性质、行业类别、占地面积、总投资、环境保护投资、预期投产日期、工程内容及规模。

(2)工程项目

项目生产工艺过程,建设内容,厂区平面布置,各类污染物的排放位置、排放量、排放方式及排放总量。改扩建、技改项目还应说明原有项目的内容、规模、污染物排放情况、主要环境问题等。

① 项目建设单位,建设性质(新建、高扩建、技改等),工程规模及占地面积,建设地点,总投资及环境投资,原辅料的名称、用量,能源(电、燃煤、燃油、燃气)消耗量,用水(蒸汽)量、排水去向,职工数等。

② 原辅材料(包括名称、用量)及主要设施规格、数量(包括锅炉、发电机等)。

③ 水及能源消耗量。

④ 废水(工业废水、生活废水)排水量及排放去向。

⑤ 周围环境简况(可附图说明)。

⑥ 生产工艺流程简述(如有废水、废气、废渣、噪声产生,须明确产生环节,并说明污染物产生的种类、数量、排放方式、排放去向)。

⑦ 与项目相关的老污染源情况(各污染源排放情况,治理措施、排放达标情况)。

⑧ 拟采取的防治污染措施(建设期、运营期及原有污染治理)。

⑨ 当地环境保护部门审查意见(项目执行的环境保护标准)。

(3)拟建地区环境概况

项目的地理位置,当地环境保护规划,当地水文、气象与气候关系情况,主要环境保护目标(生活居住区、自然保护区、风景名胜区、名胜古迹、疗养区、重要的政治文化设施等),空气、地表水、地下水、土壤及声环境质量现状、主要环境问题。

(4)环境影响分析

根据拟采取的污染防治措施及预期治理效果,简单说明建设项目污染排放达标情况及对周围环境、主要环境保护目标可能造成的影响程度。

附录 4　环境空气质量标准 GB3095－2012

实施日期:2016－01－01

分期实施新修订的《环境空气质量标准》:

(1)分期实施新标准的时间要求。2012 年,京津冀、长三角、珠三角等重点区域以及直辖市和省会城市;2013 年,113 个环境保护重点城市和国家环保模范城市;2015 年,所有地级以上城市;2016 年 1 月 1 日,全国实施新标准。

(2)鼓励各省、自治区、直辖市人民政府根据实际情况和当地环境保护的需要,在上述规定的时间要求之前实施新标准。

(3)经济技术基础较好且复合型大气污染比较突出的地区,如京津冀、长三角、珠三角等重点区域,要做到率先实施环境空气质量新标准,率先使监测结果与人民群众感受相一致,争取早日和国际接轨。

表 1　环境空气污染物基本项目浓度限值

序号	污染物项目	平均时间	浓度限值		单位
			一级	二级	
1	二氧化硫(SO_2)	年平均	20	60	$\mu g/m^3$
		24 小时平均	50	150	
		1 小时平均	150	500	
2	二氧化氮(NO_2)	年平均	40	40	
		24 小时平均	80	80	
		1 小时平均	200	200	
3	一氧化碳(CO)	24 小时平均	4	4	mg/m^3
		1 小时平均	10	10	
4	臭氧(O_3)	日最大 8 小时平均	100	160	$\mu g/m^3$
		1 小时平均	160	200	
5	颗粒物(粒径小于等于 $10\mu m$)	年平均	40	70	
		24 小时平均	50	150	
6	颗粒物(粒径小于等于 $2.5\mu m$)	年平均	15	35	
		24 小时平均	35	75	

表 2　环境空气污染物其他项目浓度限值

序号	污染物项目	平均时间	浓度限值		单位
			一级	二级	
1	总悬浮颗粒物（TSP）	年平均	40	70	$\mu g/m^3$
		24 小时平均	50	150	
2	氮氧化物（NO_x）	年平均	50	50	
		24 小时平均	100	100	
		1 小时平均	250	250	
3	铅（Pb）	年平均	0.5	0.5	
		季平均	1	1	
4	苯并[a]芘（BaP）	年平均	0.001	0.001	
		24 小时平均	0.0025	0.0025	

附录5 地面水环境质量标准 GB 3838-2002

实施日期:2002-6-1

基本要求:所有水体不应有非自然原因导致的下述物质。A. 能形成令人感观不快的沉淀物的物质;B. 令人感官不快的漂浮物,诸如碎片、浮渣、油类等;C. 产生令人不快的色、臭、味或浑浊度的物质;D. 对人类、动植物有毒、有害或带来不良生理反应的物质;E. 易滋生令人不快的水生生物的物质。

表1 地表水环境质量标准基本项目标准限值 单位:mg/L

序号	标准值 分类 项目	I类	II类	III类	IV类	V类
1	水温(℃)	人为造成的环境水温变化应限制在:周平均最大温升≤1,周平均最大温降≤2。				
2	pH值(无量纲)	6~9				
3	溶解氧 ≥	饱和率90% (或7.5)	6	5	3	2
4	高锰酸盐指数 ≤	2	4	6	10	15
5	化学需氧量(COD) ≤	2	4	6	10	15
6	五日生化需氧量(BOD_5) ≤	15	15	20	30	40
7	氨氮(NH_3-N) ≤	0.15	0.5	1.0	1.5	2.0
8	总磷(以P计) ≤	0.02 (湖、库0.01)	0.1 (湖、库0.025)	0.2 (湖、库0.05)	0.3 (湖、库0.1)	0.4 (湖、库0.2)
9	总氮(湖、库,以N计) ≤	0.2	0.5	1.0	1.5	2.0
10	铜 ≤	0.01	1.0	1.0	1.0	1.0
11	锌 ≤	0.5	1.0	1.0	2.0	2.0
12	氟化物(以F^-计) ≤	1.0	1.0	1.0	1.5	1.5
13	硒 ≤	0.01	0.01	0.01	0.02	0.02
14	砷 ≤	0.05	0.05	0.05	0.1	0.1
15	汞 ≤	0.0005	0.0005	0.0001	0.001	0.001
16	镉 ≤	0.001	0.005	0.005	0.005	0.01
17	铬(六价) ≤	0.01	0.05	0.05	0.05	0.1

（续表）

序号	项目　　标准值　　分类		I 类	II 类	III 类	IV 类	V 类
18	铅	≤	0.01	0.01	0.05	0.05	0.1
19	氰化物	≤	0.005	0.05	02	0.2	0.2
20	挥发酚	≤	0.02	0.02	0.005	0.01	0.1
21	石油类	≤	0.05	0.05	0.05	0.5	1.0
22	阴离子表面活性剂	≤	0.2	0.2	0.2	0.3	0.3
23	硫化物	≤	0.05	0.1	0.2	0.5	1.0
24	黄大肠菌群(个/L)	≤	200	2000	10000	20000	40000

表 2　集中式生活饮用水地表水源地补充项目标准限值　　单位：mg/L

序　号	项　　目	标准值
1	硫酸盐(以 SO_4^{2-} 计)	250
2	氯化物(以 Cl^- 计)	250
3	硝酸盐(以 N 计)	10
4	铁	0.3
5	锰	0.1

附录6　大气污染物综合排放标准 GB 16297－1996

实施日期:1997－01－01

表 1　现有污染源大气污染物排放限值(节选)

序号	污染物	最高允许排放浓度 (mg/m³)	最高允许排放速率 (kg/h)				无组织排放监控浓度限值	
			排气筒 (m)	一级	二级	三级	监控点	浓度(mg/m³)
1	二氧化硫	1200(硫、二氧化硫、硫酸和其他含硫化合物生产)	20	2.6	5.1	7.7	无组织排放源上风向设参照点,下风向设监控点	0.50(监控点与参照点浓度差值)
			40	15	30	45		
			60	33	64	98		
		700(硫、二氧化硫、硫酸和其他含硫化合物使用)	80	63	120	190		
			100	100	200	310		
2	氮氧化物	1700(硝酸、氮肥和火炸药生产)	20	0.77	1.5	2.3	无组织排放源上风向设参照点,下风向设监控点	0.15(监控点与参照点浓度差值)
			40	4.6	8.9	14		
			60	9.9	19	29		
		420(硝酸使用和其他)	80	19	37	56		
			100	31	61	92		
3	颗粒物	22(碳黑尘、染料尘)	20	禁排	1.0	1.5	周界外浓度最高点	肉眼不可见
			40		6.8	10		
		80(玻璃棉尘、石英粉尘、矿渣棉尘)	20	禁排	3.7	5.3	无组织排放源上风向设参照点,下风向设监控点	2.0(监控点与参照点浓度差值)
			40		25	37		
		150(其他)	20	3.5	6.9	10	无组织排放源上风向设参照点,下风向设监控点	5.0(监控点与参照点浓度差值)
			40	24	46	69		
			60	51	100	150		

表 2　新污染源大气污染物排放限值(节选)

序号	污染物	最高允许排放浓度 (mg/m³)	最高允许排放速率 (kg/h)			无组织排放监控浓度限值	
			排气筒 (m)	二级	三级	监控点	浓度(mg/m³)
1	二氧化硫	960(硫、二氧化硫、硫酸和其他含硫化合物生产) 550(硫、二氧化硫、硫酸和其他含硫化合物使用)	20 40 60 80 100	4.3 25 55 110 170	6.6 38 83 160 270	周界外浓度最高点	0.40
2	氮氧化物	1400(硝酸、氮肥和火炸药生产) 240(硝酸使用和其他)	20 40 60 80 100	1.3 7.5 16 31 52	2.0 11 25 47 78	周界外浓度最高点	0.12
3	颗粒物	18(碳黑尘、染料尘)	20 40	0.85 5.8	1.3 8.5	周界外浓度最高点	肉眼不可见
		60(玻璃棉尘、石英粉尘、矿渣棉尘)	20 40	3.1 21	4.5 31	周界外浓度最高点	1.0
		120(其他)	20 40 60	5.9 39 85	8.5 59 130	周界外浓度最高点	1.0

附录7 污水综合排放标准 GB 8978-1996

实施日期:1998-01-01

表1 第一类污染物最高允许排放浓度 单位:(mg/L)

序号	污染物	排放浓度	序号	污染物	排放浓度	序号	污染物	排放浓度
1	总汞	0.05	6	总砷	0.5	10	总铍	0.005
2	烷基汞	不得检出	7	总铅	1.0	11	总银	0.5
3	总镉	0.1	8	总镍	1.0	12	总α放射性	1Bq/L
4	总铬	1.5	9	苯并[a]芘	0.00003	13	总β放射性	10Bq/L
5	六价铬	0.5						

表2 第二类污染物最高允许排放浓度(节选)
(1997年12月31日之前建设的单位) (单位:mg/L)

序号	污染物	适用范围	一级标准	二级标准	三级标准
1	pH	一切排污单位	6~9	6~9	6~9
2	色度(稀释倍数)	染料工业	50	180	—
		其他排污单位	50	80	—
3	悬浮物(SS)	采矿、选矿、选煤工业	100	300	—
		城镇二级污水处理厂	20	30	—
		其他排污单位	70	200	400
4	五日生化需氧量(BOD)	甜菜制糖、酒精、味精、皮革、化纤浆粕工业	30	15	600
		城镇二级污水处理厂	20	30	—
		其他排污单位	30	60	300
5	化学需氧量(COD)	石油化工工业(包括石油炼制)	100	150	500
		城镇二级污水处理厂	60	120	—
		其他排污单位	100	150	500
6	石油类	一切排污单位	10	10	30

（续表）

序号	污染物	适用范围	一级标准	二级标准	三级标准
7	动植物油	一切排污单位	20	20	100
8	挥发酚	一切排污单位	0.5	0.5	2.0
9	总氰化合物	电影洗片（铁氰化合物）	0.5	5.0	5.0
		其他排污单位	0.5	0.5	1.0
10	硫化物	一切排污单位	1.0	1.0	2.0
11	氨氮	医药原料药、染料、石油化工工业	15	50	—
		其他排污单位	15	25	—
12	氟化物	黄磷工业	10	20	20
		低氟地区（水体含氟量小于0.5mg/L）	10	20	30
		其他排污单位	10	10	20
13	磷酸盐（以P计）	一切排污单位	0.5	1.0	—

表3　第二类污染物最高允许排放浓度（节选）

（1998年1月1日后建设的单位）　　　　　　　（单位：mg/L）

序号	污染物	适用范围	一级标准	二级标准	三级标准
1	pH	一切排污单位	6～9	6～9	6～9
2	色度（稀释倍数）	一切排污单位	50	80	—
3	悬浮物（SS）	采矿、选矿、选煤工业	70	300	—
		城镇二级污水处理厂	20	30	—
		其他排污单位	70	150	400
4	五日生化需氧量（BOD）	甜菜制糖、酒精、味精、皮革、化纤浆粕工业	20	100	600
		城镇二级污水处理厂	20	30	—
		其他排污单位	20	30	300
5	化学需氧量（COD）	石油化工工业（包括石油炼制）	60	120	500
		城镇二级污水处理厂	60	120	—
		其他排污单位	100	150	500
6	石油类	一切排污单位	5	10	20

（续表）

序号	污染物	适用范围	一级标准	二级标准	三级标准
7	动植物油	一切排污单位	10	15	100
8	挥发酚	一切排污单位	0.5	0.5	2.0
9	总氰化合物	一切排污单位	0.5	0.5	1.0
10	硫化物	一切排污单位	1.0	1.0	1.0
11	氨氮	医药原料药、染料、石油化工工业	15	50	—
		其他排污单位	15	25	—
12	氟化物	黄磷工业	10	15	20
		低氟地区（水体含氟量小于0.5mg/L）	10	20	30
		其他排污单位	10	10	20
13	磷酸盐（以P计）	一切排污单位	0.5	1.0	—

参考文献

[1] 马倩如,程声通. 环境质量评价. 北京:中国环境科学出版社,1990.

[2] 史宝忠. 建设项目环境影响评价. 北京:中国环境科学出版社,1993.

[3] 程声通,陈毓龄. 环境系统分析. 北京:高等教育出版社,1990.

[4] 高廷耀. 水污染控制工程. 北京:高等教育出版社,1989.

[5] 韦鹤平. 环境系统工程. 上海:同济大学出版社,1993.

[6] 海思 DA. 环境系统最优化. 北京:中国环境科学出版社,1987.

[7] 列奇 L. G. 环境系统工程. 北京:水利出版社,1987.

[8] 李宗恺,等. 空气污染气象学原理及应用. 北京:气象出版社,1985.

[9] (日)横山长之,等. 大气环境评价方法. 北京:中国建筑工业出版社,1982.

[10] 童志权. 大气环境影响评价. 北京:环境科学出版社,1988.

[11] 郝吉明,马广大,等. 大气污染控制工程. 北京:高等教育出版社,1989.

[12] Rinaldi S, Soncini-Sessa R, Stehfest H, Tamura H. Modeling and Control of River Quality. McGraw-Hill, New York, London:1979.

[13] Bennett RJ, Chorley RJ. Environmental Systems Philosophy Analysis and Control. Princeton:Princeton University Press,1978.

[14] Rich L. Environmental Systems Engineering. McGraw-Hill, New York, London:1975.

[15] Streeter HW, Phelps EB. A Study of the Pollution and Natural Purification of the Ohio River,Washington D. C:Public Health 17. Bulletin No. 146,1925.

[16] O Connor DJ, Dobbins WE. Mechanism of Reaeration in Natural Streams. Trans. ASCE. Vol. 125, 1958.

[17] Thomas HA. Pollution Load Capacity of Streams, Water and Sewage Works, Vol. 95, 1948:405.

[18] O Connor DJ. The Temporal and Spatial Distribution of Dissolved Oxygen in Streams, Water Resources Research, Vol. 3, 1967:65~79.

[19] Shastry JS,Fan LT, Erickson LE. Non-Linear Parameter Estimation in Water Quality Modeling. Proc. ASCE. J. of the Env. Eng. Div. Vol. 99,1975:315~331.

[20] Masters GM. Introduction to Environmental Engineering and Sciece. Prentice Hall, New Jersey:1997.

[21] Haith DA. Environmental Systems Optimization. John Wiley & Sons,1982.